中国战略思考系列丛书

中国
科技安全

王宏广　张俊祥 等 ◎ 著

战略与对策

中信出版集团 | 北京

图书在版编目（CIP）数据

中国科技安全：战略与对策 / 王宏广等著 . -- 北京：中信出版社，2023.8
ISBN 978-7-5217-5896-2

Ⅰ.①中… Ⅱ.①王… Ⅲ.①科学技术-国家安全-研究-中国 Ⅳ.① G322

中国国家版本馆 CIP 数据核字（2023）第 135727 号

中国科技安全——战略与对策

著者：王宏广　张俊祥　等
出版发行：中信出版集团股份有限公司
（北京市朝阳区东三环北路 27 号嘉铭中心　邮编　100020）
承印者：宝蕾元仁浩（天津）印刷有限公司

开本：787mm×1092mm　1/16　　印张：27.5　　字数：380 千字
版次：2023 年 8 月第 1 版　　印次：2023 年 8 月第 1 次印刷
书号：ISBN 978-7-5217-5896-2
定价：88.00 元

版权所有·侵权必究
如有印刷、装订问题，本公司负责调换。
服务热线：400-600-8099
投稿邮箱：author@citicpub.com

《中国科技安全》著者

王宏广	张俊祥	由 雷
赵清华	张永恩	朱 姝
武德安	葛晓月	陈靖林

目 录

序一　科技安全事关国家兴旺和民族复兴 _ IX
序二　科技安全是建设科技强国的根本保障 _ XIII
前言 _ XIX

第一篇 / 001
形势与挑战

第一章
科技安全与科技安全系数
003

　　第一节　什么是科技安全 _ 004
　　第二节　科技安全系数及其特点 _ 012

第二章
科技安全事关国家安全
021

　　第一节　科技安全制约经济安全 _ 021

第二节　科技安全制约生命安全 _ 023
第三节　科技安全制约生物安全 _ 025
第四节　科技安全制约粮食安全 _ 026
第五节　科技安全制约能源安全 _ 027
第六节　科技安全影响金融安全 _ 028
第七节　科技安全制约军事安全 _ 030

第三章
世界科技安全形势整体在恶化
031

第一节　世界科技四大格局 _ 032
第二节　当今世界科技安全的十大难题 _ 035
第三节　世界科技安全出现恶化的趋势 _ 046

第二篇 / 051
国际启示

第四章
美国重视科技安全，建成世界科技强国
053

第一节　美国建设科技强国的历程与途径 _ 054
第二节　美国保障科技安全的做法 _ 065

第五章
英国科技安全失策,丧失科技中心地位
069

第一节　英国引领工业革命,成为世界科技中心 _ 070
第二节　英国失去世界科技中心地位的教训 _ 076
第三节　英国保障科技安全的问题与措施 _ 079

第六章
德国和瑞士创新能力经久不衰的奥秘
087

第一节　德国创新能力经久不衰的启示 _ 087
第二节　瑞士创新指数常居世界第一的奥秘 _ 097

第七章
东洋奇迹与荷兰光刻机成功的秘密
111

第一节　东洋奇迹为什么来去匆匆 _ 111
第二节　荷兰重视创新与保密使光刻机称霸世界 _ 121

第三篇 / 127

成就与差距

第八章
新中国科技发展的十大成就
129

第一节　建成具有国际影响力的创新大国 _ 129
第二节　科技支撑名义GDP增长2 596倍 _ 137
第三节　农业科技保障14亿人口粮食安全 _ 139
第四节　工业技术催生第一制造业大国 _ 141
第五节　第三产业科技催生第一大产业 _ 143
第六节　健康科技促进人均寿命增43岁 _ 147
第七节　"两弹一星"结束受人欺辱的历史 _ 150
第八节　建筑业技术创造多项世界第一 _ 154
第九节　高技术产品出口稳居世界第一 _ 156
第十节　中国航天科技成就享誉全球 _ 159

第九章
中美科技与综合国力差距和走向
163

第一节　国力差距：发达国家与发展中国家的差距 _ 164
第二节　经济差距：中国总量有望超美，人均差距巨大 _ 166
第三节　创新差距：数量指标接近，质量差距明显 _ 169
第四节　教育差距：中美差距巨大，短期难以赶上 _ 171

第十章
美国发动科技战的走向与风险
173

第一节 美国遏制中国科技发展的主要途径 _ 174
第二节 中美竞争格局的五个基本走向 _ 177
第三节 中美科技竞争与脱钩的主要风险 _ 181

第十一章
中国科技安全面临十大困难
185

第一节 芯片被卡,制约数字经济发展 _ 186
第二节 爬错山头,错失新科技革命 _ 188
第三节 原创不足,甚至找不准原因 _ 193
第四节 人才赤字,2/3顶尖人才在国外 _ 194
第五节 仪器被限,科技依赖症犹存 _ 198
第六节 机制不顺,科技经济融合难 _ 199
第七节 创新主体,创新能力弱 _ 201
第八节 研发经费,不足与浪费并存 _ 202
第九节 区域创新,差距持续拉大 _ 203
第十节 国际合作,遏制和脱钩加剧 _ 206

第四篇 / 209
产业科技安全

第十二章
第一产业科技总体安全，个别行业弱安全
211

第一节　新中国农业科技实现了跨越式发展 _ 212
第二节　建设农业强国需推进第三次绿色革命 _ 219
第三节　农业科技总体安全，少数行业弱安全 _ 226
第四节　农业科技安全面临的困难不容忽视 _ 246

第十三章
第二产业科技总体安全，一些行业不安全
251

第一节　中国已成为第一制造业大国 _ 252
第二节　中国已成为第二产业创新大国 _ 255
第三节　美国遏制中国工业科技的主要手段 _ 259
第四节　中国工业科技总体安全，少数行业不安全 _ 263

第十四章
第三产业科技总体安全，少数行业不安全
277

第一节　第三产业占GDP比重较低 _ 278
第二节　第三产业科技创新体系尚不完善 _ 283

第三节 第三产业部分行业科技弱安全 _ 286

第五篇 / 297

战略与对策

第十五章
保障科技安全、建设科技强国的目标
299

第一节 科技安全及科技强国的总体目标 _ 300
第二节 科技安全及科技强国的指导思想 _ 307
第三节 科技安全及科技强国的基本原则 _ 309

第十六章
保障科技安全、建设科技强国的重点
313

第一节 打赢芯片反击战,引领信息科技革命后半程 _ 313
第二节 发展生物技术,力争引领新科技革命 _ 319
第三节 推进第三次绿色革命,建成农业强国 _ 330
第四节 保障第二产业科技安全,建成制造业强国 _ 335
第五节 保障第三产业科技安全,建成第一经济大国 _ 340
第六节 创新方法,突破制约原始创新的瓶颈 _ 352
第七节 建设创新高地,引领新科技革命 _ 355

第十七章
保障科技安全、建设科技强国的对策
361

第一节 开展科技安全普查,找准国家重大科技需求 _ 361
第二节 开展四大预测,始终把握国际科技前沿方向 _ 364
第三节 深化经济体制改革,落实创新驱动发展战略 _ 371
第四节 改革科技体制,调动科技主力进入经济主战场 _ 374
第五节 深化教育体制改革,加速培养顶尖人才 _ 384

第十八章
坚决打赢科技战
391

第一节 把规律:找准新科技革命重点 _ 391
第二节 造优势:打造新时代的"两弹一星" _ 394
第三节 保发展:三箭齐发打赢科技战 _ 402

后记 _ 407

序一
科技安全事关国家兴旺和民族复兴

回顾过去2000多年人类发展史,世界第一经济大国都享受过科技革命的红利。中国的农业技术曾领跑世界,在农业经济时代,中国经济总量曾达到世界经济总量的32.8%。欧洲凭借工业科技革命,引领了世界产业革命,英国、法国、德国继而成为经济大国和科技强国。当今世界,美国在信息技术方面领先,是唯一的超级大国。工业科技革命以后,我国连续失去机械化、电气化科技革命机遇,新中国成立之初的GDP占世界GDP的比重甚至降低到4.2%。信息科技革命阶段,中国奋力追赶,2021年的GDP重新恢复到世界GDP的18.5%。我国要达到并保持世界第一大经济体地位,需要再次享受新科技革命的红利。

我本人是改革开放后的首批硕士之一和第一批公派留美博士生之一,回国30余年来,我一直从事基础研究和相关科技管理工作。21世纪初担任科技部副部长期间,我曾分管过基础研究、基地建设。多年来,我见证了中国科技事业的快速发展:科技创新指数已从2012年的20名开外,跃居全球第11位;国际论文、发明专利数量已达到全球第一;科技投入规模仅次于美国,近5年全国基础研究经费增长1倍,在研发经费中的占比连续4年超过6%,取得了一系列领跑世界的成果。2016年，党中央提出了建设科技强国的宏伟目标，为科技发展指明了方向，也提出了更艰巨的任务。

应当看到，我国要建设成为真正的科技强国，还面临许多严峻的挑战。尤其是在美国极限遏制我国科技发展空间的背景下，我国原始创新能力不强的短板效应会愈加凸显，甚至不排除我国被挤出下次科技革命赛道的可能。这些问题是关乎我国科技安全、经济安全、民族复兴的重大战略问题，我们必须深入、系统地进行研究，制定切实可靠的对策与措施。

我很高兴地看到，在《中国科技安全》一书中，王宏广教授团队对其中许多问题进行了超前思考和创新性探讨，回答了许多公众关注的热点科技问题，也提出了许多值得深入研究的重大课题。

第一，20多年来，王宏广教授团队始终坚信生物技术势将引领新科技革命，这一判断值得称道。早在2001年，王宏广教授就向当时的科技部领导提出了自己关于生物技术将引领信息科技革命之后的新科技革命的见解，现在看来这一见解已经得到国内外越来越多学者的认同。全球目前已有26个国家或地区的生物与医药论文数量占本国或本地区自然科学论文的50%以上，有的甚至超过60%；有60多个国家制订了生物产业、生物经济发展的规划与蓝图；有10多个国家的领导人亲自兼任本国有关生物技术、产业机构的领导人。美国生物经济占其GDP的比重达到20%以上，其他发达国家基本不低于10%。2022年，我国发布了《"十四五"生物经济发展规划》。

第二，我个人赞同书中对世界科技安全形势的总体判断。美国从自身利益出发，行使技术霸权、军事霸权、货币霸权等，引发了世界科技安全、经济安全等领域的诸多问题。如何科学判断世界科技安全形势？王宏广教授团队研究得出"世界科技安全形势由贸易战之前的整体改善、局部恶化，转变为整体恶化、局部改善"的基本判断。在科技不断取得重大进步的同时，技术霸权、技术间谍、技术恐怖、技术封锁等问题也日益加剧，美国连同他国不断加紧对中俄的技术封锁，导致世界科技安全形势整体恶化。

　　第三，书中关于中国科技安全面临的最大问题的研究结果很有现实意义。例如，当前学术界、产业界乃至公众普遍认为高端芯片被卡是我国科技安全面临的最大问题，而王宏广教授团队则认为这其实只是最让人焦虑的科技安全问题，实际上，更大的科技安全问题是我们可能失去下次科技革命的机遇。如前所述，世界第一经济大国都引领过一次科技革命，我国如若错过即将到来的新科技革命，就很难达到并长期保持第一大经济体地位。我同意这一观点。社会各界对此可能会有不同意见，但这确实是值得认真研判的重大科技问题和战略问题。据不完全统计，全国上下已经为研发高端芯片投入近 10 000 亿元，2022 年关闭的公司多达 5 000 多家。在分析过往利与弊的同时，当前更为迫切的是，切实加强对新科技革命的判断和战略部署。

　　第四，关于我国原始创新弱的主要原因是这本书探讨的又一个值得重视的科学问题。我国总体创新能力偏弱，是因为原始创新弱，近年来这已基本成为共识。但原始创新弱的主要原因是什么，大家有许多不同观点。学术界比较多的意见是投入不足，虽已持续呼吁了 20 多年，但这一问题仍然存在。王宏广教授团队研究认为，缺钱固然是主要原因之一，但更关键的问题是缺乏顶尖人才。没有顶尖人才就没有独特的思维和研究方法，没有独特的思维和研究方法就制造不出世界上独一无二的科学仪器，从而难免会重复别人的研究。尽管有人会说这不过是一家之言，但我赞赏这种善于提出不同观点的科学精神。我认为在大力增加基础研究经费的同时，我国一定要把培养、引进顶尖人才和加强研究方法、仪器的创新作为提升原始创新能力的突破口。

　　第五，书中提出的科技安全概念以及对科技安全算法和分级的探讨，为科技安全研究提供了新方法和新思路，既有学术价值，亦有现实意义。美国大力遏制我国科技发展，科技不安全问题引起了全社会的广泛关注。但哪个科学领域、哪个经济行业的不安全程度更高？对经济社会发展有多大影响？以往，我们缺乏对这些问题定量、系统的研究。《中国科技安全》一书提出了科技安全的概念和算法，将科技安全分为强安全、基本安全、弱安全、不安全4个等级，并对我国第一产业、第二产业、第三产业近60个行业的科技安全系数进行了测算。我认为这是一项具有原创性的研究成果，对我国乃至跨国别的科技安全问题定量研究都具有重要参考价值，应该引起学术界、产业界乃至决策部门的高度关注。

王宏广教授长期关注和从事科技战略研究，围绕国家发展的一些重大问题开展了大量研究工作。他已经带领团队出版了《填平第二经济大国陷阱》《差距经济学》《中国粮食安全》《中国生物安全》等几部颇有见地的专著，涉及中美关系、省区经济质量差距、粮食安全、生物安全等一系列重要问题，其中一些观点已经被决策部门采纳。我很欣赏王宏广教授不断学习、不断探索、尊重数据、讲求逻辑的科学态度，期待他和他的团队未来能为国家科技发展提出更多真知灼见。

中美科技、经济的竞争将是一个长期、复杂的过程，研究这一进程中我国的科技安全和经济安全，也是一个长期的战略性任务，《中国科技安全》一书开了个好头。希望更多的科技专家、经济专家以及广大干部和企业家共同关注，从不同角度研究新形势下我国面临的科技安全问题，为保障国家安全、建设科技强国、实现中华民族伟大复兴不断贡献更多有价值并且能够落地的研究成果。

科学技术部原副部长
第十一届全国人大教科文卫委员会副主任　程津培
致公党中央原副主席
2023年5月5日

序二
科技安全是建设科技强国的根本保障

  为推进中国式现代化，实现中华民族伟大复兴，我们必须深化改革、扩大开放，同时坚持高质量发展。改革、开放与发展都需要创新，创新是民族进步的灵魂。通过理论创新、体制创新、机制创新，以及科技创新、教育创新、文化创新等多方面的创新，中国取得了巨大经济进步。

  新中国成立以来，党和政府一直十分重视科技创新，科技发展取得了举世瞩目的成就。2022年，我国学术论文数量与质量排名世界第二，发明专利授权量排名世界第一，高技术产品出口额排名世界第一。我国还取得了两弹一星、杂交水稻、载人飞船、探月工程、北斗导航、载人深潜等一系列重大科技成果，奠定了中华民族从站起来、富起来迈向强起来的坚实基础，成为世界第二大经济体、第一农业大国、第一制造业大国、第一贸易大国、第一外汇储备大国。中国经济对世界经济的贡献连续多年保持在30%左右，中国制造的产品惠及全球数十亿人口，中国的科技创新不仅造福中国人民，也造福世界人民。

  但是，在这个中华民族洗刷百年屈辱、即将实现伟大复兴的历史关键时刻，美国却不择手段地打压我国。尽管美国领导人多次表态

"四不一无意",即美国不寻求同中国打"新冷战",不寻求改变中国体制,不寻求通过强化同盟关系来反对中国,不支持"台独",无意同中国发生冲突,但是,美国言行不一,丝毫没有减轻对中国的打压力度,其发动的贸易战已演变成科技战、人才战、外交战、体制战、制度战,许多人甚至担心会出现局部军事冲突,这引起全世界人民的高度担忧。世界经济安全、生物安全、粮食安全、能源安全乃至军事安全形势复杂多变,科技安全形势更是扑朔迷离。

在1995年调入国家海洋局工作之前,我长期从事科技政策研究与科技管理工作。1964年进入中国科学院政策研究室;1977年调入国家科委,先后任政策法规司司长、秘书长、党组成员;参与1978年全国科学大会文件起草工作;较早组织开展"民营科技"、"中国软科学"和"科技兴国"等课题研究;组织带领国家科委办公厅调研室的同志们起草1995年发布的《中共中央、国务院关于加速科学技术进步的决定》及全国科学大会有关文件。退休10多年来,我仍然十分关注科技发展变化和科技政策、战略的走向问题。

世界科技安全形势怎么变、怎么看、怎么办,已经成为国内外政治家、科学家、企业家,乃至广大公众关心的国际问题。在这个时刻,我看到了王宏广教授团队的新作《中国科技安全》,在看完全书初稿后,我觉得以下几个问题值得认真讨论、深入思考。

第一,提出了科技安全的狭义和广义概念。狭义科技安全是指科技要素的安全,涉及科技供应链、科技人员、科技成果、科技设施等;广义科技安全是指科技创新对经济社会发展的支撑与引领能力。作者提出了科技安全的8个核心内容、4个标准,特别是提出了科技安全系数及其算法,将科技安全分为强安全、基本安全、弱安全与不安全4个等级,既有创新性,又有实用性。我认为这些创新成果为今后的科技安全研究奠定了良好的理论基础。

第二,研判了世界科技安全形势。作者认为,世界科技安全面临技术霸权、技术间谍、技术恐怖等十大问题,特别是美国发动贸易战以来，世界科技安全形势整体在恶化，局部在改善。科技不安全的根源是少数国家行使技术霸权。我很同意作者的观点，这可以使政府与公众对世界科技安全形势有一个基本的了解。

第三，探讨了6个国家保障科技安全的成功经验与失败教训。作者列举了美国作为科技强国的8个特征，分析了美国建设科技强国的9个途径、保障科技安全的9个措施；探讨了英国由于科技政策失误失去世界科技中心地位，进而失去世界经济中心地位的深刻教训；总结了德国、瑞士的创新能力经久不衰的科技基础与经验；探寻了日本诺贝尔奖数量增加、经济却低迷近40年的主要原因，以及荷兰这个小国家做出大科技（光刻机）的创新之路。这些研究结论很有现实意义。

第四，分析了中美科技战的走向与风险。书中提出了美国遏制中国科技的3个可能途径、5个基本走向、3个潜在风险。这些宏观研究结论值得引起高度重视，对防患于未然、打赢科技战十分重要。

第五，对中国科技安全的总体判断很有学术价值和现实意义。作者列举了中国科技安全面临的芯片被卡、错失新科技革命、原创不足、人才赤字等十大困难。通过对中国第一产业、第二产业、第三产业科技安全系数的测算，作者认为中国科技总体安全：一些行业科技强安全，不需要引进国外技术；多数行业科技基本安全，需要引进部分技术，但技术买得起、买得到；少数行业科技弱安全，随时面临核心技术被"卡"的风险；个别行业科技不安全，关键技术严重依赖国外，并遭遇美国打压，行业的创新能力、市场竞争力明显下降。这些研究结果为保障科技安全提供了很好的解决思路与方法，既有十分重要的学术价值，也有相当重要的现实意义。

第六，保障科技安全、建设科技强国的战略与对策很有创新性和操作性。作者提出开展科技安全普查摸清家底，开展四大预测找准方向，大胆探索深化经济、科技、教育三大体制改革的政策与措施。特别是作者提出的深化科技体制改革的10条建议，我认为非常重要，值得政府研究与采纳。例如调动80%的科技人员进入经济主战场、科技奖励试行提名制、院士评选试行积分制等，都是既具创新性又能操作的建议。

第七，如何打赢科技战是举国上下关切的重大问题。书中提出第一经济大国都引领过科技革命，中国需要引领或共同引领新科技革命。高端芯片被卡是当前主要的科技安全问题，而失去新科技革命机遇则是更严重、更长远的科技安全问题。打赢芯片反击战，引领信息科技革命后半程；发展生物技术，力争引领新科技革命；推进第三次绿色革命，建成农业强国；等等。这些建议客观、务实，且非常重要。

当然，科技安全是一个十分复杂的科学问题、经济问题、国际问题，从不同国家、不同学科、不同视角出发肯定会得出许多不同甚至相反的结论。因此，这本书中的所有观点，大家不可能都赞同、认可，但我期望这本书能够激发有关科技安全的大讨论、大思考，群策群力为保障科技安全、建设科技强国贡献力量与智慧。

总而言之，我认为这是一本很好的学术著作，具有现实的针对性、长远的战略性，是政府决策的重要依据、科学研究的重要资料、干部培训的基础教材、公众了解科技形势的重要窗口。为此，特写序向大家推荐。

宏广教授原来是中国农业大学最年轻的教授，我在1994年建议将他调入国家科委办公厅调研室工作。他是学者出身，学问扎实、勤于思考、敢于创新，善于用数据、事实说话，给我留下了很深的印象。在我1995年调入国家海洋局工作后，我们联系得少了，最近一位在重要岗位工作的朋友向我推荐了宏广教授的著作《中国粮食安全》《中国生物安全》，这使我再次与宏广教授产生密切联系。我了解到他继粮食安全、生物安全、科技安全研究之后，已经完成《世界科技发展趋势与中国机遇》的初稿，预祝他和团队拿出更多有学术价值和现实意义的研究成果。

我相信，在党中央、国务院的坚强领导下，我国一定能够保障科技安全、打赢科技战，建成世界科技强国，实现中华民族伟大复兴的宏伟目标。

原国家科学技术委员会党组成员、秘书长
国家海洋局原局长　张登义

2023年4月30日

前　言

什么是科技安全？为什么科技不安全？在美国的打压下，中国如何保障科技安全？如果无法保障科技安全又会发生什么？建成科技强国的时间会不会推迟？中国经济中高速增长的趋势会不会中断？实现中华民族伟大复兴的宏伟目标会不会落空？世界科技安全、中国科技安全怎么变、怎么看、怎么办？

科技安全不仅关系到国家经济安全、人民生命安全、国防安全，而且关系到中华民族伟大复兴。因此，像生命安全、生物安全一样，科技安全与人人有关，与国家命运有关。

科技安全与人人有关。切尔诺贝利核电站核泄漏是科技（设施）安全问题，伊朗的核武器专家被无人机暗杀是科技（人员）安全问题，美国在其他国家建立330多个生物实验室并反对《禁止生物武器公约》核查机制更是科技（实验室）安全问题。有人用干细胞克隆人，有人用基因编辑技术改造人，日本、德国在两次世界大战期间进行生物武器实验，这些都是科技安全问题。

科技安全与国家命运有关。曾经的世界科技中心英国因科技政策失误，失去了科技中心的地位，经济地位滑落到世界第六位。美国大力保障科技安全，占据了世界科技中心、经济中心地位。伊朗最关心的可能是如何保障核技术人员的生命安全和核研究设施的安全。

国内外还没有统一、公认的定量评估科技安全的方法，我们探索了科技安全系数及其算法，将科技安全分为强安全、基本安全、弱安全和不安全4个等级。

当前，世界科技安全形势由贸易战之前的整体改善、局部恶化，转变为整体恶化、局部改善。科技进步使科技安全形势逐步改善，但技术霸权、技术间谍、技术恐怖、技术封锁等问题却使科技安全形势恶化，顶尖人才被抢、资源被掠夺、科技成果被收购、科研设施被破坏，核安全、生物安全、生命安全、网络安全、金融安全等领域仍然存在问题，这深刻地影响着世界的和平与发展，影响着国家发展、行业进步、企业命运、个人前途。

中国科技安全面临十大困难

新中国成立以来，科技实现了跨越发展，成为具有国际影响力的创新大国。论文、专利、队伍、投入、高技术产品出口、世界500强企业等10多项创新指标跃居世界前两位，科技支撑名义GDP增长2 596倍，农业科技为粮食单产增长4.86倍做出重要贡献，14亿人民彻底告别了饥饿的困扰。工业技术催生了世界第一制造业大国，中国工业增加值是美国的2.2倍。健康科技对人均预期寿命增加43岁发挥了重要作用，"两弹一星"结束了中华民族受欺辱的历史。

但是，中国还不是创新强国，用世界第11位的创新体系支撑第二大经济体，属于"小马拉大车"。当前中国科技安全面临十大困难：一是芯片被卡，这是当前最严重的科技安全问题；二是爬错山头，错失新科技革命，这是中国未来可能面临的最大科技安全问题；三是原始创新不足，更为严重的问题是至今没有找准原始创新不足的原因；四是人才赤字，顶尖人才引不来、留不住、用不好的问题仍然存在，顶尖人才差距是中美最大、最难补上的差距；五是核心技术、高端科学仪器被限问题将长期存在，我国短期内难以摆脱"科技依赖症"；

六是科技体制机制不优,科技与经济融合发展的体制机制还没有形成,科技成果转化率低、先进技术短缺问题并存;七是企业创新能力不强,缺乏具有国际竞争力的大型企业;八是研发经费不足与浪费严重的问题并存;九是区域创新差距不断扩大,进一步导致经济发展不平衡;十是美国遏制中国科技发展的力度不断加大,国际科技合作难度越来越大。

三大产业均存在科技安全问题

第一产业科技总体安全,个别行业弱安全。农业科技论文、专利数量均居世界第一。种植业技术自主可控,科技基本安全,但由于人均耕地资源少,粮食仍然需要大量进口,蔬菜种子对外依存度高。畜牧业部分技术需引进,科技弱安全,肉类进口额已经接近粮食进口额,肉牛、奶牛品种对外依存度高,猪的品种改良依赖国外品种。林业技术底子薄、产品进口多,科技弱安全。渔业产品出口多,科技强安全。

第二产业科技总体安全,一些行业不安全。通过分析40个工业行业的科技安全系数,我们发现:75.0%的工业行业属于科技强安全、基本安全,占工业主营业务收入的63.7%;22.5%的工业行业属于科技弱安全、不安全,占工业主营业务收入的36.2%。

第三产业科技总体安全,少数行业不安全。科技强安全、基本安全的行业共11个,增加值占第三产业增加值的84.1%,技术、产品进口额仅128亿元,引进技术与产品对行业发展影响不大,科技安全有保障。科技弱安全、不安全的行业共3个,增加值占第三产业增加值的15.9%,技术、产品进口额高达11 823.6亿元;特别是科技服务业,其高端仪器、高端医疗器械严重依赖进口,信息服务所需的硬件与软件均受国外制约。

中国保障科技安全的总体目标

我们研究认为，中国保障科技安全的总体目标是深入实施科教兴国战略、人才强国战略、创新驱动发展战略，保障科技供应链安全、科技人员安全、科技成果安全、科技设施安全、高科技研发机构安全，加速建设科技强国，实现中华民族伟大复兴。而建设科技强国，需要我国实现创新体系强、人才队伍强、仪器设备强、研发投入强、国际合作强、创新生态强、科技成果强"七强"。

中国保障科技安全的战略与对策

保障科技安全、建设科技强国的重点主要有7个方面。一是打赢芯片反击战，多管齐下解决高端芯片受限问题，引领信息科技革命后半程。二是发展生物技术，努力打造40万亿元生物经济，引领或共同引领新科技革命。三是推进第三次绿色革命，建成农业强国。四是保障第二产业科技安全，工业科技要面向2.0、3.0、4.0三箭齐发，建成制造业强国。五是保障第三产业科技安全，建成第一经济大国。六是创新方法，造就人才、制造仪器，突破制约原始创新的瓶颈。七是建设创新高地，打造京沪新科技革命新领地，把粤港澳大湾区打造成世界上最具活力的创新基地。

保障科技安全、建设科技强国的对策主要有5条。一是开展科技安全普查，准确研判美国对中国进行技术遏制的走向与影响，明确国家的重大科技需求。二是开展四大预测，即技术、人才、经济、新科技革命预测，始终把握国际科技前沿方向。三是深化经济体制改革，落实创新驱动发展战略。四是改革科技体制，重构国家创新体系，分流科技人员队伍，解决"五大闲"问题，实施新型举国体制，推倒分隔科技与经济的"墙"，围绕产业链构建技术链、价值链、人才链、利益链，引导科技主力进入经济主战场。五是深化教育体制改革，启动诺贝尔奖培育计划，造就大批战略科学家，加速培养顶尖人才。

总之，科技安全事关人民生命安全、国家命运，影响世界政治、经济、外交、教育、文化、安全六大格局。世界科技安全形势整体在恶化，局部在改善。美国遏制中国崛起是导致世界科技安全形势恶化的根本原因。中国科技总体安全，少数行业、个别产业受到美国及其盟友打压，这将在一定程度上激发14亿人民的创新热情，从而提升中国的创新能力。保障科技安全、建设科技强国、实现中华民族伟大复兴，道路不会平坦，但目标不会落空，未来一定属于勤劳、勇敢、善良的国家和人民。

本书涉及学科范围广，作者知识水平有限，不妥之处，请各位读者批评指正。

2023年4月20日

第一篇

形势与挑战

当今世界，政治、经济、外交、教育、文化、安全等格局正在发生巨大变化。世界科技发展机遇与挑战并存，信息技术科技革命、数字经济产业革命方兴未艾，生物技术科技革命加速来临，生物经济已经成为新的经济增长点，世界经济有望在生物经济时代走出低迷状态。与此同时，世界科技竞争日趋激烈，地缘政治、意识形态干扰以及阻碍科技发展的技术霸权、技术恐怖等问题日益突出，特别是美国发动贸易战以来，世界科技安全形势整体在恶化，局部在改善，我们亟待寻求新战略、新对策、新出路，创造世界科技发展新格局、新秩序。

第一章
科技安全与科技安全系数

当前，多数学者与公众都认为高端芯片被卡是中国面临的最大的科技安全问题，我们通过研究得出了不同的结论。高端芯片被卡是当前的科技安全问题，也是最热的科技安全问题，但长远的、最大的科技安全问题是失去下次科技革命的机遇，延缓甚至中断建设科技强国、实现中华民族伟大复兴的进程。高端芯片被卡"只要钱、不要命"，而生物与医药技术被卡，则"不仅要钱，而且要命"。数字经济被卡影响当前经济发展，而生物经济被卡则是更隐蔽、更长远、更难解决的科技安全问题。

第一节
什么是科技安全

什么是科技安全？为什么科技不安全？谁在威胁科技安全？中国科技安全面临的最大问题是什么？科技不安全会对经济发展、国家安全、人民生命安全造成什么样的影响？这些问题是举国上下普遍关心的重大问题，也是国际社会广泛关注的影响世界格局的重要问题。

一、惊心动魄的科技安全事件

人类经历了农耕文明、工业文明、信息文明，民主、自由、平等、法治的口号传遍世界。人类社会是不是越来越文明？科技是不是越来越安全？毫无疑问，人类文明总体是进步的，但并不排除个别国家和某些机构的文明程度有所降低，经常干出一些损人不利己的事。顶尖科学家突然死亡、高科技企业被迫转让、欧洲能源生命线"北溪"管道突然被炸、一架搭载数百人的飞机突然不知去向……，一件件触目惊心的科技安全事件浮现在人们脑海中，让人们百思不得其解。

一是顶尖科技人才的人身安全得不到保障，有的被囚禁，有的死于非命。70多年前，著名科学家钱学森从美国回国前曾被扣留5年，美国海军的一位领导人扬言，宁可枪毙也不让他回中国。①2018年12月1日，世界著名华人物理学家、美国斯坦福大学教授张首晟自杀。2020年11月27日，伊朗著名核物理学家法克里扎德遭袭身亡，这是第5个死于非命的伊朗核物理专家。2023年3月2日，俄罗斯顶尖科学家安德烈·博蒂科夫在家中被人用皮带勒死，他曾因研制出"卫星五号"新冠疫苗而被俄罗斯政府授予祖国功绩勋章，是参与疫苗研究

---

① 张清濂.浅论人才的培养选拔和使用[J].决策与信息，1995（8）：3.

的18名科学家之一。自美国启动"中国行动计划"以来，150多名华人学者遭到调查，有人失去工作，有人被囚禁，甚至有人失去了宝贵的生命。美国国会众议院议长佩洛西窜访中国台湾，引发中美关系危机，使不少华人科学家担心人身安全问题，从而引发了新的回国潮。

二是科技成果被窃取或恶意收购，导致重大科技或经济损失。中医药是中国传统医学的瑰宝，但由于外国公司大量抢注中药专利，导致中国人吃中药却要向外国人交专利费。大豆起源于中国，美国引进后进行了品种改良，却在中国申请专利，企图让中国人给美国企业交专利费，当然，中国政府肯定不会批准。中国科学家屠呦呦利用独特方法提取的青蒿素，是中国第一个被国际认可的原创新药，拯救了数百万人的生命，她也因此获得了诺贝尔奖，但青蒿素的专利却被外国公司抢注。为什么中国没有高端芯片企业，欧洲国家、日本也没有？这是因为欧洲国家、日本的许多芯片企业在青苗阶段就被美国企业收购、兼并，其芯片产业自然就被垄断了。

三是高科技设施被破坏，许多高科技企业被迫转让甚至关闭。21世纪初，世界上每4个灯泡里就有一个灯泡的电力是法国阿尔斯通公司提供的，它是美国通用电气公司最大的竞争对手。2013年4月，美国宣称阿尔斯通公司在印度尼西亚订单中存在行贿问题，扣押了其副总裁皮耶鲁齐，使阿尔斯通公司被迫转让给美国公司，皮耶鲁齐坐牢3年，出狱后写下《美国陷阱》一书揭露美国行径。2019年3月7日到27日，委内瑞拉遭遇5次攻击，出现大面积停电，委内瑞拉政府表示是电站计算机系统遭到网络攻击。[①]2021年9月25日，被加拿大非法扣留1 028天的中国华为公司首席财务官孟晚舟女士回到祖国。2022年12月，美国总统拜登参加中国台湾台积电在美国新设工厂的迁机仪式，台积电变成了"美积电"。

---

① 安天研究院，广东省电力系统网络安全企业重点实验室.委内瑞拉大规模停电事件的初步分析与思考启示［J］.信息安全与通信保密，2019（5）：12.

四是科技战成为无硝烟的战争,有硝烟的战争有所控制,无硝烟的战争愈演愈烈。美国政府发动的贸易战已演变成科技战,其以国家安全为由,发动形形色色的科技战,不断采取各种措施打压中国高科技企业的发展,目的是制造新的第二经济大国陷阱,遏制中国的崛起,阻止中国经济总量超越美国。有硝烟的战争是争夺国土,最终目的是争夺市场,而无硝烟的战争则是直接抢占市场,这是国家竞争的高级阶段,是科技强国掠夺科技落后国家的最高效手段,是未来国家竞争的核心,争的是科技,抢的是市场,谋的是未来,经济竞争、综合国力竞争本质上是科技竞争。

五是科技战已与国际恐怖主义结合,给世界和平带来巨大危害。2022年9月26日,俄罗斯通往欧洲的北溪一号、北溪二号输能管道在同一天发生爆炸。在海底深处从事爆炸活动绝对不是一般恐怖分子能够做到的,这大概率是拥有高科技手段的国家所为,或者是其为恐怖分子提供的破坏手段。这是彻头彻尾的国际恐怖主义行为,尽管目前还没有最终调查结果,将来也可能不会公布真相,但这必将改变世界和平的格局。

六是高科技误用、滥用事件频发。二战前后,日本、德国、英国等许多国家都开展了生物武器与生物安全方面的研究,多次发生生物实验室泄漏事件,导致大量人员与动物死亡。尽管除美国以外的缔约国都同意了《禁止生物武器公约》核查机制,但生物实验室泄漏问题仍然威胁着人类安全。此外,1986年4月26日,切尔诺贝利核电站4号反应堆发生爆炸,这是迄今为止世界上最严重的核泄漏事故。

二、狭义与广义的科技安全

科技安全不仅事关经济发展、人民生命安全、生物安全、粮食安全、能源安全、金融安全、国防安全等,而且与个人有关、与国运相关。关于科技安全,国内外还没有统一、公认的概念,不同国家、不同时期的不同学者对科技安全的理解有所不同。

国际上通常将科技安全归入非传统安全范畴。1972年罗马俱乐部发布的报告《增长的极限》，实质上讨论了技术供给不足会导致经济增长极限，给人类带来毁灭性灾难的问题，但并没有提出科技安全的概念。1991年，英国学者巴里·布赞首次将安全扩展到经济、社会、环境等领域。美国国际安全专家特里·塔尔夫在《当代安全研究》中也花了大量篇幅讨论非传统安全问题。

世界上许多国家政府、科研机构、高科技企业都十分重视科技安全，但不同国家或地区、不同行业、不同企业对科技安全的理解有所不同，保障科技安全的政策与对策也有所不同。科技安全可分为狭义科技安全与广义科技安全两类。

（一）狭义科技安全

文献调研显示，20多年前，中国科技工作者就开始关注和研究科技安全了。1998年，连燕华和马维野在《科学学与科学技术管理》上发表了题为《科技安全：国家安全的新概念》的文章，首次强调了科技安全的重要性，并对科技安全基本要素、主要内容等进行了分析；[1]1999年，马维野再次撰文，对科技安全的定义、内涵和外延等进行了详细阐述。[2]此后，科技安全才逐渐得到关注。截至2023年3月底，在中国知网收录的论文中，标题含有"科技安全"的论文有216篇，多数论文是从人才、成果、经费等科技要素出发研究科技安全的。

我们通过进一步调研发现，学术界、产业界对狭义科技安全还有不同的观点。一类观点认为，科技安全是指科技保持持续发展、权益

---

[1] 连燕华，马维野. 科技安全：国家安全的新概念 [J]. 科学学与科学技术管理，1998，000（011）：20-22.

[2] 马维野. 科技安全：定义、内涵和外延 [J]. 国际技术经济研究，1999，2（2）：5.

得到保障的状态。其中具有代表性的观点是，科技安全是指国家的科学技术事业健康发展，科技实力强大，科技权益得到保障。①显然，这类观点是从科技自身发展的角度来理解、定义科技安全的，是典型的狭义科技安全。

另一类观点认为，科技安全是指科技能够抵御外部干扰，保持持续发展的状态。例如，雷家骕认为科技安全是指一国的科技体系具有一定的生存力；②《总体国家安全观干部读本》提出，科技安全是指国家科技体系完整有效，国家重点领域核心技术自主可控，国家核心利益和安全不受外部科技优势危害，以及保障持续安全状态的能力。③

还有一类观点认为，科技安全是指科技能够满足经济发展、国防建设对科技需求的状态。例如，尹希成认为科技安全是指一国的科技发展能跟上世界新技术革命的步伐，保护本国的科技潜力不受来自内部和外部的威胁，能以自己的智力资源保障经济发展和国防建设的需要。④这类观点从科技供给满足社会需求的角度定义科技安全，与当前社会上的主流观点比较接近。

我们研究认为，狭义科技安全是指一个国家或地区、行业、企业在任何情况下科技持续发展、保障技术供给的状态与能力。狭义科技安全是从科技的角度讨论科技安全的，主要涉及科技供应链、科技人员、科技成果、科技设施、科技国际合作、科技经费等科技要素的安全。例如，科技成果被盗取、科技人员遭陷害、科技设施被破坏、科技经费被挪用等科技安全问题，都属于狭义科技安全。

---

① 沈志宇.必须重视科技安全[J].国防科技，2003（1）：17-19.
② 雷家骕.国家经济安全导论[M].西安：陕西人民出版社，2000.
③ 《总体国家安全观干部读本》编委会.总体国家安全观干部读本[M].北京：人民出版社，2016.
④ 尹希成.科技安全与国家安全其他要素的关系[J].国际技术经济研究，1999（03）：28-33.

（二）广义科技安全

广义科技安全是从科技供给能否满足科技需求的角度研究科技安全的，是从国家安全的高度对长远性、战略性、关键性、规律性的科技安全问题进行研究。广义科技安全不仅涉及供应链、人员、成果、设施、经费等，还包括科技供给能否满足经济发展、人民健康、生态改善、国防安全、社会进步对科技的需求。学术界对广义科技安全也有不同的观点。

一类观点认为科技安全是国家安全的一种状态。[①]马维野认为广义科技安全是在一定的社会环境条件下，由科学技术因素以及科学技术与国家安全因素的相关性所构成的国家安全的一种态势。[②]

另一类观点认为科技安全是支撑国家安全的重要力量与基础。游光荣等学者认为，科技安全是国家安全的重要组成部分，是实现传统安全（政治安全、国土安全、军事安全、经济安全、社会安全）和非传统安全（文化安全、信息安全、生态安全、资源安全、核安全）的关键要素，是支撑总体国家安全的重要力量和物质技术基础。[③]

我们研究认为，广义科技安全是指一个国家或地区在任何情况下核心技术供给都能满足经济安全、人民生命安全、生态安全、国防安全等国家安全问题对技术的基本需求，既包括科技供应链、科技人员、科技成果、科技设施、科技国际合作、科技经费等科技要素的安全，也包括科技对国土安全、国防安全、经济安全、文化安全、社会安全、信息安全、生态安全、资源安全、核安全、粮食安全、能源安全、生物安全、金融安全、水安全等国家重大安全问题，以及区域、

---

① 连燕华，马维野.科技安全：国家安全的新概念[J].科学学与科学技术管理，1998，000（011）：8.

② 马维野.科技安全：定义、内涵和外延[J].国际技术经济研究，1999，2（2）：13-17.

③ 游光荣，张斌，张守明，等.国家科技安全：概念、特征、形成机理与评估框架初探[J].军事运筹与系统工程，2019，33（2）：5-10.

行业、企业持续发展的保障能力。

三、科技安全的主要内容

我们研究认为，科技安全是指一个国家或地区、机构或企业在任何情况下科技供给都能满足或基本满足科技需求，能够保障经济社会持续发展的状态。根据科技供给对经济社会发展的满足程度和保障程度，我们将科技安全分为强安全、基本安全、弱安全、不安全4个等级。

科技安全有6个基本要素和一个根本标志。科技安全的6个基本要素是创新体系完善、研发队伍一流、体制机制高效、经费保障有力、核心技术自立、国际合作畅通。其根本标志是在任何情况下科技供给都能满足或基本满足经济社会发展对核心技术的需求，能够支撑经济社会持续发展。

无论是狭义科技安全还是广义科技安全，其核心内容都包括科技体系安全、科技人才安全、科技成果安全、科技设施安全、科技供应链安全、科技产品安全、科技经费安全、科技国际合作安全8个方面。

科技体系安全是指一个国家、地区或机构的科技创新体系完善，科技体制机制高效，能够抵御外力干扰与破坏的状态。比如在美国的疯狂打压与遏制下，华为公司的创新体系仍然能够独立运行，不断取得新的成就，从而在更大领域、更大范围激发中国的创新动力。

科技人才安全是指能够保障科技人才生命安全、正常工作、正常生活的状态。前面所述的钱学森回国被阻、伊朗核物理专家遭袭身亡等事件，就是科技人才安全得不到保障的典型案例。

科技成果安全是指科技知识产权不受侵犯、不流失的状态。科技成果被窃取或恶意收购是科技成果安全面临的最主要问题。例如，外国医药公司在中国设立研究机构，却没有实体实验室，其目的就是专门收购中国最新的创新药物成果，有的还是尚未申请专利保护的成果。

科技设施安全是指科技设施高标准建设、高质量运行，能够抵御外力干扰或破坏的状态。科技设施安全问题通常分为两类：一是科技设施管理不善造成的安全问题，比如一些国家的生物实验室管理不当，多次出现病原物泄漏，造成大量人员和动物死亡；二是科技设施因外力被迫关闭，甚至被摧毁，伊朗的核研究设施被轰炸、委内瑞拉电网遭遇攻击就是典型案例。

科技供应链安全是指支撑科技创新活动和生产经营的仪器、试剂，以及关键材料、配件等的生产与供给体系高效运行的状态。导致科技供应链安全问题的因素通常有两类：一是自然因素导致的供应链断裂，比如新冠肺炎疫情防控期间，中国许多医药研究机构缺乏动物实验所需的猴子，猴子的价格由早期的每只1万元涨到每只20万元，这导致许多药物、疫苗研究停止或终止；二是人为因素导致的供应链断裂，比如美国发动贸易战，实行技术封锁，导致我国高端芯片、芯片设计软件等供应不足。

科技产品安全是指科技产品性能保持有效、稳定、可靠的状态。阿斯利康公司生产的疫苗导致接种者非正常死亡，特斯拉电动汽车电池自燃给消费者造成生命危险，许多品牌手机电池自燃，等等，都属于科技产品安全问题。

科技经费安全是指科技经费供给稳定、高效使用的状态。个别中国工程院原院士因挪用、贪污科技经费被判刑，许多科技企业由于经费不充足、不稳定导致研究工作半途而废，等等，都是科技经费安全问题。当然，大量低水平重复研究导致有限科技经费被浪费，也属于科技经费安全问题。

科技国际合作安全是指保持公正、公平、互利、共赢且稳定、高效的科技国际合作状态。一些国家的技术霸权行为导致国际合作环境不安全，比如一些海外留学人员与中国研究机构或企业的合作项目由于被美国干扰而不得不暂停甚至终止。

第二节

科技安全系数及其特点

科技安全的标准是什么？国内外还没有对科技安全进行过定量分析，在对外技术依存度的基础上，我们探索用科技安全系数定量评估不同地区、不同行业的科技安全。

一、对外技术依存度与科技安全

对外技术依存度是指一个国家或地区、行业、企业的科技创新对国外技术的依赖程度，通常用技术引进费用占科技经费总支出的比重来表示。对外技术依存度可以很好地反映引进技术对一个国家或地区、行业、企业科技进步的作用与影响。

理论上，一个国家或地区、行业、企业的对外技术依存度与科技安全系数成反比，即对外技术依存度越低，科技安全系数越高。反之，一个国家或地区、行业、企业的对外技术依存度越高，科技安全系数越低，说明科技安全处于弱安全甚至不安全的状态。

国内外还没有公认的、统一的关于对外技术依存度的计算方法，多数学者常用两个方法测算对外技术依存度。①

一是通过技术贸易额测算对外技术依存度。计算技术出口额（To）与技术引进费用（Ti）的比值，To/Ti 值越高，表明技术竞争力越强、对外技术依存度越低、科技安全系数越高。

$Toi = To/Ti$

其中：Toi——对外技术依存度

To——技术出口额

---

① 何锦义. 对外技术依存度若干问题研究 [J]. 统计研究, 2010, 27 (11): 5.

Ti——技术引进费用

这种方法计算出的对外技术依存度准确地反映了技术出口额与技术引用费用的比值，只能衡量一个国家或地区、行业、企业技术贸易的现状，不能用于准确分析引进技术对科技发展的作用，更不能用于定量分析引进技术对国家或地区经济社会发展的作用。

二是运用科技经费支出测算对外技术依存度。国际上通常有两种算法，第一种是用技术引进费用占研发经费总额的比重表示对外技术依存度：

$Tdi = Ti / R\&D \times 100\%$

其中：Tdi——对外技术依存度

第二种是用技术引进费用占科技支出总额的比重测算对外技术依存度：

$Tdi = Ti / (Ti+R\&D) \times 100\%$

这种用技术引进费用（也有学者增加技术许可费）占科技支出总额的比重测算出的对外技术依存度，一定程度上能够客观反映一个国家或地区、行业、企业对国外技术的依赖程度，但是不能客观反映引进技术对一个国家或地区经济社会发展的影响力，也不能准确反映引进技术对行业、企业发展的影响力。

综上分析，对外技术依存度能够反映引进技术对科技发展的影响力，但是不足之处在于：一是不能定量反映创新能力与供给能力，二是不能用于定量分析一个国家或地区、行业、企业的技术支撑与引领能力对经济社会发展的作用。

二、科技安全系数与科技安全

为了弥补对外技术依存度这一指标的不足，我们探索用科技安全系数反映一个国家或地区、行业、企业的科技安全程度，并探索了科技安全系数的计算方法。

在现实社会中往往会出现一种情况，即一个国家或地区的技术水平国际领先，从科技创新能力分析，科技是安全的，但由于生产要素的不足，经济社会发展仍然受国外制约。这说明其科技创新能力尽管很强，但仍然不能支撑经济社会发展，科技供给实际上不能满足科技需求，科技是不安全的。比如，中国主要粮食作物的种子95%以上完全自主，育种处于国际领先水平，但由于耕地资源不足，中国仍然需要进口大豆、玉米、油料等食物与饲料，进口量相当于国内10亿亩耕地的产量。这说明中国粮食生产技术供给不能满足保障粮食安全的需要，尽管粮食作物育种技术、种植技术国际领先，但科技并不能完全弥补耕地资源的不足，粮食科技仍处于弱安全水平，必须被大力发展。

为了定量分析和评估科技创新能力及其对经济社会发展的支撑、引领能力，我们引入了科技安全系数的概念。

科技安全系数是反映科技安全程度的系数，是指一个国家或地区、行业、企业保障科技创新及其对经济社会发展支撑、引领能力的程度。在实践中会出现两种情况：一是科技能够缓解甚至解决生产要素短缺的矛盾，能够支撑与引领经济社会持续发展，这说明科技安全系数高；二是科技创新能力虽强，但不能完全弥补生产要素的不足，经济社会发展仍然需要大量引进国外技术和产品，这表明科技安全系数低或较低。因此，只有测算一个国家或地区、行业、企业的科技安全系数，才能定量分析科技创新对经济社会发展的保障能力。

科技安全系数的测算，既涉及国际经济、社会、政治、技术等多个方面，也涉及国内生产要素、科技水平、市场需求等多种因素，需要大量可及、可靠的数据。理论上讲，测算科技安全系数需要测算引进技术、生产资料形成的经济增加值或销售额占一个国家或地区、行业、企业的经济增加值或销售额的比重。但在实践中，由于涉及多个产品、多个行业，我们往往很难客观测算引进技术、生产资料对国家或地区经济增加值、行业或企业销售额的影响。例如，高端芯片被卡对华为公司5G手机的生产造成的损失可以定量计算,但对其他行业产生的影响或造成的损失则很难测算。

因此,按照数据可靠、方法可行、结果可用的基本原则,我们用技术引进费用、技术专利许可费、产品进出口费占国家或地区GDP、行业主营业务收入、企业销售额的比重,分别测算国家或地区、行业、企业的科技安全系数。

$$Stsi = \left(1 - \frac{Ti + Tpi + Pi - Po}{Moi}\right) \times 100\%$$

其中:Stsi——科技安全系数

Ti——技术引进费用

Tpi——技术专利许可费

Pi——产品进口费

Po——产品出口费

Moi——行业主营业务收入

若计算一个国家或地区、行业的科技安全系数,则Moi分别为国家或地区的GDP、行业的主营业务收入。

美国及其盟友通过《芯片和科学法案》等不同手段限制中国高端芯片引进与研发,高端芯片被卡成为中国当前面临的科技安全问题之一,但高端芯片被卡对中国GDP增长、数字经济发展的影响还缺乏定量的测算与分析。公开数据显示,2018年受美国遏制之前,华为公司销售收入为7 212亿元,2019年、2020年、2021年分别为8 588亿元、8 914亿元、6 368亿元,2022年为6 423亿元,也就是说,华为公司2021—2022年因储存的高端芯片用完、替代产品还没有研发出来,销售收入连续两年下滑,美国2019—2022年的遏制给华为造成的损失达5 000亿元以上。从另一个角度分析,世界第一经济大国联合盟友遏制华为公司,华为公司却仍能够保持6 423亿元的销售收入,说明华为公司的抗打压能力很强。

三、科技安全的4个标准

判断科技是否安全,通常可用4个标准:创得出、买得到、保得住、用得好。

创得出,是指科技创新体系完善、高效,能够不断创造出经济社会发展所需要的新技术、新产品,及时、基本满足经济社会发展对核心技术的需求。

买得到,是指技术供给体系完善、可靠,任何情况下都能够买得到、买得起所需要的技术与设备,不会出现技术封锁影响经济发展、国家安全等问题。

保得住,是指拥有完善、高效的知识产权保护体系,能够确保知识产权安全,始终保持技术优势与产业竞争力。

用得好,是指拥有完善、高效的科技成果转化体系,包括技术市场体系、投融资体系、产业体系、政策体系等,科技成果能够得到及时、高效的转化与应用。

由此可见,支撑科技安全的四大支柱是科技创新体系、技术供给体系、知识产权保护体系和科技成果转化体系。

四、科技安全的4个等级

为了判断不同国家或地区,以及不同行业、不同企业科技安全的程度,我们探索了科技安全的等级分类。

我们结合科技供给对科技需求的满足程度,用科技安全系数、技术可及性、创新竞争力等因素,将科技安全分为强安全、基本安全、弱安全、不安全4个等级(见表1-1)。

表1-1 科技安全等级划分标准

安全分级	科技安全系数	技术可及性	创新竞争力	主要标志	举例
强安全	100%以上	无须引进	国际领先	自立自强 供给满足需求	杂交水稻育种技术
基本安全	96%~100%	买得到 买得起	国际前五位	中低技术自给 高端技术引进	航天技术 高铁技术
弱安全	86%~95%	购买技术受限制	技术创新前十位	创新能力弱 技术时常受限	飞机制造技术
不安全	85%及以下	买不到	缺乏核心技术	核心技术受限 停产或转产	高端芯片 高端手机

在任何条件下，科技供给都能满足科技需求，能够支撑与引领经济社会持续发展，则为科技强安全或基本安全。反之，不能满足科技需求，并导致经济社会发展受阻，或者人民生命安全、生态安全、国防安全受到危害，则为科技弱安全或不安全。

（一）科技强安全

科技强安全是指一个国家或地区、行业、企业的科技创新能力处于国际领先水平，经济社会发展所需的科技安全系数达到100%以上，技术与资源能够保障经济社会持续发展。简言之，科技强安全就是科技创新能力国际领先，不需要引进技术，经济社会就能够持续发展，甚至能够通过技术、产品出口影响国外技术与经济发展。

科技强安全并不是说完全不需要引进技术，而是当国外技术被限制出口时完全有能力开发替代技术，比如中国的杂交水稻育种技术、荷兰的高端芯片制造技术。美国限制对中国出口高端芯片及其制造技术，实际上不是为了保障科技安全，而是以科技安全、国家安全为借口遏制中国崛起。

（二）科技基本安全

科技基本安全是指一个国家或地区、行业、企业的科技创新能力在同领域处于国际前五位，经济社会发展所需的科技安全系数达到96%~100%，引进先进技术作为补充，核心技术能够买得到、买得起。简言之，科技基本安全就是科技供应链断裂风险小，核心技术能够买得到、买得起，能够保障经济社会持续发展。

处于科技基本安全的国家或地区，当引进技术受限制时，经济社会发展速度会降低、效率会下降，但总体上仍然能够保持发展势头。例如，中国的航天工业、汽车工业，俄罗斯的国防工业、航空工业，在国外技术封锁、限制的情况下，仍然能够保持发展的势头，并逐步形成自主的技术链、产业链。

（三）科技弱安全

科技弱安全是指一个国家或地区、行业、企业的科技创新国际竞争力弱，经济社会发展所需的科技安全系数为86%~95%，核心技术能够买得到、买得起，但国际技术市场不稳定，科技供应链有断裂风险。简言之，科技弱安全就是科技供应链存在断裂风险，一旦技术、生产资料引进受限，就会导致经济增速下降、效益下滑，行业与企业发展受到巨大冲击。比如中国高端仪器制造关键技术依赖引进，一旦国外停止或减少核心技术出口，中国高端仪器制造和科学研究就会受到影响。

（四）科技不安全

科技不安全是指一个国家或地区、行业、企业的科技创新国际竞争力弱，经济社会发展所需的科技安全系数在85%及以下，核心技术依赖引进，而且引进技术或设备受国外严格限制，买不到所需的核心技术或设备，导致部分产品停产甚至企业倒闭，行业发展受到制约。简言之，科技不安全就是科技供应链已经断裂，经济社会发展受到明显制约，出现产品停产、企业转产、行业发展下滑等问题。

当处于科技不安全状态时，一个国家或地区的科技供给不能满足科技需求，会导致经济下滑、国民收入下降、社会不稳定等严重问题。对于企业来讲，生产经营无法持续、效益下滑，需要寻求替代技术或产品。例如，中国高端芯片受美国技术封锁，导致华为公司5G手机停产，主营业务收入增长下滑，智能手机市场份额跌出国际市场前五位。又如，一些发展中国家和企业从事重复性研发活动，没有形成拥有自主知识产权的核心技术，有的企业甚至没有研发活动，这些国家和企业的科技处于不安全的状态，经济发展只能依赖消耗资源、出卖劳力。

应当说明的是，科技安全分级是一个复杂的科技问题和经济问题，我们仍然在探索之中，而且科技安全分级是动态的、相对的。同一企业不同产品的科技安全分级往往不一样，评价一个企业的科技安全要以企业整体的科技创新能力为基础进行评价，而不是仅仅看与少数产品相关的科技供应链。

五、科技安全有5个特征

一是客观性。科技安全是客观存在的，不同的国家或地区、行业、企业都不同程度地面临着不同类型的科技安全问题。科技安全已成为国家安全的基础与保障，发达国家和发展中国家都面临着不同类型的科技安全问题。美国认为不能长期保持科技全球领先地位是科技安全面临的主要问题，而对于第三世界国家来说，科技安全面临的主要问题则是缺乏创新能力，科技供给不能满足经济社会发展的科技需求。

二是动态性。科技安全是动态变化的，同一国家或地区、同一行业和同一企业面临的科技安全问题是不断变化的，不同时期有不同的内容和重点。例如，当前美国对中国技术出口限制的内容与20世纪有显著的不同。20世纪80~90年代，美国严格限制计算机对中国的出口，随着中国计算机技术的发展，美国逐步放松了对计算机的控制。在美国发动贸易战之前，中国能够进口高端芯片，而在贸易战爆发之后，高端芯片被卡则成为中国科技安全的突出问题之一。

三是长期性。科技发展日新月异，综合国力竞争不会停止，企业竞争长期存在，科技安全问题也会长期存在。当一个科技安全问题解决之后，新的科技安全问题就会出现。对于多数国家或地区、行业、企业来说，科技强安全往往是暂时的、相对的，而科技弱安全甚至不安全是长期存在的。因此，不断提高创新能力是永恒的主题。

四是相对性。不同的国家或地区、行业、企业的科技安全状态都是相对的，依据不同的安全标准与参照系会得出不同的结论。例如，与发展中国家相比，美国作为世界科技中心处于科技强安全状态，但美国仍然担心失去核心优势，认为科技不安全，甚至用技术霸权来保障所谓的科技安全。又如，华为公司高端芯片生产、引进受到遏制，5G手机停产，这表明华为公司5G手机产业链科技不安全，但由于拥有很强的创新能力，华为公司能够通过其他产品弥补5G手机停产的损失。可见，科技安全是相对的，往往是针对一个时期、一个产品而言的。

五是复杂性。科技安全涉及人才、设施、成果、经费、政策、国际关系，以及创新体系、体制机制、创新文化等多个因素，因此，保障科技安全是一个复杂的过程，一个国家或地区、行业、企业往往找不到长期有效的保障科技安全的战略与措施。例如，英国曾经是世界科技中心，却因科技政策失误失去了世界科技中心的地位。又如，华为公司的科技安全问题不仅是科技、经济问题，还涉及外交、政治甚至未来世界政治格局等问题。可见，科技安全问题往往超越了科技本身，我们必须用国际的视野、战略的思维、全面的部署来研究与保障科技安全。

第二章

科技安全事关国家安全

在人类文明史上，科学技术一直是推动历史前进的巨大动力和杠杆。进入21世纪，科学技术水平已在相当程度上成为决定国家竞争优势的核心因素：谁掌握了高新科技的主控权，谁就拥有综合国力竞争的优势和主动权。科技兴则国家兴，科技强则国家强，科技安全是国家安全的基石，科技安全已渗透到总体国家安全的方方面面，许多领域没有科技就失去了安全的基础与保障。

第一节

科技安全制约经济安全

经过40多年的改革开放，中国特色社会主义经济体制机制日趋完善，科技安全对未来的经济发展起着决定性的作用。

理论上讲，科技创新是经济繁荣、国家强盛的动力，是企业发展、经济发展的决定性力量。没有一流的科技，就没有一流的产品、一流的企业，就没有经济竞争力。失去科技优势，就必然会失去市场竞争优势、经济优势。相反，有了高科技，就有了新产品、新产业、新业态；拥有科技优势，必然会拥有经济优势，拥有外交话语权和军事主导权。

从历史看，谁拥有技术，谁就引领世界的发展。农业经济时代，中国的精耕细作水平远远领先世界其他国家，再加上众多的劳动力，使得中国的经济总量长期保持在世界第一位。工业经济时代，英国在牛顿、达尔文、法拉第等伟大科学家的带领下，率先实现了从农业国家向工业强国的转变。信息经济时代，美国是世界信息技术的策源地，领先的信息技术、人才、硬件和软件使得美国牢牢占据着世界第一经济大国的位置。

从当前看，科技不安全会直接导致经济不安全。美国发动的贸易战让世界看到了真正的科技战。在中美贸易战爆发之前，科技安全只是少数科学家、企业家和政府有关部门关心的事，多数人并不关心，甚至不知道科技安全。2022年8月，美国发布《芯片和科学法案》，限制芯片企业与中国企业合作，同年10月新的"芯片禁令"进一步限制中国企业使用美国软件设计技术和芯片生产技术。但令人惊讶的是，美国芯片企业受损的速度甚至比中国相关企业还快，美国英特尔等企业的股价纷纷下滑，而中国半导体企业的股价反而出现攀升。美国疯狂打压中国中兴公司、华为公司等一批高科技企业，将中国大批高科技企业列入所谓的"实体清单"，限制其使用美国技术。

从未来看，谁引领新科技革命，谁就将引领世界的发展。科技发展能够促进经济发展，而且科技的促进作用在进入新时代后越来越强，这一点已成为世界共识。

中国用短短几十年的时间就走完了资本主义发达国家用200多年

走过的工业化道路,建立了完整的现代工业体系,成为世界现代化的新增长极。但当补完工业化的"课"之后,中国需要培育新的经济增长点,经济增长要从高速度增长阶段转向高质量发展阶段。经济转型的关键在于科技创新,没有领先世界的眼光,不能抢占世界前沿技术制高点,中国未来的经济安全就难以得到保障。

第二节
科技安全制约生命安全

面对小小的新冠病毒,不仅是缺乏技术的发展中国家无能为力,许多发达国家也捉襟见肘。病毒从哪里来,到哪里去,待多久,会不会再来?病毒是不是人造的,会不会长期存在?科学家难下结论,公众更是一知半解。这一切都说明,生命安全的钥匙还没完全掌握在人类手中,人类对生物世界的了解仍然是冰山一角。因此,科技安全在一定程度上制约着生命安全。生命安全是健康问题、科学问题,更是关乎国家安全、经济发展、社会稳定的问题。为了应对自然界生物引发的传染病、恐怖分子发动的生物战,人类必须做好长期与病毒做斗争的准备。

历史的经验证明,人类只有依靠科技才能从根本上找到战胜疫病的有效途径。在抗击SARS(严重急性呼吸综合征)、MERS(中东呼吸综合征)、甲型H1N1流感等重大传染病时,科技都发挥了不可或缺的重要作用,抗生素、疫苗、电子显微镜、基因测序技术等为人类抗击传染病发挥了核心作用。

生命的长度和科技的发展密切相关。伴随着解剖学、生理学、药理学等的不断突破,各种疫苗、维生素类药物、激素类药物和抗生素类药物被不断发明和应用,还有抗体药物和免疫治疗等治疗手段的增加,人均预期寿命稳步增长。自1840年以来,最高预期寿命几乎呈线性增长，平均每年增长约0.25岁，尤其是在20世纪50年代到21世纪初，世界人均预期寿命大幅度增长（见图2-1）。21世纪初平均预期寿命达到70岁以上的人口已经超过了一半，而20世纪50年代初仅有不到5%，50%的人口平均预期寿命为40岁。①

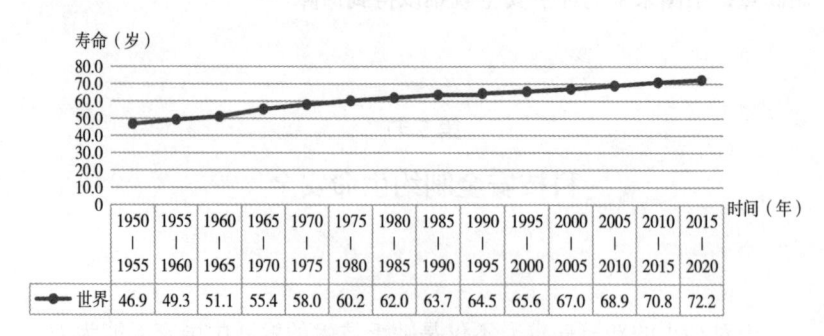

寿命（岁）	1950-1955	1955-1960	1960-1965	1965-1970	1970-1975	1975-1980	1980-1985	1985-1990	1990-1995	1995-2000	2000-2005	2005-2010	2010-2015	2015-2020
世界	46.9	49.3	51.1	55.4	58.0	60.2	62.0	63.7	64.5	65.6	67.0	68.9	70.8	72.2

图2-1　世界人均预期寿命变化

资料来源：联合国，https://population.un.org/wpp/。

从国际上看，1918—1919年西班牙大流感累计传染全球近半人口，发病率达20%~40%，病死率达2.5%~5%，2 000万~5 000万人死亡，远远超过第一次世界大战中的死亡人数。②但新冠肺炎疫情，截至2022年11月27日，全球已报告6.37亿确诊病例和660万死亡病例。③相比西班牙大流感，新冠肺炎患者死亡率下降了近90%，没有医学水平的提升、医疗设备的改善、疫苗和药物的使用，死亡率不可能如此大幅度下降。

---

① 任强. 近50年来世界人口期望寿命的演变轨迹［J］. 人口研究，2007，31（5）：75-81.
② 周剑芳，杨磊，蓝雨，等. 1918/1919年西班牙流感（H1N1）病原学概述［J］. 病毒学报，2009，25（B05）：4.
③ 资料来源：世界卫生组织，https://www.who.int/publications/m/item/weekly-epidemiological-update-on-covid-19---30-november-2022。

虽然在这次新冠肺炎疫情防控中，中国在检测试剂、疫苗研制、大数据防控等方面取得了显著成效，但中国的科技创新与老百姓对健康不断增长的需求之间还存在很大差距。为了保障重大公共卫生事件发生时的人民生命安全，中国迫切需要保障科技安全，特别是亟待加强重大药物研发、高端医疗器械开发、防控传染病技术体系建设等方面的工作。

第三节
科技安全制约生物安全

自然界几乎每天都受到生物问题的威胁，有害生物不断变异并通过人流、物流不断入侵国门，一些生物濒临灭绝。人类何时能够控制有害生物，靠什么保障生物安全，出路在科技，希望在科技。

生物安全是指一个国家或地区有效应对一切危险生物以及生物技术滥用误用造成的影响和威胁，维护和保障人民生命安全、生态安全与国家安全的状态和能力。[1]保障生物安全就是有效地预防、控制、消除自然有害生物、生物恐怖以及生物战等造成的危害与干扰，即防天灾、御人祸、保安全。

对于生物安全，或许大家都有些陌生。这些年，中国出现过很多案例，包括加拿大一枝黄花、美国白蛾等事件，大家虽然听到过，但并没将其上升到生物安全的高度。尤其是美国白蛾传入40多年来，给中国农林业造成了较大损失。为了维护生物安全和生态安全，2021年中国海关组织开展"国门绿盾"专项行动；2022年公安部深入开展"昆仑"专项行动，依法严厉打击非法采矿、盗砍滥伐林木、非法

---

[1] 王宏广，朱姝，等.中国生物安全：战略与对策［M］.北京：中信出版社，2022.

占用农用地、危害珍贵野生动物和国家重点保护植物等犯罪行为并取得积极成效。近年来，随着国际贸易持续扩大、国际旅游更加便捷及跨境电商不断发展，外来有害生物的数量和种类前所未有地增加，危害中国农业和生态环境，破坏经济社会稳定，威胁国家安全，也对出入境检验检疫工作提出了巨大的挑战。

要预防这些危害，不能仅依靠行政执法部门，还要依靠高科技。依靠高科技，构筑国际一流的生物安全、生命安全保障体系，切实保障人民生命安全，把生命安全的钥匙牢牢握在自己手中；切实保障农业生物安全，促进粮食安全；不断丰富生物多样性，促进生态安全；切实保障实验室生物安全，防止病原物泄漏，杜绝生物技术滥用和误用；切实保障国门生物安全，防止生物入侵；切实保障国防生物安全，打击生物恐怖，打赢生物战。

第四节

科技安全制约粮食安全

科技安全决定着粮食安全的现在，也决定着粮食安全的未来。联合国粮农组织的数据显示，当今世界80亿人口，仍然有8.28亿人口处于饥饿状态。联合国预测世界人口将在21世纪80年代达到104亿的峰值，那么未来出生的24亿人吃什么？耕地不断减少，人口不断增加，人均粮食消费不断增长，"三不断"已经构成尖锐的矛盾，如何保障粮食安全？依靠现在的农业技术体系、政策体系，很难保证未来出生的24亿人吃饱、吃好。人类期待农业技术的重大突破，期待第三次绿色革命。

中国农业经过70多年的快速发展，依靠技术创新，解决了吃饱的问题。但根据我们的研究，中国粮食安全的基本状况是低水平、高难度、紧平衡、弱安全,吃饱没问题、吃好是难题,平时没问题、战时有问题。保障中国粮食安全,首要选择是科技,牢牢把握"藏粮于技",推进第三次绿色革命,力争使中国粮食产能达到年产8亿吨。①

第五节
科技安全制约能源安全

2022年9月底,北溪管道爆炸案给全球能源领域带来了巨大震动,再次拉响了能源安全的警报,也使我们认识到:没有科技的保护就不可能有能源的安全。

能源是国家战略性资源,是一个国家经济增长和社会发展的重要物质基础,能源安全是实现国民经济持续发展和社会进步所必需的能源保障。②能源安全是指能源供应在数量上可持续、有保障,且价格保持基本稳定的状态,但其本质是能源供需矛盾和能源供需体系的脆弱性和潜在风险。过去的经验显示,一旦出现能源需求远大于供给的情况,必将会给国家带来巨大问题。例如,在2004—2008年石油危机中,原油价格每桶涨到了147.27美元的最高交易纪录;而2002年中国石油需求增长量占全球增长量的65%,③2004年中国原油净进口量占表观消费量的40.1%,④国际石油价格的变动给经济社会带来了很大影响,导致中国出现了"油荒"。

科技进步是推动能源效率提升、改善能源结构、减少能源和环境

---

① 王宏广,等.中国粮食安全:战略与对策[M].北京:中信出版社,2020.
② 李连仲.我国的能源安全与可持续发展[J].经济研究参考,2004(75):23-28.
③ 安托万·哈尔夫,戴家权.中国石油需求:将增长多快,持续多久[J].国际石油经济,2003,11(9):4.
④ 李漫.2006年中国石油需求增长超过5%[J].中国经贸,2006,000(010):78.

冲突的根本动力。从人类获取动力的方式来看，最初人类从自然界中直接获取木柴作为能源，而从煤矿开采到油田开发越来越体现出工程技术的重要性，核能、风能、太阳能等新能源的开发均为技术密集型产业。从能源利用方式来看，工业革命以前，作为能源的木柴和煤炭以直接热利用为主；随着蒸汽机、内燃机的发明，人类利用能源的方式向动力方向拓展；在人类发现电磁感应之后，能源利用方式又向电力方向发展，开启了电气化时代。①

能源科技涉及能源生产、运输、消费等多个环节，包含不同能源品种的节能、成熟技术的推广应用、短板技术的攻关研发、高端技术的储备合作、相应的标准体系、能源信息的收集与应用等。②随着可再生能源技术的发展以及智能电网、储能等关键领域的技术不断突破，传统化石能源体系向新的能源体系转变，风能、太阳能等非化石能源规模将进一步扩大，以风电、光伏发电、氢能等新能源为基础的新能源体系将会形成。新的能源体系将改变世界能源格局，世界能源安全形势不再仅取决于甚至不取决于对油气资源的控制能力，将极大突破地理因素的限制，更多取决于利用新能源的技术水平和开发能力。特别是在向低碳能源体系转型的大趋势下，能源安全不再仅强调能源的供给，更强调对关键能源技术的掌握。

第六节
科技安全影响金融安全

现代社会，金融已成为国民经济、国际关系的核心内容，金融安

---

① 谢文捷.世界能源安全研究［D］.博士论文.北京：中共中央党校，2006.
② 黄维和，韩景宽，王玉生，等.我国能源安全战略与对策探讨［J］.中国工程科学，2021，23（1）：112-117.

全已成为国家经济安全和国家安全的重要标志,成为影响最大的、越来越集中的社会公共安全的基础。[1]

科技和金融安全在很多人看来是风马牛不相及的事情,但事实上,科技对金融安全非常重要。比如,钞票防伪就需要相当的科技支撑,用纸防伪、特种油墨、印刷工艺防伪等都是随着科技的发展而逐步更新的。金融市场的快速变化意味着监管机构需要实现数据的快速处理及实时监测分析,但传统的统计报表、现场检查等形式的统计和分析效率偏低且有滞后性,监管机构必须依赖新技术才能解决这些问题。[2]当然,还有由电子设备自身存在的脆弱性造成的风险,以及自然因素造成的破坏等,都需要技术的防范。[3]

当前,以大数据、物联网、云计算、人工智能、区块链等技术为基础的金融科技融合了"金融与科技",超越传统金融发展模式,成为金融业的一大发展趋势。数字技术的创新发展在给金融业带来冲击的同时,也为金融业引入了新的产业元素、服务业态和商业模式,拓宽了金融业的业务边界。金融创新的速度早已超过人们的认知速度,使得传统的金融风险与技术性风险相互交织,而弱技术的监管人员及监管措施难以面对技术化的金融科技。[4]金融安全必须借助科技发展来保障,可以说,没有科技的创新发展就不可能有未来的金融安全保障。

美国硅谷银行宣布破产,引发美国国内恐慌,这种恐慌也向世界其他国家蔓延,不但给美国金融业带来巨大损失,而且对世界金融业与经济产生巨大的冲击,很可能引发新的金融危机、经济危机,如果处理不当,世界经济将进入加速衰退期。产生这些问题的原因是多方面的,但根本的原因是缺乏科学、有效的金融监管技术与手段。

---

[1] 时吴华.金融国策论[M].北京:社会科学文献出版社,2015.
[2] 夏诗园.金融监管科技的国际经验及启示[J].金融理论与教学,2019(4):19-22.
[3] 张茂林.科技风险:金融安全的新挑战[J].中国金融,1999(5):41.
[4] 许万春.金融科技监管模式研究[D].硕士论文.济南:山东大学,2019.

第七节

科技安全制约军事安全

科技强则国强,科技进步直接影响国家间的实力对比,这是众所周知的事实。一战中的飞机、大炮、机枪给战争形势带来了巨大变化,核弹技术改变了二战的结局,20世纪90年代以来先后爆发的海湾战争、科索沃战争、阿富汗战争和伊拉克战争一次又一次地向世人展示了高科技武器装备的强大威力,一再警醒人们不掌握高科技势必会导致军事上的失败。[①]

从科技领域的竞争来看,科技安全的斗争具有隐蔽性、长期性、间接性、综合性及非零和博弈等特征,但其效力会给军事安全带来颠覆性影响。当前,核武器大幅度降低了战争作为政策工具或威胁手段的效用,但其他领域的科技发展给军事带来的变革起到了意想不到的作用。比如,现代生物科技在治疗疾病、改进后勤装备及提高和维持士兵军事作业能力的过程中,逐渐具备了可通过有目的地改造人体微观结构,进而使人体部分功能丧失的能力,这一发现可用于未来的军事前沿并实现武器的"非致死"和"可控"性能,可能成为改变军事成败的关键。[②]

[①] 凌胜银.关于发展我国军事高科技的几个问题[J].中国工程科学,2007,9(1):15-22.

[②] 张晓莹,郭继卫,杨学森,等.现代生物科技未来军事应用对军事安全的影响[J].军事医学,2011,35(10):3.

第三章
世界科技安全形势整体在恶化

从现代西方文明危机中诞生的全球化,在促进国家安全内涵拓展的同时,也导致科技安全问题的产生。这是世界范围内日益凸显的新现象,更是当今国际形势下产生的新矛盾,科技安全在国家安全中的作用越来越重要。科技安全关乎国家生存和发展,科技成为霸权争夺的主战场,新兴科技会改变世界,也会制造紧张局势。

世界科技安全涵盖以科技系统为目的和以科技为方式的安全态势,科技发展面临的环境复杂,科技安全面临一系列严峻挑战,维护科技安全的成本增加,必须从战略层面探讨应对之策,从而保障国家安全,维护世界和平与稳定。

第一节
世界科技四大格局

当前,世界科技格局稳中有变,美国依然保持着世界科技发展的引领地位,亚洲国家科技能力迅猛发展,发展中国家的科技增长速度甚至超过了发达国家,世界科技格局迎来不同程度的转变。

随着前沿技术跨域融合,科技成果爆发式出现,颠覆性技术触发新变局,大国科技博弈激烈,科技成为改变地缘政治的重要力量,影响世界战略资源布局。当今世界科技格局可分为领跑、并跑、跟跑和复兴四大格局。

一、主要国家的创新能力

进入21世纪,全球科技发展日新月异,新一轮科技革命和产业变革加速来临,主要国家纷纷把科技创新作为国际战略博弈的主战场。创新能力决定了技术、制度等方方面面的迭代升级速度,国家的创新能力越强,就越可能在未来抢得发展先机。

鉴于科技创新的重要性,国际知名智库纷纷对国家和区域创新能力开展评价研究。其中,较有影响力的包括世界知识产权组织的《全球创新指数》、瑞士洛桑国际管理学院的《世界竞争力年鉴》、世界经济论坛的《全球竞争力报告》、彭博社的《彭博创新指数》。

世界知识产权组织自2007年起,每年发布《全球创新指数》,用于支持处于不同发展阶段的国家加强创新生态系统。该报告主要是从创新投入和创新产出两个方面设置了7个大类81项指标,对全球132个国家的创新指数进行排名;在2022年的排名中,中国居第11位。《世界竞争力年鉴》主要是对经济表现、政府效率、营商效率及基础设施4个指标进行了评估,对全球63个经济体的竞争力进行评价。

《全球竞争力报告》侧重对经济体总体实力和竞争力的评价。《彭博创新指数》则侧重对经济体综合创新能力的评价。[①]这些报告中的主要国家或地区的创新能力排名见表3-1。

表3-1 全球主要国家或地区的创新能力排名

排名	《全球创新指数2022》（世界知识产权组织）	《世界竞争力年鉴2022》（洛桑国际管理学院）	《全球竞争力报告2019》（世界经济论坛）	《彭博创新指数2021》（彭博社）
1	瑞士	丹麦	新加坡	韩国
2	美国	瑞士	美国	新加坡
3	瑞典	新加坡	中国香港地区	瑞士
4	英国	瑞典	荷兰	德国
5	荷兰	中国香港地区	瑞士	瑞典
6	韩国	荷兰	日本	丹麦
7	新加坡	中国台湾地区	德国	以色列
8	德国	芬兰	瑞典	芬兰
9	芬兰	挪威	英国	荷兰
10	丹麦	美国	丹麦	奥地利
	中国（第11位）	中国（第17位）	中国（第28位）	中国（第16位）

注：此表是作者根据各机构发表的报告整理的结果。

二、美国将世界创新分为5级

作为世界第一大经济体，美国始终将支持科技创新作为一项重要

---

① 陈钰，玄兆辉.中国国家创新能力的评价与展望——基于《国家创新指数报告》的研究[J].科技导报.2021，39（21）：39-44.

国策，也是较早开始科技创新能力研究和评价的国家之一。按照彭博创新指数排名，我们可把世界各国大致分为5级：第一级是美国，牢牢占据核心地位；第二级包括英国、德国、法国和日本，是科技发达国家；第三级包括芬兰、俄罗斯、意大利、以色列、加拿大、澳大利亚、挪威、韩国、捷克等中等发达国家，开始迈向发达国家水平；第四级包括中国、印度、墨西哥、南非等发展中国家，处于追赶地位；第五级主要是南亚、非洲等地区的发展中国家，远远落后。

近年来，中国科技创新能力不断提升，却引来美国频频施压。2015年以来，美国及西方国家学者提出了"中国式创新"的概念，认为中国式创新是集成世界先进技术于同一产品，提高了产品性价比。特别是特朗普上台以后，美国政府侧重知识产权保护问题，又提出强制性技术转移、盗窃知识产权、人才引进转移技术等问题，制造贸易摩擦，为遏制中国寻找借口。

三、世界科技格局形成四大阵营

在对世界科技格局划分的跟踪研究中，我们发现中国科技创新在逐步崛起。在开展第五次国家技术预测工作时，我们曾组织全国各领域3.05万人次对中国科技进行了全面的评价和预测，得出的基本结论是：中国科技基本上形成了领跑、并跑与跟跑"三跑并存"的格局，但仍以跟跑为主；在对1 346项技术的评价中，17%的技术属于领跑水平，30%属于并跑水平，53%属于跟跑水平。习近平总书记在《关于〈中共中央关于制定国民经济和社会发展第十三个五年规划的建议〉的说明》中指出，"当前，我国科技创新已步入以跟踪为主转向跟踪和并跑、领跑并存的新阶段"[①]。在对部分指标的跟踪中，我们发

---

① 资料来源：中国政府网，http://www.gov.cn/zhengce/2016-02/24/content_5045390.htm。

现中国科技创新的数量指标，包括人员、论文、专利、经费、高技术产品出口、世界500强企业等，均位列世界前三位，复兴态势明显。但是事实上，中国科技创新在国际品牌、百强大学等质量指标方面差距明显。

为此，如何定位中国的科技创新发展，一直是我们考虑的问题。在和学者的交流、探讨中，我们逐步形成了自己的判断，认为中国目前仅仅是复兴者，未来能不能成为领跑者，还需要继续观察、继续努力。复兴者能不能完成复兴，以及多大程度、多长时间实现复兴，需要针对性补齐差距。我们将当今世界科技格局分为领跑、并跑、跟跑和复兴四大格局，其中美国是领跑者，英国、俄罗斯等国是并跑者，多数发展中国家是跟跑者，中国则是复兴者。

第二节
当今世界科技安全的十大难题

当今世界，科技已广泛应用于政治、经济、军事、外交等领域，辐射带动和引领时代进步、社会前进、军事变革。科技安全和产业安全、经济安全、知识产权安全、国家安全紧密相关，人们对科技安全问题高度关注。我们对世界科技安全的基本判断是：整体在恶化，局部在改善，面临十大问题，需要认真研究和对待。

一、技术霸权危害世界科技安全

冷战后，美国改变世界战略，将科学技术放在很高的地位，企图以技术抢占世界制高点，日本及欧洲部分国家也纷纷布局高技术发展,导致世界上出现了"有政治上的友邦而无技术上的友邦"[1]的现象,技术霸权逐步出现。

目前,我们面临的技术霸权主要有3种表现形式。第一种是依靠专利保护、技术保护的形式来行使技术霸权。例如在新冠肺炎疫情防控时期,辉瑞新冠口服药Paxlovid有专利保护,因售价昂贵而导致中国一些新冠肺炎患者得不到及时治疗。这种以专利保护为名,擅自提高价格,使其超出消费者承受能力,是合法外衣包装下的技术霸权的一种形式。目前,有些国家会绕过专利保护,强行仿制,但中国这样遵守国际规则的国家并没有进行仿制。

第二种是建立技术壁垒。所谓的技术壁垒,就是技术相对较强的国家,在拆除贸易壁垒后,为限制他国科技产品和技术的进入而设立较高的技术壁垒,以提高本国技术和经济竞争力。比如,日本为保护本国水稻生产,给水稻制定了一系列技术标准,使其他国家和地区的水稻因达不到日本水稻的技术标准而无法进入日本市场,使日本水稻市场得到保护。[2][3] 发达国家为限制中药和一些药品进入其国内市场,制定了一系列药品标准,给中国药品出口带来巨大困扰。比如,一个中国疫苗企业为出口疫苗,在生产设施、技术、标准等方面曾先后接受外国政府和企业500多人次的调研和考察。但新冠肺炎疫情暴发后,美国等发达国家为保护人民生命安全,又大幅降低技术门槛,大量从中国进口诊断试剂、呼吸机、抗生素、口罩、药品等。

第三种是强行出台规则行使技术霸权。最突出的例子就是美国行使技术霸权来遏制中国中兴、华为等一大批高科技企业发展,出台许多违反国际贸易规则和技术交流规则的协定和方案,严重破坏了国际

---

[1] 李在权,赵玉.世界秩序中的"技术霸权主义"趋势[J].国际经济评论,1992(09):15-17.

[2] 马雷,张洪程.日本稻米标准的沿革与发展趋势[J].粮食与饲料工业,2004(1):8-10.

[3] 潘晓芳,罗炬.日本水稻生产现况及其启示[J].中国稻米,2008,14(4):19-21.

科技合作和交流的秩序，破坏了世界科技安全，不仅对中国和相关国家造成巨大影响，还给自身造成了损失。2022年1月27日，美国与荷兰达成协议，限制对华出口高性能光刻机，这不仅给中国和荷兰造成巨大经济损失，限制了科技进步，还给美国的光源、计量设备等相关产业带来了巨大损失。①

二、技术间谍盗取别国科技成果

一些国家和企业为获取先进技术成果，采取各种手段，特别是借助技术间谍获取或者恶意收购其他国家和企业的科技成果。《人民日报》2020年4月17日11版提到的张建革事件就是国外势力利用各种手段，通过收买国内专家导致中国电磁炮技术泄密。二战结束后，日本建立了一个庞大的全球情报收集系统，在这个系统中，经济技术情报是首要任务，占据85%~90%的分量。日本一些工业大学甚至开设了"商业间谍"的专业课程，为日本企业培养商业间谍和反间谍人才。②许多大企业都有技术情报专员，通过收买和窃取的手段，收集竞争对手的科技信息、人才信息，导致知识产权问题不断出现。

当今世界，经济诈骗案件在减少，但是知识产权竞争案件在不断增加。著名诉讼数据分析系统Lex Machina发布的《2022年美国专利诉讼报告》显示，从2018年至2021年，美国专利诉讼案件数量呈现上升趋势，2021年美国联邦地区法院共提起专利案件4 063起，相比2018年上升13.0%（见图3-1）。国家知识产权局发布的专利侵权纠纷行政案件数据统计显示，中国2022年专利侵权纠纷行政案件立案总数为5.79万件，同比增长16.8%，2022年全年除12月外，专利侵权

---

① 周文康，费艳颖.美国科技安全创新政策的新动向——兼论中国科技自立自强战略的新机遇［J］.科学学研究，2022（5）：1-18.
② 蔡建文.商业间谍潜伏在你身边［M］.北京：群众出版社，2002.

纠纷行政案件立案数量呈显著增长趋势（见图3-2）。①

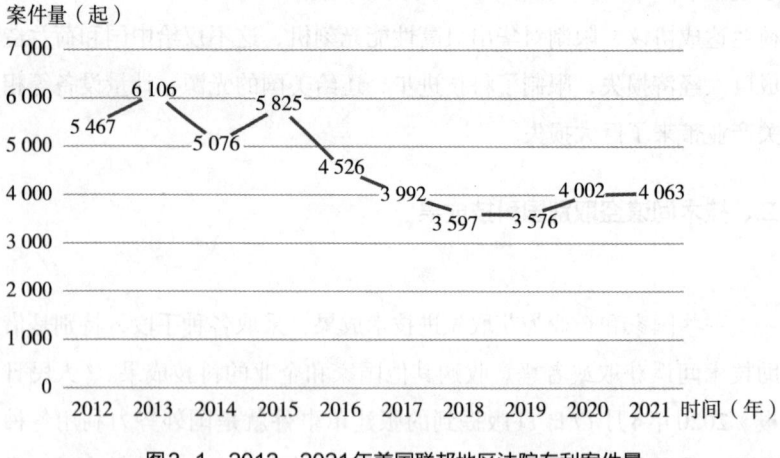

图3-1　2012—2021年美国联邦地区法院专利案件量

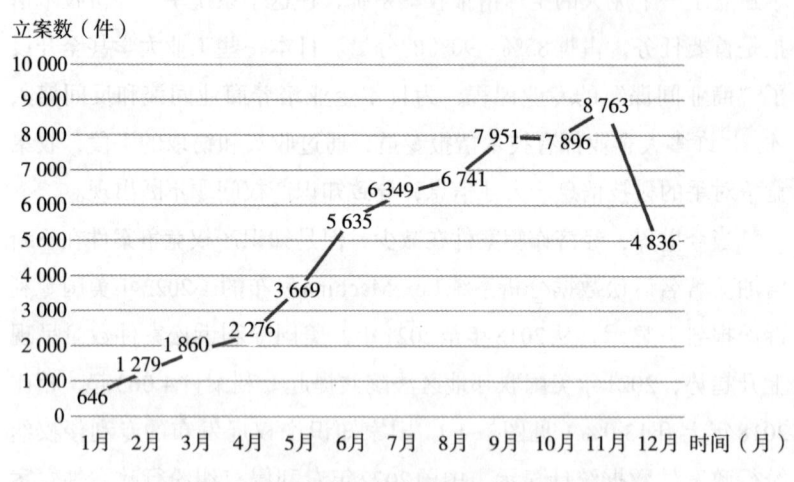

图3-2　2022年中国专利侵权纠纷行政案件立案数

---

① 资料来源：国家知识产权局，https://www.cnipa.gov.cn/col/col2435/index.html?uid=669&pageNum=1。

由于专利侵权纠纷增加与技术间谍窃取科技信息、掠夺他人研究成果密切相关，为加强知识产权运用和保护，世界各国纷纷开始加强对专利和知识产权的保护。早在1961年，德国联邦政府就组建了德国联邦专利法院。美国虽然没有形式上以"知识产权"或"专利"为名的知识产权法院，但却有实质意义上的知识产权法院，即美国联邦巡回上诉法院，该机构组建于1982年。[①]2014年8月31日，中国第十二届全国人大常委会第十次会议表决通过了全国人大常委会关于在北京、上海、广州设立知识产权法院的决定。

三、技术恐怖危害科技人员安全

随着科技竞争日趋激烈，针对科技人员的恐怖问题日益严重。2018年，特朗普政府为了打压和围堵中国，推出"中国行动计划"，紧接着大批在美华人科学家遭到迫害，在没有任何证据的情况下，他们被无故调查和拘捕。2022年2月，美国宣布终止"中国行动计划"，但在美华裔、华人科学家依然对自身安全感到担忧。

1999年，美籍华裔科学家李文和因为下载和拷贝了工作的"内部资料"，被指控为中国窃取了美国核武库的机密，在缺乏证据的情况下被逮捕入狱。虽然最终由于证据不足，李文和于2000年9月14日获释出狱，但他也经历了9个多月的监禁。反观美国现任总统拜登、前任总统特朗普，都被查出将涉密文件带回住处，却未被捕入狱。

除了遭受拘捕，还有一些科学家非正常死亡。2018年12月1日，帮助华为突破5G技术的美籍华裔科学家张首晟在美国意外死

---

① 资料来源：人民法院报，http://rmfyb.chinacourt.org/paper/html/2014-06/18/content_83469.htm?div=-1。

亡。①2007年至2011年，仅仅5年时间，伊朗就发生6起针对核科学家的暗杀袭击，造成5名科学家死亡。②暗杀者的动机和暗杀者的身份显而易见，但大家却没有找到明显证据。

四、人才制度掠夺穷国顶尖人才

技术发达国家制定了一系列人才制度，包括留学生制度、访问学者制度、人才培训计划等，大量吸引发展中国家、技术落后国家的人才，使顶尖人才涌向技术发达国家。美国国际教育协会发布的2022年度的《门户开放报告》显示，从2013年到2021年，平均每年前往美国的国际学生数量高达100万人（见表3-2）。如果培养一位留学生的前期费用为10万美元，那么流入美国的是1 000亿美元，也就是其他国家支持了美国1 000亿美元的基础教育经费。美国移民和海关执法局公布的《2021年度在美留学生和访问学者数据报告》显示，2021年前往美国交流的访问学者数量多达532 711人。③

表3-2 历年在美留学的国际学生数量

学年	已注册的国际学生	国际学生总数	美国总入学人数	所占比例（%）	年度变化（%）
2021—2022	763 760	948 519	20 327 000	4.7	3.8
2020—2021	710 210	914 095	19 744 000	4.6	-15.0
2019—2020	851 957	1 075 496	19 720 000	5.5	-1.8
2018—2019	872 214	1 095 299	19 828 000	5.5	0.1
2017—2018	891 330	1 094 792	19 831 000	5.5	1.5

① 佚名.知名华裔科学家张首晟离世[J].中国经济周刊，2018（48）：8.
② 侯隽.三大间谍组织的传说[J].中国经济周刊，2012，12（412）：74-75.
③ 资料来源：美国移民和海关执法局，https://www.ice.gov/doclib/sevis/pdf/sevisBTN2019.pdf。

（续表）

学年	已注册的国际学生	国际学生总数	美国总入学人数	所占比例（%）	年度变化（%）
2016—2017	903 127	1 078 822	20 185 000	5.3	3.4
2015—2016	896 341	1 043 839	20 264 000	5.2	7.1
2014—2015	854 639	974 926	20 300 000	4.8	10.0
2013—2014	780 055	886 052	21 216 000	4.2	8.1

资料来源：美国国际教育协会。

此外，发达国家的猎头公司也十分发达。当一个国家或地区出现一些新技术、人才的苗头时，猎头公司就蜂拥而上，用高价收购的方式将这些人才或技术转移到发达国家。现行的国际人才制度形成的马太效应，使人才向发达国家集中，损害发展中国家利益，进一步拉开了发达国家与发展中国家的科技差距和经济差距，造成世界科技发展的不平衡和不安全。

五、科技金融收割别国核心技术

发达国家在科技投资方面起步早、基础好，往往可以抢先一步，在其他国家意识到巨大价值之前介入，收购具有科学前景和商业价值的技术、产业和企业，收割前期投入的成果。阿里巴巴和科兴生物就是典型案例。在中国互联网巨头阿里巴巴成立初期资金困难时，日本软银集团看到了其市场前景。2000年，软银向成立仅一年的阿里巴巴投资约2 000万美元，到2014年阿里巴巴在纽交所上市时，软银持有的阿里巴巴股份价值翻了约2 900倍，其成为第一大股东。[①]新冠肺炎疫情暴发给很多疫苗企业带来丰厚利润，科兴生物发布的2021年财报显示，2021年科兴净利润为144.6亿美元，约合956亿元。然

---

① 韩永先.阿里巴巴"上市" 软银等股东"吃饱"[J].工会信息，2014（32）：3.

而从股权结构可以看出，科兴生物的第一大股东是日本软银集团，由外国资本控股，这就意味着科兴的盈利基本上被外国掠走。

类似问题非常多，一些国家在中国成立药物研发机构，却没有实验室，专门收购中国科技的"青苗"。中国大量科研成果在形成专利和知识产权之前，就被外国资本收购，这对中国造成了巨大的损失。

六、意识形态成为科技封锁借口

理论上，人类应该包容各种文化，但西方国家把自己的意识形态强加于人，对意识形态不同的国家实行技术封锁和打压，把意识形态作为判断是否开展经济合作和科技合作的前提，严重违背了科技发展规律，破坏了科技发展的良好生态。科学不分国界，虽然意识形态有差异，但各国应该相互尊重、相互包容，不应以意识形态作为借口来破坏他国的科技活动，影响世界的科技安全。然而，这方面的问题却越来越严重，美国联合日本、澳大利亚、印度和荷兰四国遏制中国芯片的生产与发展。中国缺乏高端芯片，美国就禁止对华出售高端芯片，中国希望制造芯片，美国就禁止他国对华出售制造芯片的光刻机，这种行为就是借意识形态干涉科技活动的典型表现。

七、贫富差距加剧科技安全危机

贫富差距导致富国收购甚至掠夺穷国的人才与技术，加剧了科技安全危机，进而使贫富差距进一步拉大，陷入恶性循环。保障科技安全的首要任务是促进各个国家和地区的科技供给与科技需求的基本平衡，富国不能占穷国的便宜。未来人类财富新增主要依靠新科技、新产品，但由于科技人员大量向发达国家涌入，世界科技创新成果向少数国家集中，世界贫富差距不断扩大。

工业化以来，世界的财富分配出现了3个基本的趋势：一是富国越来越富，穷国越来越穷；二是富的地区越来越富，穷的地区越来越穷；三是富人越来越富，穷人越来越穷。

为何出现这一现象？归纳起来，主要有3个原因：一是富有国家、富有地区和富人有能力开展创新活动，能够从创新中得到发展的红利，而贫困国家缺乏科技创新能力，也就得不到科技创新的红利，导致富的越富、穷的越穷；二是富有国家、富有地区和富人有能力和实力吸引到更多聪明人，尤其是贫困国家的聪明人也更愿意到这些国家和地区，这直接导致了智力的流动，使得科技差距越来越大；三是在这种状况下，一些贫困国家为了达到自保或其他目的，往往会在科技研发方面采取一些极端行动，这给世界带来不安全因素。

八、核安全问题直接威胁人类与地球

核安全问题是当前人类担心的最大的科技安全问题之一。瑞典斯德哥尔摩国际和平研究所2021年6月发布的《2021年世界核力量发展趋势》报告显示，截至2021年1月，全球共有13 080枚核弹头，较2020年减少320枚（见图3-3）。虽然核弹头数量每年呈下降趋势，但由于核武器的杀伤力以及日趋复杂的国际形势，核安全问题仍对人类文明具有巨大的威胁，这些核武器的存量足以毁灭人类若干次。[①]

《2021年世界核力量发展趋势》报告指出，截至2021年1月，美国共有约5 550枚核弹头，包括军事储备核弹头3 800枚以及1 750枚已退役但保存完好的核弹头。俄罗斯约有6 255枚核弹头，其中约有4 495枚核弹头配备在运载系统中，剩余核弹头处于储备或退役状态。现在核安全问题仍然是人类面临的具有毁灭性的科技安全问题，必须

---

① 张馨玉，仇若萌，郭慧芳. 2021年世界核力量综述 [J]，国外核新闻，2021（09）：25-28.

采取有效的遏制措施。

数量（枚）

```
20 000
19 000  18 855
18 000       17 680
17 000            16 370
16 000                 15 795
15 000                      15 233
14 000                           14 550  14 480
13 000                                       13 875  13 400
12 000                                                     13 080
       2012 2013 2014 2015 2016 2017 2018 2019 2020 2021  时间（年）
```

图 3-3　全球核弹头数量

九、生物霸权危及人民生命安全

在新冠肺炎疫情暴发之前，许多公众还不知道生物安全和生命安全，而新冠肺炎疫情的蔓延推动了一次全球性的生物安全和生命安全科技知识普及。生物安全问题能够在成本很低的情况下，很快地危及整个国家，使国家的经济活动和社会活动处于瘫痪状态。中国在2022年12月调整有关新冠肺炎疫情政策之后，截至2023年2月，就有超过82%的人口感染，这足以证明生物安全问题对人类的危害程度。如果一种高传染性的病毒同时具有高致死率的特性，将会产生极其可怕的结果。

我们在《中国生物安全》一书中曾做过统计：21世纪以来，美国投入生物安全领域的研发经费超过1 855亿美元；美国在全球30多个国家建立了330多个生物实验室，同时在本国拥有1 500多个生物实验室，对于这些实验室，美国从来不允许他国进行核查。在《禁止生物武器公约》迄今已有的185个缔约国中，唯有美国没有同意核查机制。在新冠肺炎疫情防控期间，美国操纵世界卫生组织以多种形式检查中国武汉的生物实验室，又多次否认世界卫生组织对中国武汉生物实验室的调查结果。美国一方面高喊要检查中国生物实验室，另一方面却从来不允许任何组织或机构核查本国的生物实验室，这是美国实施生物霸权的突出表现。

无论是从当前还是从长远分析，生物霸权都具有巨大的影响力、破坏力，不仅危及生命安全、生态安全乃至国家安全，还可能改变世界安全格局、军事格局、经济格局乃至综合国力格局。生物霸权是当今世界面临的最现实、破坏力最大的危害之一。

十、网络安全问题可能导致社会混乱

随着信息技术的发展，人类的生产和生活日益依赖网络，特别是金融体系、互联网医院、在线支付的出现，以及网络与健康产业的结合，使人类面临着隐私被泄露、财富被掠夺的危险，网络战甚至可能在极短的时间内以极小的代价破坏和摧毁一个社会，威胁国家安全。2019年6月16日，阿根廷和乌拉圭的电网互联系统大规模崩溃，导致两国发生大面积停电，连带智利、巴西的部分地区也遭遇了电力供应中断，至少4 800万居民受到影响。这一电力中断扰乱了阿根廷的地区选举，关于停电原因，阿根廷政府称不排除网络攻击。[①]《纽约时报》援引美国现任和前任安全事务官员的话称，美国正在加大对俄罗斯电网的网络攻击，"至少从2012年开始，美国已将侦察探测器置入俄罗斯电网的控制系统"。《纽约时报》宣称，上述美国官员对其表示，"如果有一天俄罗斯陷入了黑暗，华盛顿就是那个幕后黑手"。

---

① 林伟芳，易俊，郭强，等. 阿根廷"6·16"大停电事故分析及对中国电网的启示［J］. 中国电机工程学报，2020（9）：2835-2842.

这些利用网络来破坏其他国家的经济、金融、社会安全的问题值得高度重视，网络诈骗、网络恐怖等越来越严重地影响着人类的生产和生活。

上述10个方面，是当今世界科技安全面临的十大问题，其中有些问题已经得到了遏制，有些问题还在不断地发展，威胁着世界科技安全。不同国家、地区面临的科技安全形势有所不同，美国认为"保不住世界领先地位，科技就不安全"；中国有部分人认为买不到所需要的技术就是科技安全问题；还有一些国家认为"保不住本国的研发人员，无法保障高端科学家的安全"也是科技安全问题。因此，不同的国家或地区，同一个国家或地区，在不同的时期面临的科技安全问题都不同。

第三节
世界科技安全出现恶化的趋势

安全是科技发展的必然要求，是人类进步的大趋势，但是在当前这个百年巨变的特殊时期，世界科技安全格局出现了前所未有的变化。美国在多年遏制俄罗斯科技发展的同时，又联合盟友不断加大对中国高科技产业的打压。中国的人员、经费、论文、专利、高技术产品出口、独角兽企业等主要科技指标已经进入世界前列，美国对中国发起的科技战在一定程度上是世界科技战，何时停战、以何种方式停战，很难预料。

世界科技在高速发展，科技供给不断增加，但世界经济发展的速度没有跟上世界科技的发展速度，占据世界科技中心地位的美国并不是世界上经济增长最快的国家。中国经济快速追赶，使美国高度不安，采取了一系列措施遏制中国科技发展，进而遏制中国经济的发展。但是，由于工业化、信息化、城镇化还有很大市场潜力尚未挖掘出来，中国仍然有10～15年经济中高速增长的潜力，在中国经济停止中高速增长之前，美国不会停止对中国高科技产业的打压，可见世界科技安全形势将会不断恶化。中美贸易战之前，世界科技安全的形势是整体在改善、局部在恶化，在贸易战演变成科技战之后，世界科技安全形势发生根本性变化，即整体在恶化、局部在改善，而且可能会不断恶化，世界科技发展进程会进一步放缓。

一、科技冷战逐步加剧

政治因素导致经济竞争和科技竞争进一步加剧，进而引发了科技安全问题。自1890年美国成为世界第一经济大国以来，先后作为世界第二经济大国的国家无一例外地相继衰落。在《填平第二经济大国陷阱》[1]一书中，我们对此进行了分析，发现美国一旦意识到威胁就多措并举，打掉认为可能的威胁对象，这也是所有世界第二经济大国失去发展势头、丧失第二经济大国地位的核心根源。100多年来，美国制造了无数个"第二经济大国陷阱"。当前中国是第二经济大国，美国采取一系列措施，以各种借口遏制中国崛起，仅是历史的重现。尤其是在科技方面，美国遏制中国科技发展的种种手段，包括联合欧洲部分国家对中国发起科技战，实质上掀起了一场世界范围内的科技冷战，再次拉开科技合作的"铁幕"。这种趋势估计短期内很难改变，且可能会朝着越来越恶化的趋势发展。

---

[1] 王宏广，等. 填平第二经济大国陷阱：中美差距及走向［M］. 北京：华夏出版社，2018.

二、经济基础拉大差距

经济基础决定上层建筑。没有经济的强力支撑,很难有科技的强力发展。目前,在世界经济格局中,美国约占世界经济总量的1/4,中、德、日共占1/4,也就是说世界经济蛋糕的一半属于美、中、德、日四国。从趋势来看,未来美、中、德、日GDP占世界GDP的比重将进一步增加,经济差距将进一步扩大。在这种状况下,广大发展中国家缺乏足够资金来进行科技创新,难以负担高价的科学仪器,更难以吸纳世界顶尖人才,这不仅会导致这些国家的科技创新能力大幅度下降,使科技差距进一步加大,还会间接降低发展中国家在世界经济蛋糕分配问题上的竞争力,从而使科技安全和经济发展陷入恶性循环。这是过去上百年来的趋势,很难在短期内改变。若没有在世界范围内引起广泛关注,没有发达国家在政策方面的调整,这个趋势将会持续下去。

三、人才流动的马太效应

人才流动的马太效应,进一步加剧了科技的不安全。世界人才流动具有马太效应,他们会向人才多的国家、世界科技创新中心、经济发达的地区集中。也就是说,在今天的世界,顶尖人才正在向美国集中,向欧洲集中。中国也是如此,拥有知识和能力的人才在向发达地区集中。这样的马太效应使人才中心发展成经济中心,产生巨大的经济效益,从而吸引更多的人才,使缺少人才的国家和地区的人才越来越缺、科技越来越不安全,这将对世界科技安全的总体形势造成巨大影响。

四、教育差距持续扩大

由于人才流动的马太效应,发达国家拥有高质量的高等教育体系,全世界的富人都想把孩子送到发达国家享受良好的教育。这将使教育资源更加集中以及各国的教育差距持续扩大,导致一些发展中国家只能在教育和科技上模仿发达国家的体系和做法,难以形成自主的教育体系和科技体系。这种教育差距的扩大对世界科技安全造成了不利的影响。

五、国防技术竞争激化

国防技术的竞争历来是科技竞争的重要部分,甚至是最主要部分。通常,国防技术高于民用技术,所以国防技术的差距会进一步加大整个国家的技术差距。美国2021年的国防经费接近8 000亿美元,[①]相当于世界GDP排名第二位到第九位国家的国防经费总和,因此美国国防技术相比世界其他国家具有显著的优势。再加上美国吸引人才的力度,以及美国教育和科技的基础,进一步强化了美国的优势地位。当然,由于美国限制与他国进行技术交流,特别是与意识形态不同的国家进行技术交流,世界科技安全受到极大影响。

六、风险投资诱发风险

发达国家,特别是美国、英国的风险投资力量强大,在世界范围内收集最先进的技术成果,进而加速本国的科技发展。虽然中国等发展中国家意识到了这一问题,投资科技的风险资金在不断增加,但与

---

① 吴敏文. 美国国防部2021财年预算申请的内在逻辑[J]. 军事文摘, 2020(09): 37-40.

部分欧美国家相比还有巨大差距；特别是在资金规模较小的情况下，难以投资风险较大的技术研究，导致突破性、颠覆性强的技术得不到支持，从而遏制科技的发展。

以上6个方面的趋势表明，世界科技安全形势在短期内，特别是在中美之间，有恶化的趋势，应引起高度关注。中美两国既是经济大国又是科技大国，因此中美两国科技竞争的加剧，将会导致世界科技安全呈现不稳定的态势，进而影响世界经济形势和世界安全形势的变化。

第二篇

国际启示

美国通过争夺顶尖人才成为世界人才中心,进而成为科技强国、经济强国。英国依靠工业科技革命成为世界科技中心,但因科技政策失误而丧失了世界科技中心的地位。世界政治、经济、外交、军事中心总是随着科技中心的转移而转移,科技中心则随着人才中心转移,而人才中心的形成需要政治家的韬略。得人才者得天下,失人才者失未来。

第四章
美国重视科技安全，建成世界科技强国

根据著名经济史学家安格斯·麦迪森①的数据计算，从1世纪到1820年，西方国家经济年均增长率仅为0.06%，也就是说一个世纪只增长6%。西方经济学家认为1820年的世界几乎是一个用蜡烛光照亮的灰暗世界，那时候人们仅用偏方来维持健康，交通是马车、帆船。

美国是一个由欧洲移民于1776年抢占美洲土著人家园而建立的国家，为什么仅用了近100年的时间，在1872年就成为世界第二经济大国，又用了10多年时间，在1890年成为世界第一经济大国，进而成为世界科技中心、人才中心、经济强国、军事强国，成为当今世界唯一的超级大国？奥秘是什么？规律是什么？

---

① 资料来源：格罗宁根大学，https://www.rug.nl/ggdc/historicaldevelopment/maddison/releases/maddison-database-2010。

第一节
美国建设科技强国的历程与途径

一、美国建设科技强国的历程

美国建成世界科技强国历时200多年，先后经过引进、创新和引领3个阶段，从一个依赖引进欧洲技术、人才的国家，到建立了独立的科学体系，成为科技创新大国，进而成为创新强国，从学习、吸收别国的科技成果，到成为引领世界科技发展的科技强国，并形成了世界科技霸权。

第一，引进阶段：完善创新体系。美国最早的科学技术主要源于欧洲，南北战争结束后，美国科技才逐步从欧洲的体系中独立出来。但当时美国的科技工作者进行的大都是业余爱好者的描述性研究、应用性研究。直到18世纪，本杰明·富兰克林关于电荷的研究才开启了真正意义上的科学研究工作。1862年，美国国会通过《莫利尔法案》，建立赠地学院，这是美国科学史上的一个里程碑。1876年，约翰斯·霍普金斯大学成立，提出要把研究生教育和学术研究放在第一位，使美国有了研究型大学。但直到19世纪末，美国的科学技术研究仍然是以应用性研究为主。20世纪初，美国开始强调科学的本土化，力争从欧洲科学中独立出来。1907年，美国人获得第一个诺贝尔物理学奖，这成为美国科学史上的又一个里程碑，标志着美国科学技术在某些领域已经具有优势，美国科学走向自立，并出现了一批世界级科学家。

第二，创新阶段：成为科技大国。1929年的金融危机使美国科技迎来了一次新的机遇，因为没有科技的发展，美国就不可能形成新的产业，科技企业推动了新一轮的经济增长。罗斯福新政使美国经济发展对科技产生了巨大的需求，美国开始研发和培养大量的技术和人才，同时自主开发一些小的产品。

第三，引领阶段：成为创新强国。第二次世界大战是美国科技发展的又一个转折点。一是联邦政府成为支持科学技术研究的主要角色。二战期间，原子弹、飞机、雷达、青霉素等科技成果帮助美国赢得了战争的胜利。战争使联邦政府明白，发展国防科技是联邦政府的责任。二战以前，科学研发是爱好者的自发行为和大学的事，联邦政府没有支持科学发展的职责。在二战后的10多年间，美国政府完善了现代科学技术体系，奠定了科技发展的基础。二是美国利用欧洲出现战乱的时机，大量抢夺欧洲顶尖人才，使人才中心在短短几年内从欧洲搬到了美国，从此之后美国牢牢地占据了世界人才中心的地位，为世界科技中心的形成奠定了坚实的基础。三是成立了国家科学基金会，为人才引进提供了科技经费，这是美国科学史上又一个重要的里程碑，也是转折点。1945年，范内瓦·布什向美国总统提交了一份名为《科学：无尽的前沿》的报告，这个报告提出了许多创新战略，包括：科学进步对于国家安全、公共福利必不可少；基础研究是一切知识的源泉；科学需要保持相对的自主性和探索的自由；推进科技发展是政府的职责，并建议成立国家科学基金会。这份70多年前的报告至今仍具有指导意义，为二战后乃至如今美国的科技政策奠定了基础。

二、美国作为科技强国的8个优势

美国作为科技强国已经具有明显的创新优势，营造了全球吸引力最强的创新生态，形成了"人才虹吸效应"，优秀人才争先恐后地涌向美国。美国的创新优势主要表现在8个方面。

（一）人才队伍强，顶尖人才世界第一

美国拥有全球70%以上的诺贝尔奖获得者、50%以上的菲尔兹奖得主。爱思唯尔2022年公布的"全球顶尖科学家排名"显示，标注美国的科学家有78 014名，占总收录人数的39.88%；标注中国的科学家有7 795名，占总收录人数的3.98%。[①] 世界政治、经济、外交、军事中心总是随着科技中心的转移而转移，而科技中心则随着人才中心转移，得人才者得天下。

（二）教育体系强，顶尖大学世界第一

大学是造就人才的地方，更是重大原始创新的源头，中美科技最大的差距是顶尖大学数量的差距。2022年QS世界大学排名显示[②]，在全球最顶尖的20所大学中，美国有10所，占50%；中国的清华大学、北京大学第一次进入前20名，但从创新实力分析，清华大学、北京大学的高端科研仪器大多是引进的，部分顶尖教师也是引进的。

（三）创新体系强，顶尖实验室世界第一

政府研究体系、大学、企业研究体系组成的强大创新体系是科技强国的基础。美国科技界有一句通俗的话，即"上帝的归上帝，魔鬼的归魔鬼"，也就是说政府与企业、大学在科技研究中的责任分工十分明确。政府不负责支持竞争中的技术研究，这部分研究有适用的市场机制，由企业去完成。政府主要负责基础研究、公益性研究和一些重大的科学工程，比如曼哈顿计划、阿波罗登月计划、人类基因组计划，这些重大计划都是人类科学史上的里程碑，极大地推动了人类科技的发展与社会的进步。企业主要负责应用技术的创新，例如苹果手机、计算机网络软件、特斯拉汽车等，这些都是企业的创新行为。大

---

① 资料来源：爱思唯尔，https://elsevier.digitalcommonsdata.com/datasets/btchxktzyw/4。
② 资料来源：QS世界大学排名，https://www.qschina.cn/world-university-rankings。

量世界领先的高科技企业是美国科技战争中的野战军,更是美国成为世界科技强国、经济强国的重要支柱。大学的使命就是进行原始创新和重大的技术发明。研究型是美国大学的一个重要特征,大学不仅仅是培养人才的地方,更是重大原始创新的发源地、高科技产品的发祥地。

此外,美国拥有全球最顶尖的实验室,包括劳伦斯伯克利实验室、林肯实验室、加州理工学院喷气推进实验室、洛斯阿拉莫斯实验室、布鲁克海文实验室、橡树岭实验室、贝尔实验室、阿贡实验室、IBM研究实验室等。

(四)创新成果强,论文与专利居世界第二

美国科学论文、发明专利的数量均居世界第二位。世界知识产权组织发布的《全球创新指数2022》显示,美国创新指数仅次于瑞士,居世界第二位,但美国是当今世界的科技中心,其综合创新能力明显领先于瑞典、英国、荷兰等国。

科技领域的论文是衡量一个国家科技实力的重要指标。日本科技政策研究所最新发布的《科学技术指标2022》显示,中国不仅在论文数量上是世界第一,在高质量论文等指标上也是世界第一,其中引用数进入前1%的顶尖论文也超越了美国。从数量来看,中国顶尖论文的数量为4 744篇,超过美国的4 330篇;从份额来看,中国占27.2%,美国占24.9%,明显超过居第三位的英国(5.5%)。世界知识产权组织公布的报告显示,2021年美国依然是仅次于中国的全球第二大"PCT(《专利合作条约》)专利申请国",申请数量为59 570件,全球占比21.5%。但在2019年之前,美国长期都是该领域的最大申请者,占据主导地位,全球90%以上的应用科技创新都离不开硅谷的技术支持,世界三大统计分析软件全部源自美国。①

---

① 佚名. 除了那些核心技术,我们还缺什么?[J]. 资源再生,2018(6):3.

（五）企业创新强，顶尖创新企业占一半

在世界经济论坛发布的全球最具创新力的十大公司中，美国拥有7家。[①] 英特尔公司、微软公司、甲骨文公司占据了信息产业基础市场，在军工、航空航天、医学、信息等高科技领域，美国也以无可匹敌的实力和压倒性的技术优势雄踞世界之首。欧盟发布的《2020年欧盟产业研发记分牌》显示，2019年全球研发投入最大的2 500家企业的研发投入合计达到9 042亿欧元，占全球商业部门研发投入的90%，占全球总研发投入的比重超60%。在这2 500家企业中，美国以775家名列榜首，中国以536家排名第二。

（六）投入体系强，研发经费世界第一

美国是世界上科技投入最多的国家，也是研发投入占GDP比重最高的国家之一。美国能够长期保持世界科技强国的地位与强大的科技投入体系有不可分割的关系。美国建立了政府、企业、风险投资、个人捐赠、国际合作等多元的科技投入体系。根据经济合作与发展组织等机构在2021年公布的数据，从各国具体的研发支出来看，美国持续位居全球第一，2019年为6 127亿美元，中国自2015年起稳居全球第二，2019年为5 148亿美元。另外，美国的军费还有相当一部分用于科研。

美国的风险投资规模居全球第一，风险投资公司不怕投资失败，就怕技术不领先，这样的风险投资体系在许多国家短期内是难以形成的。美国国家风险投资协会的一份报告显示，在流动性过剩和宽松货币政策的推动下，美国的风险投资规模在2021年达到了近3 300亿美元的历史最高水平；风险投资公司加大了对科技、生物技术、医疗保健和金融科技行业的押注，2021年共宣布了创纪录的17 054宗交易。

[①] 资料来源：世界经济论坛，https://cn.weforum.org/agenda/2021/08/quan-qiu-zui-ju-chuang-xin-li-de-50-jia-gong-si/。

美国拥有世界上最大的科技金融体系，这是科技成果不断涌现的重要原因。与其他国家相比，美国的风险投资更集中于高科技行业。美国国家风险投资协会的数据显示，美国对计算机软硬件、生物、医药、通信等高新产业的投资比重高达90%以上。不仅如此，美国的风险投资阶段也集中于创新企业的导入期和成长期，通常这两个时期也是企业融资需求最旺盛的阶段。美国发达的资本市场，尤其是纳斯达克市场的建立，也为风险投资提供了畅通的退出机制。

（七）创新环境强，留学吸引力世界第一

良好的创新环境是指创新生态，特别是创新的自主性，鼓励自由探索、原始创新。美国拥有全世界吸引力最强的创新环境，也是留学人员、访问学者最多的国家，长期以来保持世界第一位。美国不仅有自由探索的创新环境、国际一流的设备，还会给予高端研究人员方向性的指导。

美国通过吸引国际学生对全球有潜力的人才进行收割。我们通过查询美国国际教育协会、美国移民和海关执法局的数据发现，美国自2005年起每年吸引国际学生数量超100万人（截至2020年），仅中国每年就有约30万学生赴美国留学；而且恢复高考40多年来，中国各省市高考状元学成后滞留美国的不在少数；近30年来，美国发给中国人的绿卡约有110万个，其中大多数持卡人是高端科技人才。

（八）国际合作强，充分利用全球创新资源

美国是与世界各国开展科技合作最多的国家之一。每年去美国的访问学者多达60万人，同时美国还与其他国家开展广泛的科技合作与交流，利用各国的人才资源为美国科技发展服务。

三、建设科技强国的九大途径

美国成为科技强国、经济强国的基本路径是，引进欧洲先进实用技术成为经济大国，利用一战、二战动荡时机抢夺欧洲人才建成人才中心，依靠人才中心催生科技中心，依靠科技中心打造经济中心，依靠经济实力吸引全球优秀人才、收购全球创新成果，以科技安全为名，打压竞争对手。美国抢占科技革命制高点，争夺科技革命红利，巩固科技强国、经济强国地位。

（一）引进技术：建成经济大国

像世界其他国家一样，美国经济发展得益于科技进步。美国经济发展经历了几个重要的阶段：在1776年之前，像其他西方国家一样，美国是农业国家，人民生活水平很低，经济长期没有增长；1776—1870年经济缓慢增长，直到1880年美国还没有一个家庭通电，但是到了1940年，几乎所有的美国城市家庭都通了电，94%的家庭开始使用自来水和地下排污设施，80%的家庭安装了室内抽水马桶，73%的家庭使用煤气取暖和烹饪，58%的家庭有集中供暖系统，56%的家庭已经购买了机械式冰箱。[①]这主要得益于科技进步引发的"伟大的发明"，进而推动了经济快速增长，而科技进步的源头是引进技术与人才，即欧洲人研发、美国人产业化，这也是美国成功超越英国的法宝。当前，美国认为美国人在研发、中国人在产业化，这条美国曾经走过的成功之路，绝对不允许中国人再走。

（二）抢夺人才：建成世界人才中心

美国抓住两次世界大战造成欧洲社会动荡的时机，大量从欧洲吸

---

① [美]罗伯特·戈登.美国增长的起落[M].张林山，刘现伟，孙凤仪，等译.北京：中信出版社，2018.

收顶尖科学家，在短短的几年时间里，使世界人才中心由欧洲转移到美国，为美国后来成为世界科技中心、经济中心、金融中心、外交中心乃至军事中心奠定了基础，也就是说为美国成为世界强国奠定了坚实的基础。

尽管美国科学家爱迪生于1879年10月在新泽西的实验室发明了灯泡，但美国人使用的技术大多是外国人发明的，或者是刚刚移民到美国不久的外国人发明的。美国人是技术使用者，不是发明者，例如电话发明者亚历山大·格雷厄姆·贝尔是苏格兰移民，提出细菌致病理论的路易斯·巴斯德、发明电影的路易斯·卢米埃尔兄弟是法国人，发明无菌手术的约瑟夫·李斯特、早期无线电研究者大卫·休斯是英国人，等等。美国在二战之后挨家挨户邀请欧洲科学家到美国工作，在几年时间内邀请了1 600多名科学家到美国工作，使美国成为世界人才中心，加上美国不断吸引留学人员与访问学者，使美国至今保持着世界人才中心的地位，进而保持了世界科技中心的地位。

如果说美国崛起前期靠的是引进技术和人才，那么信息科技革命之后，计算机、互联网、智能手机等技术或产品几乎都是美国人创造的。不仅是中国在高端芯片、系统软件等信息技术的根技术方面受制于美国，实际上欧洲国家、日本也没有成功开发芯片与软件，美国在信息硬件、软件领域处于绝对垄断地位，文字、数据、图像、声音等相关软件也均源自美国，许多国家只能做一些专业化的软件。保罗·艾伦、比尔·盖茨、史蒂夫·乔布斯和马克·扎克伯格，这些互联网时代的先驱人物全部是美国人，表明美国已经牢牢占据了世界人才中心的地位。

（三）营造环境：创新成果不断涌现

美国作为当今世界最发达和科技创新能力最强的国家，创新对其经济的繁荣起着至关重要的作用，美国在创新机制建设、营造创新环境方面积累了大量的经验。比如，为推动技术转移，美国连续出台了

《史蒂文森-怀德勒技术创新法》《拜杜法》《小企业创新发展法》等系列法案，尤其是《拜杜法》鼓励科研机构与中小企业在技术转让和科技创新方面广泛合作；为推动基础研究发展，美国在1950年出台了《国家科学基金会法》，保障了各科学领域的基础研究。

（四）建设园区：孵化国际一流企业

美国之所以能成为世界头号科技强国，科技孵化器发挥了不可替代的作用。实际上，正是由于科技孵化器的关键作用，美国许多中小科技企业以及创业人士才能把梦想变为现实，美国也因此一直走在世界科技发展的最前沿。科技孵化器最早由美国的乔·曼库索提出，第一个科技孵化器于1959年诞生于美国纽约。到了20世纪80年代，由于科技孵化器在促进就业和技术成果转化方面的显著作用，孵化器行业逐步向纵深发展。由于孵化器对生产力的极大推动作用，美国中小科技企业成为美国科技创新的重要生力军。

（五）增加投入：十分重视原始创新

美国吸引全球人才为其所用，形成创新的原动力，使自身能够在科技创新，特别是原始创新方面走在世界前列。在原始创新方面，美国始终保持着大量的投入，这些投入在很长时间里是由政府直接投资的。在政府的科技研发投入中，基础研究所占的比重非常大，在全球居首位。这也促使美国成为诺贝尔奖获得者最多的国家，同时是原始创新能力、新兴产业发展能力最强的国家，几乎主导了近代信息、网络、空间、生物、新能源、纳米材料等新兴技术产业的发展。经济合作与发展组织公布的数据显示，2008年美国发生次贷危机，经济遭到重创，然而美国政府的研发资金投入却没有马上下降。虽然在2012—2017年，研发资金从1 385亿美元降至1 190亿美元，但到了2019年，又增至1 400多亿美元，2020年增至1 674亿美元。

(六)创新机制:科技经济良性循环

美国政府、大学和科研院所、企业的紧密互动,为科技创新和经济发展的互动提供了强劲动力。美国政府负责基础研究、公益性研究和一些重大的科学工程,主要是支持国家科学基金会、国立卫生研究院及类似机构,以及实施曼哈顿计划、阿波罗登月计划、人类基因组计划等重大计划,这些政府支持的成果和技术外溢,直接带动了美国经济社会的发展。美国拥有世界上一流的大学和科研院所,它们主要是通过开展前沿科学研究、培养人才以及与企业和政府合作开展创新项目、推动技术转化等多种方式来推动科技创新和经济增长的,斯坦福大学与硅谷科技企业的紧密合作就是一个成功的案例。另外,美国大学和科研院所与企业之间已搭建起了成熟的技术转移和商业化路径,资本和创新企业的关系也非常密切,形成了一个相互促进的良性循环。这种良性互动的机制是世界科技强国、经济强国的重要支柱,保证了科技经济的良性循环。

(七)科技金融:收购他国创新成果

健全的科技金融体系,是美国确保创新生态系统活力和效率的核心要素。美国拥有世界上最大的科技金融体系,大量的风险投资投向科技领域也是科技成果不断涌现的重要原因。近年来,即便是在美国反垄断法律和监管机构的强力约束下,美国科技公司整合、竞购案例仍不断发生。例如,2020年7月6日,《华尔街日报》网站发布消息称美国优步科技公司宣布以26.5亿美元全股票并购"邮递伙伴"快递公司;脸书向印度电信巨头Reliance Jio投资57亿美元,还斥资4亿美元收购了一家Gif动画公司,并斥资数百万美元修建了一条环绕非洲的近2.3万英里[①]的海底光缆。

---

① 1英里≈1.609千米。

（八）国际合作：集成全球创新资源

国际科学合作与技术联盟一直是美国政府科技战略和全球战略的重要组成部分。长期以来，美国和英国一直保持着一种特殊的技术联盟关系，现在这种特殊关系延伸到了量子信息技术领域。2023年6月，美国和英国联合发布《二十一世纪美英经济伙伴关系大西洋宣言》。双方强调，大西洋宣言将确保美英独特的联盟得到调整、加强和重新构想，应对当前的挑战。双方将从以下5个方面开展工作：确保美英在关键和新兴技术方面的领导地位，包括加强在量子、5G、6G、合成生物学、先进半导体、人工智能等领域的进一步合作；推进在经济安全与技术保护工具包和供应链方面的合作；进行包容和负责任的数字化转型；建设未来的清洁能源经济；进一步加强在国防、卫生安全和太空领域的联盟。

加拿大是美国的盟友，两国在科技方面有长期合作关系。2021年，美国国家科学基金会和加拿大自然科学与工程研究委员会签署了关于研究合作的谅解备忘录，这是双方确立的第一个正式合作伙伴关系，为两国科研人员在科学和新兴技术前沿建立多样化和包容性合作开辟了新渠道。同年，美国与瑞士两国的国家科学基金会签署协议，强化和扩展双边协议，美国成为瑞士最大的双边科学合作伙伴，这一协议对深化两国合作关系意义重大。美国还与巴西、法国、印度、日本和韩国进行双边接触，积极与欧盟探讨双方如何在欧盟最大的研发计划——欧盟框架计划中开展合作。

（九）技术霸权：打压科技竞争对手

从全球已经形成的创新链来看，美国在原始创新、尖端创新和核心零部件等方面占有优势。同时，美国打击科技企业的手段非常丰富，早已建立起国内国际完整的"法律工具"，包括借长臂管辖将国内法延伸到国际市场，并通过法律诉讼、行政许可限制和出口管制等手段进行打压。另外，可以看到，美国对科技企业竞争的干预已经超出了正常的国际惯例范畴，严重破坏了传统意义上的自由市场和国际贸易规则，阿尔斯通、空客等著名跨国企业都曾是受害者。

第二节
美国保障科技安全的做法

美国是世界科技强国，也是世界上最重视科技安全的国家，美国的政府、企业、大学保障科技安全的能力是世界一流的。

一、政府保障科技安全的九大措施

第一，出台有关法规保护本国知识产权，例如《专利法》、"301条款"、《瓦森纳协定》等。

第二，成立专门机构审查技术贸易与交流，涉及众议院、参议院、商务部、贸易办公室等，拜登总统还首次将总统科技顾问职位提升至内阁级。

第三，创办科技公共平台来把握全球科技动向，例如各类学术刊物、专业数据平台、国际学术机构等。

第四，吸引顶尖人才为美国创造知识产权。通过访问学者、合作研究等方式，吸引全世界的顶尖科学家到美国工作，或者与美国开展合作。

第五，对敏感研究机构实行严格保密制度。科学家进入敏感研究机构后，发表研究成果需要经过严格的法律审查，这是许多国家都没有的。

第六，阻止留学人员学习敏感专业与知识，甚至限制留学人员学习一些基础学科或参加有关学科的学术会议。

第七，实行长臂管辖打压别国企业。例如，对中国的华为、中兴等企业实施一系列打压和遏制措施，同时列出了含500多家中国企业的清单，对这些企业进行技术封锁。

第八，发动人才战，直接迫害优秀人才。除了强力掠夺其他国家的顶尖人才，对于得不到的人才，美国通过人才封锁或者破坏的方式来保障自身领先的地位。

第九，发动科技战遏制竞争对手。通过各种技术封锁、人才封锁手段来遏制其他国家的发展，同时限制一些顶尖科学家回国开展合作研究。

二、企业保障科技安全的6个做法

第一，执行严格的企业技术保密制度。在美国，每一个企业都有内部的技术保密制度，包括制定法律、聘请律师等。企业科技人员要发表论文或参加国际学术会议，必须经过内部法务人员的审核同意。

第二，密切监控竞争对手的技术动态。通过各种情报检索、文献检索以及参加学术会议了解竞争对手的技术动态，甚至通过猎头公司去猎聘竞争对手的人才，人才被挖、人才流动在美国的企业界是家常便饭。

第三，借助企业重组吞并他人知识产权。有些大企业会收购一些处在成长阶段的中小企业，这也导致日本和欧洲国家都没有顶尖的信息硬件和软件公司。

第四，"背靠背"开展核心技术研发。在美国的一些大型技术企业中，很少出现一个核心技术只有一组人员进行研发的情况，而是多组人在多个地方研究，研究组和研究人员之间并不知情，这样一旦某个研究人员被挖走或者离职，对企业整体造成的影响就会较小。

第五，收购并封存领先者的专利。美国若发现他国技术先进，就会采取收购的方式，收购之后并不使用，而是把先进的技术搁置，主要目的是保持其现有产品和技术的利益,避免给企业带来损失。

第六,核心技术研发不向海外转移。不仅核心技术研发不向海外转移,某些与核心技术相关的论文与专利也秘而不宣。

第四章 美国重视科技安全,建成世界科技强国

第五章
英国科技安全失策，丧失科技中心地位

　　英国国土面积约为24万平方千米，相当于中国广西壮族自治区的面积，截至2022年7月，其人口约为6 860万，仅占世界人口总数的0.87%，但它却引领了人类的工业文明，改变了人类发展进程。为什么工业革命会在英国出现？这是偶然机遇还是必然结果，揭示了什么自然规律？这些既是科技问题、经济问题，也是文化问题、社会问题。

第一节
英国引领工业革命，成为世界科技中心

工业革命为什么诞生在英国，有许多不同的解释。有人认为，工业革命起源于黑死病大流行导致的一系列异常景象，是偶发性行为，是危机导致的结果；①还有人认为，工业革命是资本逐利的结果，专利保护是核心；②但更多人认为工业革命出现在英国，是政治进化到一定程度、经济社会积累到一定程度、人文科技发展到一定程度的产物，是多种因素导致的结果。③④我们研究发现，单项科学发现、技术发明有其偶然性，但科技人才辈出、科技中心形成必然有其基础与规律，是创新文化、创新环境导致的必然结果。没有良好的创新文化和创新环境，偶然的科学发现也会被扼杀在摇篮之中。

一、文艺复兴：激发全社会求知欲

受到意大利文艺复兴的影响，英国社会和文化领域的空气变得新鲜而自由，文化、艺术与科学开始蓬勃发展，营造了一种思想迸发、包容开放、注重创新、追求知识的社会氛围。遍布伦敦的咖啡馆被誉为"便士大学"，成为最大众的文化交流场所。⑤就连英国国王，为

---

① Robert C. Allen. Enclosure and the Yeoman [M]. Oxford: Clarendon Press, 1992.
② [美] R. R. 帕尔默, 乔·科尔顿, 劳埃德·克莱默. 工业革命：变革世界的引擎 [M]. 苏中友, 周鸿临, 范丽萍, 译. 北京：世界图书出版公司. 2010.
③ [英] 罗伯特·艾伦. 近代英国工业革命揭秘：放眼全球的深度透视 [M]. 毛立坤, 译. 杭州：浙江大学出版社, 2012.
④ [荷] 皮尔·弗里斯. 从北京回望曼彻斯特：英国、工业革命和中国 [M]. 苗婧, 译. 杭州：浙江大学出版社, 2009.
⑤ 仇振武. 不可不知的英国史 [M]. 武汉：华中科技大学出版社, 2019.

了得到新知识，还出资购买了意大利山猫学会的大部分资料。①清教主义运动塑造了英国人研究自然、赞颂上帝的文化性格，这对工业革命与英国的科学发展产生了巨大的作用。

二、专业社团：造就人才辈出环境

在全社会追求知识这种氛围的熏陶下，英国领先的制度和宗教改革也让人们的思想得到了解放，以前被教会垄断的关于大自然的知识，逐渐进入民间，无论是宗教学者还是世俗学者，经常聚集在一起探讨自然哲学。其中，尤以英国皇家学会的前身——"无形学院"②最为知名。当时，"无形学院"汇集了一大批知名学者，并吸引了众多知识分子的参与。1660年，学者们还提议成立一个促进物理—数学实验知识的学院；1662年，查理二世批准成立伦敦皇家自然知识促进学会，当时的会员有100多名，10年左右增加到200名以上。③④

除了伦敦皇家自然知识促进学会，还有吸引大量技术人员的月光社。月光社是1765年至1813年，在伯明翰出现的一个由自然哲学家和工业家组成的学会，社团的名称源自他们定期在月圆之夜举行会议的习惯。月光社成员都重视科学知识的应用及工艺技术的革新，孕育出了5位改变世界的成员，即博尔顿（蒸汽机的天使投资人）、达尔文（进化论的先驱）、瓦特（蒸汽机的改良者）、韦奇伍德（工业革命

---

① 宋丽. 17世纪意大利山猫学会（Accademia dei Lincei）研究［D］. 上海：上海师范大学，2016.
② 无形学院指的是伦敦的格雷沙姆学院，一所由英国商人格雷沙姆爵士支持，以探究万事万物的成因和运行之秘、以自然科学教育为目的的学院。
③ ［英］阿德里安·泰尼斯伍德. 英国皇家学会：现代科学的起点［M］. 王兢，译. 北京：北京燕山出版社，2020.
④ 江畔. 英国皇家学会略考［J］. 中国科技史杂志，1980（1）：5.

领袖）和普里斯特利（化学家）；①还培训了大批既掌握基本的近现代技术手段，又与工业实践有紧密联系的工厂主、技师和熟练工人。②

三、科技中心：引领世界科技发展的浪潮

科学史中经常提到世界科技中心，但对科技中心以及科技中心的转移规律等，目前学界还没有形成统一的认识。比如，对于科技中心，有人认为这种说法不合适，应该将科学和技术分别对待；对于科学中心，根据一些学者的研究，有科学单中心说、科学多中心说、科学主中心说与科学副中心说；技术发展有起有伏，地域分布也不平衡，还有世界技术中心转移说。③当然，也有很多专家、学者认可科技中心的说法，并提出世界科技革命平均100年就爆发一次、每次科技革命持续约60年的论断。④

目前对世界科技中心的研究已经达成了一些基本的共识。比如，世界主要的科技中心都拥有一批世界顶尖水平的科学大师和专业技术人才，能够持续产出重大原创科学思想和科技成果，引领世界科技发展的潮流和方向；世界科技中心不是"从一而终"的，意大利、英国、法国、德国等都曾是世界科技中心；虽然美国是现在的世界科技中心，但随着世界其他国家或地区的科技发展，强有力的竞争者一定会出现。

英国曾经是世界科技中心，这主要是因为当时的英国汇集了最出

---

① ［英］詹妮·厄格洛.好奇心改变世界：月光社与工业革命［M］.杨枭，译.北京：中国工人出版社，2020.
② 穆荣平，樊永刚，文皓.中国创新发展：迈向世界科技强国之路［J］.中国科学院院刊，2017，32（5）：512-520.
③ 潘教峰，刘益东，陈光华，等.世界科技中心转移的钻石模型——基于经济繁荣、思想解放、教育兴盛、政府支持、科技革命的历史分析与前瞻［J］.中国科学院院刊，2019，34（1）：10-21.
④ 何传启.第六次科技革命的三维透视［J］.世界科技研究与发展，2012，34（1）：1.

色的人才，涌现出吉尔伯特、波义耳、牛顿、达尔文、法拉第等各领域的大师。据不完全统计，1660—1730年英国拥有60多名杰出科学家，占当时世界杰出科学家的比例超过36%。①

英国成为世界科技中心的主要表现是开启了现代科学的大门：牛顿力学奠定了现代自然科学的基础，弗朗西斯·培根开启了近代哲学的认识论转向，牛津大学和剑桥大学培养了大批拥有现代知识的专业人才，英国政府还建立了国家财政支持专业科研和教学机构的机制。这一系列措施，使得英国的科技成果占1601—1660年世界科技成果的19.5%，占1660—1730年世界科技成果的40%以上。②

四、金融支持：科技经济融合发展

英国成为世界科技中心、工业革命发源地、世界工业中心，主要得益于金融的变革，得益于以新型股份公司、英格兰银行、现代税制、国债制度和股票交易市场的建立与完善为核心的金融创新。尤其是伦敦金融城的建设，对早期工业发展起到了促进作用，而后续不断完善的金融体系为工业革命的开展提供了便利的资金条件。

伦敦金融城始建于18世纪上半叶。随着英国工业革命的不断深入，大量的基础产业建设需要大量的资金投入，刺激了公司股票发行与交易。1773年，在伦敦柴思胡同的约那森咖啡馆中，股票经济商正式组织了第一个证券交易所；1802年，伦敦证券交易所新大厦落成开业，股票交易开始，伦敦逐渐形成了金融服务业集群。③1694—1760年，随着银行、保险业和证券业等金融行业的发展，伦敦金融

---

① 翟亚宁.科技革命中政府的作用及启示［J］.世界科技研究与发展，2019，41（3）：271.

② 赵红州.科学能力学引论［M］.北京：科学出版社，1984.

③ 池仁勇，周斯婷.伦敦金融服务业集群形成原因分析［J］.未来与发展，2008（12）：60-63.

城成为辐射全英国的金融中心。1760—1860年，伴随着英国工业革命大发展的需求，以伦敦金融城为核心的汇票贴现制度与银行网络快速发展，工业和商业积累下来的一些资本也被吸引到伦敦金融城。①

五、市场需求：持续拉动科技创新

恩格斯曾指出，社会上一旦有技术的需要，这种需要就会比10所大学更能把科学推向前进。工业化之前的英国还属于传统的农业社会，生产力水平低下，社会生产只能维持人的基本需求，社会财富的总量有限。17世纪，商业和工场手工业开始蓬勃发展，工场手工业产品的需求增加，而市场不断增长的压力刺激了机器的发明，推动英国在技术革新、动力改进方面进行持续的创新。比如，为了提高纺纱的效率，英国人发明并推广使用珍妮纺纱机，并在1754年利用"技艺、制造业及商业奖励会"为改革纺纱工具提供金钱、奖章和其他报酬；蒸汽动力用于工业生产使英国摆脱了所谓的"自然经济"，改善了原有的以人力、畜力、水力和风力等自然动力进行生产的方式，大大提升了商品的产出效率。

六、保护产权：最早实施专利法

创新是一个国家和民族发展进步的源头活水，但创新也始终伴随着不确定性和巨大风险，需要各种资本，包括智力资本、金融资本等的投入。但创新的产出，一旦公布出来就会变成公共知识，成为大家都容易获得的产出。为此，只有通过专利等多种手段保护创新者的知识产权，才能激励创新投入。

---

① 范可媛. 1694—1914年伦敦金融城的发展和演变[D]. 天津：天津师范大学，2021.

从历史来看，最早提出知识保护的国家是英国。英国对专利的保护最早可追溯到13世纪：1236年，当时的英王亨利三世授予波尔多一个制作色布的市民15年的垄断权。16世纪，伊丽莎白女王在执政期间批准了有关肥皂、纸张、硝石、皮革等物品制造方法的专利50项。①但由于当时的制度不完善，也出现了专利滥用等问题。为了进一步规范专利的申请，1624年英国颁布了《垄断法》。该法案开启了现代专利法的先河，是世界各国现行专利法基本条款的雏形。

《垄断法》的颁布使人们认识到，谁掌握了一项还未被人发现或利用的新技术就意味着可以获得大量利益，这大大刺激了技术发明以及人们对发明的生产应用。数据显示，1680—1689年，英国登记了53个发明专利，1690—1699年达到102个，1700—1759年达到了379个，蒸汽机、纺纱机等都是在专利的刺激下逐步得到改善的。②

七、政府支持：营造良好创新氛围

英国资产阶级革命建立了以资产阶级和土地贵族联盟为基础的君主立宪制，促进了工业革命的发生。英国政府在世界各地进行大规模殖民，在国内实行有利于资本积累的经济政策，在农村进行大规模圈地运动，这些做法为城市工业发展提供了大量可供雇用的"自由"劳动力。专利的私权性质得到确认，保障了发明人的利益，为全社会形成全面创新的氛围打下基础。③

---

① 柴彬.英国专利制度的渊源及其影响［J］.贵州社会科学，2016（3）：6.
② 魏建国.论英国1624年《专利法》的产生及其意义［J］.青海师范大学学报（哲学社会科学版），2004（02）：44-47.
③ 张南.英国工业革命中专利法的演进及其对我国的启示［J］.当代法学，2019，33（6）：113-121.

第二节

英国失去世界科技中心地位的教训

英国曾是世界科技中心，引导了世界的科技潮流。直到第一次世界大战前，英国还保持着世界强国的地位，科技创新依然强劲、名人依然辈出、经济仍然繁荣，但在第二次世界大战后，英国世界科技中心的地位逐渐被美国取代。《全球创新指数2022》显示，英国整体位居第四，指数是59.8，其中，制度排名第15位，人力资本与研究排名第10位，基础设施排名第10位，市场成熟度排名第4位，商业成熟度排名第21位，知识与技术产出排名第10位，创意产出排名第4位。很多学者对英国的衰落，从经济、社会、科技、人才等方面进行了深入的研究，我们在借鉴这些观点的基础上，分析讨论了英国400年的科技发展历程，并提出了自己的观点，供以后的学者借鉴。

一、战略失策：失去化学化与电气化机遇

科技中心必然要引领新的科技方向，但由于技术路径的锁定，英国没有抓住第二次工业革命的先机。从英国的发展来看，英国引领的第一次工业革命主要是以力学、热学为核心的动力学革命，但在19世纪下半叶以化学和电学为基础的第二次工业革命中，英国并没有及时抓住历史机遇，反而让法国抓住了先机。法国化学家拉瓦锡在1789年出版了《化学纲要》一书，并和其他几位法国化学家为化学元素、化学物质建立了新的命名体系，推动了化学业在法国的发展。而电学的发展以1820年丹麦物理学家首先发现了电流的磁效应为开端，法国物理学家安培很快提出了安培定律，推动了电磁学带来的电力革命在法国的推广。化学和电学的领先，使得法国引领了当时的工业革命。

二、产业失衡：经济萎缩，市场拉力不足

回顾工业革命以来的历史，英国作为最早的世界工厂，其工业品成为横扫世界市场的"重炮"，为英国制造业赢得了更大的规模优势。英国因制造业的优势而崛起，以本国为核心重塑了整个国际分工体系。但随着后起的美国和德国相继占据了电气、内燃机、化工等新兴产业的统治地位，英国的工业优势和世界工厂地位逐步丧失，英国工业化与对外贸易、航运、投资相互促进的良性循环机制被逆转，市场空间不断被压缩，给制造业带来了明显影响，工业霸权开始衰落。① 数据显示，19世纪70年代前，英国掌握了世界工业生产的1/3到1/2、世界贸易的1/5到1/4，但到了1894年，美国工业总产值超过了英国，达到世界第一位。②

三、战术失误：重科学研究，轻应用转化

英国在科学领域具有很强的优势，但由于科学和技术之间存在距离，英国并没有将研究转化为现实的生产力。科技发展史显示，工业革命时代后期，英国在电磁学领域依然拥有开创性的科学成就，电机、变压器、二极管等关键性的技术发明都源于英国，但由于这些科学大发现和工业生产相距甚远，而工业革命时代从事技术创新的多是技术工人，他们仅接受过初等教育和中等教育，没有办法将这些发现转化为生产力。这种状况一直持续到20世纪80年代，"重科学、轻技术"的现象以及科技成果转化应用少、经济效益差等问题才逐步被重视，英国政府认识到应该在保持卓越科学基础的同时，通过科技界、

---

① 黄平，李奇泽. 英国工业因何衰落和空心化？［J］. 瞭望. 2021（25）：62-64.
② 曾慧琴. "世界工厂"的内涵变迁与生命周期论［J］. 发展研究，2009（01）：50-53.

工业界和政府的紧密结合促进经济发展。①

四、教育滞后：支持不足，理念落后

在很多人的意识中，英国是工业革命的发源地，应该是教育大国、教育强国，但事实并非如此。在教育史学者看来，19世纪以来，相比德国、法国、美国、日本等，英国的教育理念明显落后，其注重培养绅士和精英的教育，与德国、瑞士注重培养工匠的教育形成了鲜明的对照，导致17世纪90年代到19世纪中叶仅有的两所大学牛津大学、剑桥大学仍然以古典人文学科为基础，自然科学没有地位，教育观念、培养目标、课程设置等都远离时代，中等教育也是如此。②近年来，英国逐渐意识到这些问题，在中学阶段就开始向中国等亚洲国家学习是明显的例证。③

另外，英国对教育的支持也落后于其他国家，即使是在英国经济高速发展的时期也是如此。比如，1838年，德国普鲁士政府用于教育的支出达到了300万塔勒，相当于英国教育支出的20多倍。④

五、人才流失：失去世界科技中心地位

历史上的科技大国都曾是人才大国、智力大国，英国也不例外。但在后续的发展中，在和法国、德国、美国等的人才竞争中，英国并

---

① 刘云，陶斯宇. 基础科学优势为创新发展注入新动力——英国成为世界科技强国之路 [J]. 中国科学院院刊，2018，33（5）：484-492.
② 辛彦怀，刘志辉. 英国的大学改革与科学复兴 [J]. 外国教育研究，2004，31（12）：32-34.
③ 英国《卫报》编辑部. 英国"中式教育"纪录片引发热议 [J]. 环球财经，2015（9）：1.
④ 唐晋. 大国崛起 [M]. 北京：人民出版社，2006.

没有取得显著优势。事实上，英国的科技人才自工业革命期间就开始向北美等地区迁移，二战后以更大的规模向美国等地移居。引起英国对人才流失关注的是英国皇家学会的《英国科研人员的移民报告》，该报告统计，英国在1959—1961年移民的博士数量达到了1 136名，占期间授予博士学位总量的13.3%；224名在大学从事研究工作且已移民美国的人中，超过45人拥有高级教授职位或负责主要的科研实验室。①虽然这个报告引起了广泛关注，但这种状况一直没得到很好的改善，1996—2015年英国研究人员的总流出率高达13.3%，2005年还曾有报道说英国大学生毕业后到国外寻求发展的人数已达144万。②

第三节
英国保障科技安全的问题与措施

英国在两次世界大战后，国际地位出现衰落，科技创新在发达国家中是"后进生"。英国也意识到这个问题，在2020年发布的《研发路线图》开篇就提出：新冠肺炎疫情"向我们所有人展示了科学和创新的重要性"。保障科技安全也成为英国的首要目标。

一、保障科技安全仍面临困难

近年来，随着科技强国地位的下降，英国对科技安全的关注度明显提高。2019年3月，英国政府组织专家编写了一份《未来安全技术

---

① 孟祥彦. 浅析二十世纪五、六十年代英国"人才流失"问题的讨论［D］. 北京：首都师范大学，2011.
② 王建华. 英国人才流失居发达国家之首［N］. 新华每日电讯，2005-10-27（008）.

趋势》报告，提出要"强化科学技术教育与提高意识、保护危险材料和敏感数据、促进信息技术创新、强化政府数据发掘能力、关注科技发展的不对称作用、加强监视与监护"。①在2021版《竞争时代的"全球英国"——安全、国防、发展与外交政策的整体评估》中，英国提出要加强对太空、网络、人工智能、无人系统等新兴与高科技领域的布局；2022年10月，英国政府通信总部负责人还提到需要着重应对中国日渐发展壮大的科技。但无论如何强调对科技安全的重视，相比其他国家，英国在推进科技发展、保障科技安全方面存在明显短板。

（一）资金不足：创新投入偏少

从研发人员来看，英国的研发人员数量（全时折算）在全球排名第19位，不但总量低，就分布来看，按照每百万人口研发人员数量比较，英国的数据低于日本、德国、法国、美国等发达国家。经济合作与发展组织数据显示，2018年英国整体研发投入占GDP的1.73%，低于2.42%的世界平均水平。世界银行2022年9月更新的数据显示，英国研发投入占GDP比重为1.8%，全球排名第21位。

除此之外，英国的大部分研发支出依靠私营机构，但事实上私营机构的研发投入也不够。经济合作与发展组织发布的"主要科技指标"数据显示，英国企业支持的研发经费占GDP的比重是0.96%，仅为韩国的26%、美国的21.9%、德国的48.9%、法国的73.8%。

（二）人才流失：顶尖人才仍在流失

科技的竞争首先是人才的竞争。为了吸引人才，不少国家纷纷出台吸引人才的政策，尤其是针对顶尖人才。当然，这些顶尖人才也会主动寻找适合发展的地方。相比美国，英国的吸引力就小了很多，第二次世界大战后不少英国顶尖科学家移民美国。英国物理研究所和物

---

① 程如烟.英国发布《未来安全技术趋势》报告[J].科技中国，2019（9）：21.

理学会的报告指出，第二次世界大战后20年内就有71位英国杰出的物理学家移民北美；英国皇家学会的报告显示，1959—1961年有20名皇家学会会员在美长期留任。

（三）教育落后：大学质量被美国超越

英国是老牌帝国主义强国，虽然科技实力排名世界前列，诺贝尔奖获得人数居世界第二，在世界最好的200所大学中占据了32所，但整体来看，英国在很多方面都已挤不进世界前三。《全球创新指数2021》显示，英国教育费用占GDP比重仅为5.4%，全球排名第21位，高等教育入学率全球排名第48位，每年毕业的科学和工程大学生全球排名第28位。

（四）成果转化少：缺乏创新型企业

统计数据显示，2020年英国发表的论文数量占全球的6.3%，这说明英国并不缺乏创新型成果，面临的主要是转化问题。英国大学与科技部前部长大卫·威利茨勋爵曾说，英国发表了很多研究论文，但却是一个知识产权话语权较弱的经济体；英国政府首席科学顾问帕特里克·瓦兰斯曾表示，英国基础科学和大学产出的指标已经位列世界之巅，但这些产出转化为社会应用的水平远远不够。比如，第一台机械计算机、DNA双螺旋的发现、第一个试管婴儿、克隆羊多莉、石墨烯的发现等都是英国科技界的骄傲，但相关产业几乎都是在其他国家发展起来的。近期比较明显的例子是DeepMind，它宣布已预测完成几乎所有已知地球生物物种的蛋白质结构，引起了世界的轰动；该公司2010年创办于英国伦敦。

转化能力不足导致创新型企业的数量少。以独角兽企业为例，胡润研究院发布的全球独角兽企业榜单显示，截至2022年6月，全球独角兽企业达到1 312家，其中美国有625家，中国有312家，英国仅有44家。CB Insights（全球领先的科技市场数据平台）调研也显示，英国独角兽企业数量少于印度。另外，弗若斯特沙利文（全球增长咨询公司）研究显示，2021年，英国的独角兽企业基本全是金融科技领域的初创企业，并没有大量的创新科技企业作为支撑。在波士顿咨询公司发布的2022年全球具有创新力企业排行榜前50位中，没有一家英国企业。

二、保障科技安全的六大措施

近年来，英国积极通过各种措施，增强科技实力，保障国家科技安全。

（一）政府积极推动，打造科技高地

英国政府提出要发挥伦敦的优势以吸引人才。伦敦拥有英国约30%的高等教育机构，包括伦敦大学、帝国理工学院等国际著名大学。为此，伦敦提出要充分利用名校云集、知识资源丰富的资源优势，以及作为世界金融中心的优势，建成世界领先的知识经济实体，并将"鼓励与帮助伦敦企业实现创新"作为战略重点，积极发展以创意、金融产业为代表的知识密集型产业，打造"知识（服务）+创意（文化）+市场（枢纽）"的创新榜样。[①]为打造世界科技中心，吸引更多人才，英国推出"全球精英签证"且不设数量上限，以吸引世界上最顶尖的科学家、研究人员、技术人员到英国定居。

同时，英国政府积极发布促进科技创新的政策。仅1998—2002年就发布了7个白皮书：《竞争的未来——实现知识驱动的经济》（1998年）、《科学与创新》（2000年）、《卓越和机遇——21世纪科技创新政策》（2000年）、《企业、技能与创新》（2001年）、《科学与创新战略》（2001年）、《变革世界中的机遇——创业、技能和创新》

---

① 眭纪刚.全球科技创新中心建设经验对我国的启示［J］.学术前沿，2020（6）：7.

（2001年）、《为创新投资——科学、工程与技术的发展战略》（2002年）。[①]新冠肺炎疫情暴发后，英国又连续发布了《研发路线图》《创新战略》《共同改变明天：2022—2027战略》等文件。

英国还积极加大资金支持力度。比如，英国建立新的"英国研究与创新署"，统筹管理英国每年约60亿英镑的科研经费。为更好促进研发，针对高价值制造、卫星应用、细胞治疗、近海可再生能源、未来城市、交通系统、数字、能源系统、精细医疗、化合物半导体、新药发现领域，英国先后成立了11个"弹射"创新中心。

（二）建设研发平台，增强创新实力

科研设施大平台是现代科学技术诸多领域取得突破的必要条件。二战后，伴随着科学研究从"小科学"到"大科学"的范式变化，现代科学技术的进一步发展、研究前沿的突破，都离不开大科学装置，世界很多国家都以巨大的投入建立大科学装置。

相比美国、日本等国家，英国对基础设施的投入明显跟不上学科的发展，基础设施改进不大、研究设备老化已严重影响了科研质量的进一步提高。英国认识到这个问题后，组织设立了共同研究设备计划、共同基础设施基金、科学研究投资基金等，开始加大对科研设施的投入。[②]为从战略上保证英国研究人员对仪器与设备的使用和实现对科学仪器与设备的最佳管理，英国研究理事会于2001年6月出台了《大型仪器设备战略路线图》；[③]英国研究与创新办公室提出未来10~20年需要优先投资长期、灵活的研究和创新型基础设施项目。在国家《创新战略》中，英国提出要加强基础设施建设，为创新型基

---

① 田倩飞，张志强，任晓亚，等. 科技强国基础研究投入-产出-政策分析及其启示 [J]. 中国科学院院刊，2019，034（012）：1406-1420.

② 程如烟. 典型国家的科研设施状况 [J]. 中外科技信息，2003（8）：4.

③ 范英杰，鲁荣凯. 英国大型科研仪器设备战略计划 [J]. 自然科学进展，2003，13（12）：1.

础设施项目提供 5 000 万英镑的一揽子计划。

（三）多元化投入，积攒创新后劲

英国积极根据世界科技变化趋势，结合本国科研优势和产业能力，确定以人工智能与高级计算、工程生物学、生物信息学与基因组学、先进材料与制造、能源与环境技术、机器人与智能机器、光子与量子技术等为核心，大力支持科学研究和技术创新。2017年，时任英国首相特雷莎·梅宣布英国政府要加强与产业界及社会各界的合作，10年内使英国全社会研发投入增加 800 亿英镑。①2020—2021年，英国公共财政科研投入首次突破 100 亿英镑。

英国科学技术委员会在 2021 年提出，"到 2030 年，保持我们在科技前沿的地位并确保我们作为科技超级大国的地位，需要增加对科学、工程和技术的投资至少 50%，将商业和工业的投资份额从 55% 显著提高到 75%，需要通过让企业、投资者、企业家、学者和社区参与进来等多种途径"。脱欧以后，为了保障科技创新，英国政府还宣布了多个计划来增加研发支出，力求将英国打造成科技超级大国，并计划在 2021—2022 年投资 149 亿英镑，到 2024—2025 年增加至 220 亿英镑，并承诺到 2027 年将整体研发投资提高到 GDP 的 2.4%。

在一系列政策和措施的支持下，初创企业正在重塑英国经济。数据显示，2020 年英国科技行业融资总额达到 398 亿美元，占欧洲总融资额的 1/3，全球排名第四，其中伦敦科技行业以 255 亿美元独占鳌头。

（四）加强科技外交，吸引国际人才

英国科技创新能力居世界前列，但相比科技超级大国的目标，英

---

① 姜桂兴. 英国面向2030年的科技创新政策研究［J］. 全球科技经济瞭望，2018，33（1）：6.

国内阁部认为，必须要加强科技外交，即"加强我们在全球范围内的关系，通过科技支持英国的战略优势，建立我们在 40 多个国家的科学和创新网络以及我们在非洲、中东和印度的研究与创新中心"，并提出要充分利用国际话语权，"将政府、标准机构和行业聚集在一起，影响规则、规范和标准，尤其是在空间、网络空间、新兴技术和数据等快速发展的领域，与越来越多的专业国际机构开展广泛合作，与技术公司、独立标准机构、民间社团和学术界等建立合作伙伴关系"。

（五）重视颠覆式创新，限制重复研究

为抢占未来技术制高点，2021 年英国模仿美国国防部高级研究计划局，成立了政府高级研究与发明署，专注于有潜力产生变革性技术或推动科学领域范式转变的项目，推进高风险、高回报的颠覆式创新。[1]英国积极推出的"蓝天研究"计划，在生命科学、太空技术和创意产业等新兴技术领域，支持好奇心驱动的基础研究。[2]为了了解更多的前瞻性项目，英国还积极开展技术预测活动，聚焦具有前瞻性的项目，提供给各部门选择。

（六）改革组织和管理，提升创新效率

为了更好地提升创新活力与效率，英国积极改革科研管理方式，通过各种途径和措施推进研发及产业化。

为改革科研管理方式，英国通过加强对战略技术领域研发活动的组织力度，积极推动公共科研机构改革，逐步形成了政府部门研究机构和研究理事会研究机构两大类别。前者以政府实验室为核心，由各部门所有或提供主要资助，服务于国防、工业、卫生等政府部门；后

---

[1] 贺德方，汤富强，刘辉. 科技改革十年回顾与未来走向 [J]. 中国科学院院刊，2022，37（5）：578-588.
[2] 王茜. 英国创新署促进科技创新的举措及启示 [J]. 全球科技经济瞭望，2021（9）：6-11.

者运行、管理国家大型科研基础设施，由7家研究理事会所有或提供主要资助，主要是围绕物理学、天文学、生物学等基础科学及环境、食品等公益性领域开展研究。①

为促进成果产业化，英国建立知识转移网络，支持企业与合作伙伴、客户、供应商和研究基地建立联系，以推动创新型企业之间的合作。自2018年以来，知识转移网络与7 000多家企业合作，促成了2 000多项企业对企业和企业对研究的合作，帮助创新者更快地发现新机遇并实现目标。

为推动2030年成为科技超级大国的进程，英国还成立了首相直接牵头的科学技术委员会来把握战略方向，同时成立科技战略办公室来明确科技领域优先发展事项。

---

① 陶斯宇，甘泉，董瑜. 英国公共科研机构的历史演进与新变革［J］. 中国科学院院刊，2022，37（8）：10.

第六章
德国和瑞士创新能力经久不衰的奥秘

英国人改良了蒸汽机,为什么德国的机械化却领跑世界?先进技术不流失,制造业经久不衰,德国保障科技安全的奥秘是什么?瑞士作为人口小国、技术强国、经济强国、政治中立国,有何生存之道?

第一节
德国创新能力经久不衰的启示

德国的科技发展、经济发展离不开德国历史、德国精神、德国文化,跌宕起伏的历史、追求卓越的精神、严谨守信的文化是德国的典型特征。是什么力量促使德国发动两次世界大战?又是什么力量支撑德国战后在一片废墟上建成世界第四大经济体?是什么文化让德国在战后获得了多国的谅解？又是什么机制让德国制造业经久不衰？简而言之，独到的技术支撑了特殊的"德国道路"。

一、第四经济大国成长的7级台阶

德国是一个联邦制国家，联邦政府和16个联邦州各司其职。2021年，德国人口约为8 300万，国土面积为35.7万平方千米，近1/3的国土被森林覆盖，除硬煤、褐煤和盐的储量丰富外，在原料供应和能源方面很大程度上依赖进口。但长期以来，"德国制造"享誉全球，先进的制造业是德国的名片之一。

德国的经济发展大致经历了7级台阶。一是木材时代。从石器时代到19世纪初，德国经济发展主要依靠木材、水力等可再生资源。二是铁路引领的时代。在普鲁士"铁血政策"的主导下，19世纪的德国完成统一，铁路在战争中发挥了重要作用。虽然普鲁士既非铁路的起源国，也非铁路里程最长的国家，但却是第一个利用铁路技术成功改变地缘政治格局的国家。[①]三是电气化、化学化奠基了德国现代工业。西门子公司、德国通用电子公司使电气工业快速发展，化学工业成为促使德国在第二次工业革命中迅速崛起的重要产业之一。四是机械化加手工创造使德国成为制造业大国。重工业、机械制造、化学工业和电气工业逐渐发展成德国工业与技术的四大支柱。五是国际化使德国加速成为制造业强国。德国人口少，做大经济规模必须向外国市场扩张。德国的技术密集型产品出口占世界市场的份额长期位列欧洲第一，2020年达到10.8%，居全球第二。六是集团化塑造大型企业，支撑经济发展进入良性循环。大型企业引领经济发展是德国成功的根本经验。汽车领域有闻名遐迩的奔驰、大众和宝马三大巨头，化学制

[①] 曾淼，李乾德等.铁路与十九世纪德国统一：基于国家利用技术的视角[J].西南交通大学学报：社会科学版，2017，18（03）：7.

药领域有拜耳、默克等世界一流制药企业。七是"工业4.0"引领新一轮制造业变革。德国政府发布的《高技术战略2020》把"工业4.0"确定为国家战略，进一步推动了德国制造业的信息化、智能化，引领世界制造业发展。

二、德国制造业技术领跑世界的奥秘

德国制造业技术领跑世界有经济、制度、历史传承与文化方面的因素。欧元区、申根区等的创建对德国制造业的持续发展也起到了关键作用，在货币、市场、低成本的劳动力以及资源方面，提供了非常便捷的竞争优势。

（一）顶尖人才加工匠：创新的源泉

德国有重视人才的传统，尤其重视对制造技能和知识的沉淀。德国高中生可以上大学做学术研究，也可以去职业技术学校走技工途径，从个人收入和社会认可度来讲，两条路是平衡的。全社会不仅尊重顶尖人才，也给予工匠很高的社会地位。

为了吸引和凝聚世界顶尖人才，德国政府和科研机构不断改善创新环境，提供充裕的研究经费和优越的研究条件。比如，德国科学基金会设立的戈特弗里德·威廉·莱布尼茨奖，从1986年起每年颁发给在德从事科研的各学科领域的优秀研究人员，奖金分为实验研究250万欧元和理论研究77.5万欧元，是国际上奖金额度最高的科学奖项之一。德国洪堡基金会与联邦科研部联合设立的两个科研奖，一项是沃尔夫冈-保尔奖，奖金为230万欧元，奖励国内外顶尖科学家；另一项是索菲亚-克瓦雷夫斯卡亚奖，奖金最多达165万欧元，奖励杰出的外国青年科学家，资助其5年的科研活动。德国应用研究的最高奖项是以总统名义设置的"德国未来奖"，其评奖标准注重科技创新的实用性和市场潜力以及能否有效提升产业国际竞争力，每年评选一次，奖金为25万欧元。在多种激励机制下，很多外国优秀科研人员或在国外的德国优秀科研人员纷纷来到或回到德国。

相较于美英和欧盟国家，德国企业的劳资关系相对稳定，这对工业技术的持续创新具有重要意义。一般来讲，员工为同一家企业工作的时间越长，企业主就越愿意在员工技术培训方面投入更多的资金。因此，德国企业拥有一支人数多、技术娴熟的普通技工队伍，他们对新工业技术具有较强的领悟力和推广能力，成为德国工业技术持续发展的重要基础之一。

（二）创新文化加体制：创新的保障

2011年春季，在时任德国联邦总理默克尔的倡议下，德国全国范围内开展了"德国未来的对话"，围绕"我们希望怎样共同生活？""我们想靠什么生存？""我们想要如何共同学习？"三个主题，目的是为联邦政府提供科技政策建议，包括专家对话和民众对话两部分。其中，专家对话包括18个工作小组，有134位专家参与。"德国的创新文化"工作小组是其中之一，具体针对"可持续发展的经济"这一主题展开对话。该工作小组认为，德国是当代应对全球重要挑战的问题解决者，代表着品质、精准和效率，中小企业的效率、双元制职业教育以及科研与产业的有效整合是其创新体制的重要组成部分。德国的成功不是依靠单个天才的成就，而是根植于国家系统内部的独特创新文化，创新体系所有的参与者、架构和组织运转的总体效应营造了德国的创新文化，而创新文化与创新体系构成了德国的创新基石。

（三）中小企业：创新的发动机

德国经济真正的支柱在于富有活力的中小企业。在德国，中小企业指的是年营业额低于5 000万欧元，员工数少于250人的企业。2018年，德国已有259万家中小企业，其中大多数为微小企业，即员工数少于10人，年营业额低于200万欧元。德国联邦统计局公布的一组数据显示，2013年中小企业占到德国企业总数的99.7%，生产的产品占据德国产品70%~90%的市场份额，德国对外贸易顺差的很大一部分是由它们创造的。它们还贡献了德国利税的50%，雇用了德国60%以上的职工，培训了82%的学员（学徒工），在金融风暴、欧元动荡期间仍保持稳定发展，新建企业数多于破产企业数。因此，中小企业对德国经济的发展功不可没。

德国著名中小企业研究专家、柏林经济学院教授贝恩德·费诺尔认为，德国中小企业之所以能取得成功，靠的是对改进产品质量和工艺流程的不懈追求，不断创新创造客户价值，它们是创新的发动机。在消费者眼中，"德国制造"已经成为可靠、耐用的代名词，而在德国企业看来，创新是保障其赢得消费者信任的原动力。

（四）产学研结合：创新的主体

企业、高校和非营利科研机构是德国研究开发的三大支柱，它们在德国的创新体系中发挥了关键作用。德国研发投入的2/3来自企业，企业是创新的主体。高校是基础研究和应用研究的重要力量，也是人才培养的土壤和温床。非营利科研机构是德国从事科技创新的专业力量，包括亥姆霍兹联合会、马普学会、弗劳恩霍夫应用研究促进协会和莱布尼茨科学联合会四大独立科研机构。

弗劳恩霍夫应用研究促进协会是欧洲最大的应用研究机构，其研究领域涉及通信、生命科学、安全技术、能源环境等。经过70多年的发展，该协会现有76个研究所或研究机构，为企业合作伙伴提供优质的研究服务，特别是为中小企业开发新技术和新产品，协助其解决创新发展中遇到的问题。德国政府还专门制定政策来鼓励该协会的创新活动。比如，技术发明人可以无偿使用发明创办企业，将科研成果商业化；所用资金作为政府对创新型企业的入股，一般占总股份的25%，扶持2~5年，如果企业开发出创新产品成果，政府则转股退出；政府给聘为研究员的技术发明人发一年的工资，技术发明人第二年不再具有研究员身份，而在企业领工资。

很多德国大学为了加强与企业之间的交流，提高科技成果转化率，设有专门的部门负责与企业联系合作事宜。例如，柏林工业大学设有技术转让处，其职能是管理合作项目，宣传大学的重要创新成果，开展国际合作与交流，还建立了一个完整的项目数据库，企业如果对某个项目感兴趣，可直接找到负责项目研究的教授进行交流。

科技园是转化大学高科技成果、孵化高科技企业的重要地方。各大学均把建立科技园看作加速技术由实验室走向市场的一项重要措施。德国工商会的数据显示，80%的德国企业把高校科研成果市场化看成企业创新的一条捷径。高校与企业的合作和联合成为一种必然趋势，新技术也得以及时、有效地转化为实际应用。

（五）双元教育：工匠的摇篮

双元制是源于德国的一种职业培训模式，其中一元是指职业学校，其主要职能是传授与职业有关的专业知识；另一元是企业或公共事业单位等校外实训场所，其主要职能是让学生接受职业技能方面的专业培训。这种模式在德国的企业中应用很广，参加培训的人员必须经过这两个场所的培训。双元制职业教育被认为是战后德国经济腾飞的秘密武器，它以极强的针对性和实用性，缩短了企业用人与学校育人之间的距离，所解决的问题是普通高等教育无法解决的。

学生在企业的学习费用由企业负担，学习期满后，企业向学徒颁发培训证书、技工考试合格职业资格证书。2014年，德国政府用于双元制职业教育的公共支出达59亿欧元，同时企业提供了56亿欧元。德国有75%的中学毕业生进入职业教育领域继续接受教育；作为职业教育核心部分的双元制，每年培训的技术工人占就业人员的比重超过8%，在同龄人中所占的比重达70%。这为企业生产高质量产品提供了人力资源保障，也为其产品和技术创新注入了活力。

在1991年国际奥林匹克技能竞赛中，德国队赢得24个工种的冠军，总理科尔接见夺标选手并发表了题为《双元制在统一的德国的力量》的讲话。他明确指出："在我们这样一个原料不足的国家，经济实力是以从业人员的技能为基础的。受过良好职业培训的青年，是德国最大的资本，是德国经济稳定的保障。"

（六）充足的投入：创新的后盾

德国联邦统计局数据显示，2020年德国总研发投入约为1 059亿欧元，占GDP的3.14%，受新冠肺炎疫情影响，较上年下降3.8%，但较2016年增长15%，其中约2/3来自产业界。2021年12月，德国政府将德国定位为创新型国家，明确至2025年总研发投入将达到GDP的3.5%。

德国贸易和投资委员会2018年的报告显示，德国汽车产业贡献了欧洲60%的研发增长，占全球汽车产业研发投入的1/3。2020年，德国企业的创新强度（创新支出占营业额的比例）为3.3%，创新强度最高的行业是电气行业（10.6%）和车辆制造业（10.2%）；大企业创新支出下降，但中小企业创新支出保持稳定，比上年增长0.3%；德国中小企业研发经费占销售额的比例是其他国家相应企业的两倍多。

企业创新率是指在过去3年内至少进行了一种产品创新或工艺创新的企业所占比例。2020年德国企业创新率达55.6%（约18.4万家企业参与创新），比前一年提高了一个百分点。在拥有250名及以上员工的较大企业中，该比例为81%；在中小企业中，该比例为54.7%。化学制药和电气行业的企业创新率最高，均为79%，机械制造业和车辆制造业的企业创新率为75%，新产品销售额占总营业额的13.8%。德国政府还实施了支持创业的"新创业时代计划"、鼓励研发和创新且以市场为导向的"中小企业核心创新计划"和以工业研究与竞争前沿研究为主的"创新型中小企业"研发项目等资助措施，以维持中小企业的创新活力和数量。

三、德国保障科技安全的做法与经验

为了在日益激烈的竞争中持续获胜，德国政府通过构建知识产权战略管理和法律保护体系、抬高外国资本对本国涉及关键技术企业的并购门槛等行政措施来实现对关键技术的有效保护。

（一）完善的知识产权法律保护体系

德国是世界知识产权组织和大多数主要国际知识产权保护协议的成员国，具有完善的知识产权法律保护体系，专利、商标、外观设计和著作权等知识产权在德国均受到很好的保护。特别是《雇员发明法》的制定和实施，从立法层面有效促进了企业技术创新。

德国知识产权司法制度努力谋求对企业知识产权保护的最大化、高效化和便利化，其专利诉讼制度突出体现了德国知识产权司法制度的高效性。目前，德国是欧洲涉及专利诉讼案件数量最多的司法管辖区。选择德国作为侵权诉讼发起国的优势在于，权利人可以在专利有效性确认之前便向德国法院提起侵权诉讼，这有利于被侵权方更快地通过侵权禁令去制止侵权方的进一步侵权。因此，欧洲60%以上的专利侵权案都选择在德国提起诉讼。

近年来，由于仿冒愈演愈烈，德国政府和经济界推出涉及经营、技术保护和展览会等领域的一系列知识产权保护措施，统称为"预防战略"。据德国海关统计，2021年德国海关查扣的进境仿冒产品近2.5万件，价值超过3.15亿欧元。

（二）严密的企业知识产权保护制度

在德国知识产权战略实施过程中，企业通过大量的专利申请和授权成为推进知识产权工作的重要主体。2020年，德国专利商标局的发明专利申请大多来自工业企业，申请量占据前三名的企业分别为博世、宝马和舍弗勒。在欧洲专利局申请无人驾驶技术专利的欧盟国家

中，德国是最活跃的国家。

在知识产权管理方面，德国企业建立了科学的知识产权申请评估体系。企业对研究成果进行价值评估，以最合理的成本选择最有效的知识产权保护策略。一项研究成果在申请专利之前，企业要先对其进行价值评估，根据价值大小选择公开、自用还是许可别人使用，或者申请专利还是作为商业秘密加以保护。在获得专利授权后，企业则要适时评估每项专利的价值，如果有价值就每年按时缴费维持，如果没有价值就定期放弃。凡是具有巨大价值、涉及企业核心利益或者技术公开后其他竞争者很容易掌握而本企业又难以维权的研究成果，德国企业往往将其作为商业秘密加以严格保护。如果企业难以对一项发明创造有效保密，它们就会及时申请专利。员工进入企业时，都要接受知识产权方面的培训，逐步形成遵守法律制度和保护企业知识产权的强烈意识。

（三）规范企业和发明人的权益分割

企业雇员与企业在发明权属方面的矛盾纠纷历来是世界各国处理企业知识产权工作的一大难题，而德国的《雇员发明法》有效地解决了这一难题。该法案界定了职务发明和非职务发明，规范了企业和雇员在技术创新、知识产权保护、应用及收益方面的责任、义务和补偿方法。该法案明确规定，企业雇员有了发明（无论是职务发明还是个人发明），首先应依法告知企业，如果雇员认为发明属于个人发明，则企业有两个月的异议期。对于雇员报告的发明，企业有权选择是否申请专利。如果企业选择申请专利，则要给雇员一定比例的补偿（补偿标准由国家统一规定）。正是基于《雇员发明法》的实施，德国企业内部才形成了企业和雇员双赢的创新推进机制。

（四）政府保障科技安全的措施

德国政府除了资金支持，还采取稳定的政策倾斜和直接干预等手段为关键技术保护提供支持。

资金支持。德国每年在科研和科技发明创新上的投入排在世界前列，政府直接投入持续增加且稳定占比约1/3，这部分经费主要用于支持高校、独立科研机构以及德国研究基金会，少部分给予非营利研究机构。支持重点不仅集中于重要战略和计划、核心科研领域、科研机构、精英战略和大型科研基础设施建设等方面，还包括中小企业创新与产学研协同。

政策倾斜。德国的高校和科研机构等公共研究机构以及企业研发部门均对科研成果的知识产权归属、专利申请、转化及收益分配制定了明确的管理政策和实施措施。德国著名的创业型高校慕尼黑工业大学和马普学会、弗劳恩霍夫应用研究促进协会、亥姆霍兹联合会等科研机构还专门设有专利与许可办公室、技术转化公司或类似部门，具体负责科研成果知识产权相关事宜。例如，马普学会的科研人员可以以个人名义与第三方企业签订顾问协议，视同兼职，但不得在企业担任全职工作，雇员在外兼职要办理报批和信息公开手续。若兼职工作侵犯了马普学会作为雇主的利益，则不予批准。下属研究所与商业企业签署科研协议，须经学会总部批准，并在签署前向全体员工通报协议内容；禁止研究所单独处置属于马普学会的知识产权。此外，德国宇航研究院项目管理中心等专业科研项目管理机构还对专利申报和使用进行监督。

直接干预。德国是第一个收紧外资收购的欧盟成员国。2016年，德国企业被外国投资人收购案大幅增加，共有870多家企业被美国、中国等国的投资人收购，这引起德国政府对技术外流，特别是对高精尖敏感技术安全的担忧。2017年7月，《对外经济条例》修正案通过，提高了德国政府对关键技术的审查门槛。该条例规定政府可在关键技术有可能落入非欧盟买方手中的情况下，阻止外资收购超过25%的企业股份。修正后，德国政府评估并购交易的时间从2个月增至4个月，并将监管范围扩大，不仅包括军工以及从事信息安全和国家保密文件处理的企业，还涵盖在关键基础设施或与民用安全相关领域运营的各类企业，特别是生产用于公共事业、支付、医疗和运输系统软件的企业。所谓关键基础设施领域被定义为能源、信息技术和电信、交通运输、水、营养保健以及金融和保险行业，或其他对德国社会运行有重要意义的领域。

2020年6月，德国联邦议会通过《对外经济法》修正案，使并购德国企业变得更加困难。《对外经济法》修正案允许德国政府对非欧盟国家的投资进行更全面、深入的审查，需要进行投资审查的领域包括疫苗供应和电网等关键基础设施领域，以及人工智能、自动驾驶、半导体、网络安全、航空航天、核技术、量子技术、数据网络、原材料等高科技和未来科技领域，特别是要在新冠肺炎疫情防控期间保护欧洲疫苗、药品和口罩生产商免受外国企业收购。但德国政府也向经济协会做出让步，根据新的修正案，大多数工业机器人和3D打印技术企业将不受约束，除非涉及关键基础设施安全等敏感领域，但会收紧对后续增资的审查。2021年4月通过的《对外经济条例》新修正案，进一步强化了对外国企业收购的审查，将外国直接投资门槛由25%降至20%，并将着重审查的企业范围扩大到涉及高技术与未来技术的制造商和开发商。①

第二节

瑞士创新指数常居世界第一的奥秘

瑞士人口不到900万，仅相当于中国两个地级市的人口，为什么

---

① 资料来源：中华人民共和国驻法兰克福总领事馆经济商务处，http://frankfurt.mofcom.gov.cn/article/xgjg/202105/20210503059753.shtml。

能够支撑世界最大制药企业——诺华制药集团，很显然靠的是瑞士的高技术和全球的大市场。瑞士的家族企业为什么能够生产世界一流的手表？为什么那么多人都喜欢把钱存入瑞士银行？技术强而不被人非法窃取，国土美而免受武力豪取，瑞士作为人口小国、技术强国、经济强国、政治中立国，有何生存之道？创新就要创出世界第一，经营就要打造国际品牌，处事就要力求保持中立，高技术、大品牌、守信用是瑞士经济社会发展的"三大支柱"。除此以外，瑞士是否还有什么世人不知的创新经验、经营之道、生活哲理？

一、瑞士保持创新指数常居世界第一的主要做法

世界知识产权组织每年会发布全球创新指数排名，2011年至2022年瑞士连续12年排名第一。

（一）公共创新与企业创新双轮驱动

2022年世界知识产权组织发布的全球创新指数排名显示，瑞士拥有欧洲排名第一、全球排名第二的科研创新机构。瑞士科技创新体系既有政府支持的公共创新体系与企业创新体系，也形成了完善的知识创新体系和技术创新体系，两个轮子一起转是瑞士科技创新指数常居世界第一的最主要原因。

（二）公共创新体系承担知识创新使命

公共创新体系由瑞士联邦理工学院联合体、各州的综合大学和应用科技大学以及高校外的独立科研机构构成。2020—2021年瑞士各类高校在校生总数约为27万名，其中，61%在综合大学和联邦理工学院就读，31%在应用科技大学就读，8%在师范类大学就读。目前，在25~64岁居民中，45.3%的人拥有高等教育学历。

瑞士联邦理工学院联合体是瑞士最高层次的自然科学和工程科学

领域教学科研高度结合的综合机构，其顶层为瑞士联邦理工学院联合体董事会，负责整体发展战略和经费分配，但不参与各研究所和大学具体的教学科研事务的管理。联合体内的2所联邦理工学院和4家科研机构均是具有国际影响力的顶尖教学科研机构，是瑞士国家战略科技力量以及技术创新和转移的重要源头。苏黎世联邦理工学院被誉为欧洲大陆第一名校，多年来在"泰晤士高等教育世界大学排名"中位列前10名左右。州立大学分为综合大学和应用科技大学，综合大学主要进行自然科学基础性研究和人文社会科学研究，应用科技大学主要培养各行业实用型专业技术人才，与经济界有紧密联系。

（三）企业是技术创新成果转化的主体

瑞士人认为，"创新是企业的责任，政府不比企业高明"。瑞士联邦统计局数据显示，2011年以来，瑞士GDP的60%以上源于出口。医药化工业在全球居领先地位，产品多达3万余种，其中特种化工产品所占比重超过90%，它也是瑞士第一大出口行业，占出口总额的51.7%。机械、电子和金属业是瑞士的主要工业部门之一，是瑞士第二大出口行业，其中约有80%的产品用于出口；瑞士每年生产的手表中有95%以上用于出口。金融业是瑞士的重要经济部门之一。得益于健全的银行体系和先进的资产管理水平，瑞士被誉为全球最大的离岸金融中心和国际资产管理业务领导者。2020年，瑞士金融业增加值为681亿瑞士法郎，占GDP比重为9.7%。

瑞士出口靠的是无数看不到的隐形冠军。瑞士99%以上的企业是员工数少于250人的中小企业，这些企业只聚焦几种产品，专注耕耘细分市场。瑞士信贷的研究显示，瑞士每10家中小型工业厂商中就有一家是市场领导者；在精密仪器领域，更有将近六成企业是隐形冠军。据估计，瑞士有110家隐形冠军，用人口比例换算，与德国、奥地利同为隐形冠军强国。

（四）始终瞄准世界科技前沿、未来产业

创新就要做国际独创、世界第一，且要支撑当前、引领未来。创新有基本的道理，许多国家想到了，但没有做到，也有的国家想都不敢想，长期跟踪、模仿。但瑞士人想到了，也做到了。

从看得到的土豆削皮器、晒衣架、咖啡胶囊、鼠标、手表、奶酪、巧克力、瑞士刀、无人机，到看不到的香精、助听器，再到银行、制药、观光、会展，瑞士的冠军产业琳琅满目。瑞士在维生素、农药、纺织印染、食品、抗病毒疫苗和药物、钟表、精密仪器等领域，都有全球独一无二的研发优势和多项专利。在欧洲专利局发布的2020年专利申请数量排名中，瑞士平均每百万居民申请的专利数量达965.9项，排名第一。

瑞士国家科学基金会是联邦政府1952年推动设立的国家科研促进机构，业务范围涵盖几乎所有科学领域。其主要职责是接受联邦政府的委托和授权，与大学和科研机构紧密合作，对国家研究计划和国家研究重点项目进行管理，资助瑞士高校和科研机构的科研人员自选科研项目，并专门设立了青年人才支持计划，实施国际科技合作计划，创造促进瑞士科学研究的外部发展条件及国际合作网络。为确保独立性，瑞士国家科学基金会以私立基金会架构运行。瑞士创新促进署的前身是瑞士技术创新委员会，其主要任务是根据联邦政府的创新经费预算安排，依据《联邦科研与创新促进法》和《联邦科研与创新促进法实施细则》等资助应用研究和技术开发，支持中小企业创新创业。瑞士国家科学基金会和瑞士创新促进署形成了涵盖基础研究、应用研究和技术创新整个创新链的资助体系。

瑞士国家重点科研计划对事关瑞士社会经济发展全局的重要领域展开综合性的基础研究，并提出对策建议。1982年至今，瑞士联邦政府已支持80个重点专项，每个专项执行期为6~7年，其中有71个已经完成，9个正在实施，包括纳米材料应用的机遇与风险、木材资源综合利用、临床医学研究、土地资源可持续发展、健康营养与可持

续食品生产、能源转型关键技术、能源安全及可控性研究、抗生素药物耐药性、可持续经济发展、新型健康护理技术、大数据、数字转型、新冠肺炎等专项。针对国家社会经济发展中遇到的新瓶颈，瑞士联邦政府会适时增加预算，给予特殊资助，比如2016年就追加6 100万瑞士法郎专用于支持中小企业创新活动，以应对瑞士法郎汇率高对中小企业出口竞争力的负面影响。

（五）科学家引领工匠创新、全民创新

科学家、工程师、工匠协同创新，创造世界一流的产品是瑞士创新体系的重要特点。瑞士整体教育水平高，2018年超过一半的25～34岁人口拥有高等教育学历，与韩国和日本相当。2005—2020年，瑞士拥有高等教育学历的女性青年比例从25%显著提高到54%，而男性青年比例从37%提高到49%。瑞士高等教育的国际化程度高，对外国学生具有较大吸引力，比如瑞士半数以上的博士生来自国外，其中3/4来自欧盟国家。

瑞士企业善于吸引海外高技术员工，劳动人口中有1/4是外国人，而跨国企业在很大程度上依赖这些员工。开放弹性的劳动策略，对瑞士竞争力的贡献很大。瑞士人说，19世纪许多移民到瑞士创业，造就了今天日内瓦、苏黎世的银行。全世界最大的食品集团雀巢是德国移民建立的，而最大的钟表集团斯沃琪由黎巴嫩移民创办。

除联邦经济、教育和研究部外，联邦政府其他部门根据行业需要，通过直接组织或间接委托开展研究和创新活动。联邦和各州维系互为补充的职业实践与学术培训机会的教育体系，而且两个教育体系可以相互贯通、自由流动。这样的体系为整个价值链上各类合格的专业和管理人员培养提供了保障，而这也正是瑞士研发效能的核心优势。此外，经过实践检验的研究、清晰的知识产权保护规则也是瑞士创新生态的优势特征。瑞士的科技园区和企业孵化中心或初创中心，为处于初创和发展阶段的企业提供了办公场所、公共基础设施和专业支持。

(六)高强度、多元化的研发投入体系

2017年,瑞士的研发总投入为225亿瑞士法郎,约占GDP的3.4%,在经济合作与发展组织国家中位列第一方阵,其中2/3的经费投入和研发活动是由私有经济界提供或开展的,准确地说,是由数量有限的大型跨国企业资助的。与企业自我组织并资助研发活动不同,瑞士联邦理工学院联合体、各州的综合大学和应用科技大学的研发活动主要由联邦和州政府资助。

跨国企业投入大量资金支持境外分支机构的研发活动是瑞士创新的一个显著特点。例如,2017年瑞士跨国企业在其境外分支机构的研发投入达到153亿瑞士法郎,与在境内的投入156亿瑞士法郎基本相当。同时,其他国家的企业也在支持瑞士开展研发活动。在瑞士的13 000个公益性基金会中,有20%左右的基金会以各种形式活跃在教育和研究领域。数量众多的基金会及多种多样的资助标准显著拓展了研发活动的资助范围,丰富了资助的多样性。

公共经费投入主要源于联邦政府,联邦与各州的经费投入占研发总投入的1/4,除了提供给瑞士国家科学基金会、瑞士创新促进署和瑞士科学院联盟,大部分用于瑞士联邦理工学院联合体、各州的综合大学和应用科技大学等。在宏观规划上,由瑞士联邦政府提交为期4年的《促进教育科研与创新报告》,该报告对国家科技发展目标和措施、经费投入等方面做出整体考虑,提请联邦议会审议批准后落实。目前瑞士实施的是《2021—2024年促进教育科研与创新报告》,该报告的总体目标是保持在教育、科研和创新领域的领先地位并利用数字化带来的机遇,计划在教育、科研和创新方面投入约280亿瑞士法郎,分别比此前的两个4年周期增加约20亿瑞士法郎、42亿瑞士法郎。

(七)独特的科技法规与创新管理体系

《联邦宪法》第二十条规定,要确保教育学术和科学研究自由。《联邦研究与创新促进法》规定了联邦在研发促进方面的任务和组织,

研发促进机构的任务、程序和职能、国际科研合作、政府科研的规划、协调和质量监督，以及国家创新园设立的法律基础。《高校促进和协调法》规定，由联邦和州合作来保障高校质量和竞争力。该法规还对高校资金来源、成本密集领域的分工和联邦基础资金保障做了规定。《联邦职业教育法》旨在提升就业者的素质和企业竞争力。各州还针对州立大学、高等专科学校、职业教育等立法。多数州均有经济促进法或区域促进法，一些州正酝酿出台专门的创新促进法。

瑞士联邦政府具有独特的经济、教育、科技与创新"四位一体"管理体制。联邦经济、教育和研究部及其内设的联邦教育、研究和创新署作为联邦政府管理教育科研和创新事务的部门，负责瑞士联邦教育科研和创新体系的顶层设计和预算编制，组织调研评估、制定政策，提出修订法律法规的意见和建议。"四位一体"的管理体制符合瑞士国情，促进了科研创新、产学研合作和技术转化等，对强化科研与经济发展的有机结合起到重要的宏观引导和支撑保障作用。

基于联邦体制的从属原则，《联邦宪法》没有明确授权联邦的事务由各州负责，包括支持和监管州立综合大学、应用科技大学和师范类大学等。各州自主设立的创新或经济促进部门，负责招商引资、建设创新集群或网络，并通过税费减免等措施提升区位吸引力。各州、各市镇既相互竞争，又有序协调。在教育领域，各州教育部长联席会议和经济部长联席会议发挥着重要作用，而瑞士高校联席会议、瑞士高校校长联席会议和瑞士认证理事会则由联邦和州共同参与，旨在保障瑞士高校的质量和竞争力。多个州立银行也以支持初创企业的方式推动地区创新。与此同时，各市镇主要通过教育活动、建设基础设施和科技园区以及为企业落户创造条件等措施支持创新。

（八）瞄准国际市场，合作互利共赢

瑞士人口不足900万人，消费能力和潜力有限，所以其创新始终瞄准国际市场。瑞士制药企业就是典型的例子，它们认为做药就要做

世界上最好的药,只有把药卖到全世界,才能把企业做大做强。跨境合作使瑞士的创新主体有机会进入国际创新网络,为瑞士带来科学和经济利益。

瑞士在学术论文方面的成就部分归功于联系紧密的国际合作网络及实质性国际合作,2014—2018年瑞士85%的学术论文是国际合作的成果。瑞士人均国际专利申请数位居世界第一,而42%的国际专利是国际合作的成果,其中30%归功于与欧盟科研人员的合作。在瑞士工作的科研人员提交的国际专利申请中,约有1/3的国际专利归外国资本所有。对于支持知识创新的外国资本而言,瑞士是最具吸引力的5个国家之一。

二、严谨的科技安全保障体系

经过百余年的历程,瑞士的政府、企业和社会以利益为主要目标,从专利申请保护到技术诀窍保密,从企业担当主体到民众增强保护意识,从完善法律法规体系到健全政府监管和服务体系,建立起完整、严谨、精细的科技安全保障体系。

(一)严密的法规体系

瑞士是最早重视科技安全、保护知识产权的国家之一,著作权保护、专利保护、商标保护是保障科技安全的最重要手段。19世纪50年代,瑞士还是一个专利侵权现象比较严重的国家,特别是对医药专利的侵权比较严重。为了加强产权保护、保障科技安全,瑞士制定了相当严密的法规体系。

瑞士1883年颁布第一部著作权法,1887年颁布第一部专利法,1890年颁布第一部商标法。虽然瑞士是欧洲最后一批通过专利法的国家之一,但其不仅较早建立起现代知识产权制度,还对推动知识产权的国际保护做出了重大贡献。1886年,世界上第一个国际版权公约《保护文学和艺术作品伯尔尼公约》在瑞士首都伯尔尼通过，该公约是迄今为止对世界各国著作权法影响最大的国际公约。1893年，《保护工业产权巴黎公约》的国际局与《保护文学和艺术作品伯尔尼公约》的国际局在瑞士伯尔尼合并为一个国际组织，被称为"保护知识产权联合国际局"。1970年《建立世界知识产权组织公约》生效后，"保护知识产权联合国际局"更名为"世界知识产权组织"，总部设在瑞士日内瓦。世界知识产权组织是联合国组织系统中的16个专门机构之一，它管理着涉及知识产权保护的近30个国际条约。今天，瑞士已成为拥有最广泛专利保护体系的国家之一。

（二）严格的执法体系

为进一步提高专利纠纷案件的审判质效，瑞士于2012年成立了一个专门审判专利纠纷案件的专利法院，在专利无效诉讼、假冒专利、专利许可纠纷和诉前临时救济措施等方面具有专属管辖权，并负责此类案件的执行。此外，各州商事法院、高等法院、市镇法院也均可受理知识产权纠纷案件一审。

瑞士联邦知识产权局负责审查、授予和管理瑞士工业产权（专利、商标和外观设计），包括著作权有关事宜。发明专利受瑞士《联邦发明专利法》保护。与欧洲专利申请不同，瑞士联邦知识产权局不必对专利申请的新颖性和创造性开展实质审查，仅审查发明和技术文件是否符合法律要求，申请人没有义务披露可能对其造成损害的文件和信息。瑞士联邦知识产权局拥有丰富的资料储备，可以提供在瑞士注册保护的30多个国家的专利和商标信息。瑞士中小企业联合会和联邦知识产权研究所共同设立了一个门户网站，用户可以24小时随时获知有关知识产权保护的各种知识，也可同时索取印刷手册。

瑞士在法规体系中还制定了防备性保障措施：如果第三方有侵犯知识产权的行为和意图，并可能给权利所有者造成难以弥补的损失，那么权利所有者可上诉法庭要求采取防备措施；在紧急情况下，法庭可以在尚无倾听对方陈述的情况下宣布假处分。

（三）企业注重专利保护

保护知识产权、保障科技安全，使创新者得到利益保障是良好创新生态的根本。瑞士人均发明专利数量处于世界领先地位，巴塞尔在瑞士名列前茅，其根本原因就是创新者能够得到利益保障。但是，瑞士也经历了从仿制到创制的历史阶段。

在瑞士1999年至2001年授予的4 579项专利中，有628项归巴塞尔人所有，主要集中在化学和制药领域。但巴塞尔早期的工业优势是基于长期缺乏专利保护，大量仿制、快速发展的结果。早期的公司创立以及快速发展得益于仿制英国和法国的染料工艺，企业家最初也抵制对化学产品发明的保护。至今，关于专利保护是否对推动研发创新具有决定性作用在瑞士仍存争议，尤其是在化学和制药领域。这主要可以归纳为以下3个论点：

行业的早期阶段，专利保护的成本超过收益。虽然化学药品的专利保护在今天是必不可少的，但早期并不完全是这样。早期阶段（扩张阶段）的特点是快速连续的改进（积累创新），而为产品或工艺支付专利费则会阻碍投资，同时专利持有人对改进产品的积极性相对不高。此外，专利会导致早期垄断，从而减少人们改进产品的动力。相对于边际成本，工程设计改进的边际效用很高，因此研究人员不需要专利提供的激励。即使没有专利，强劲的需求也会确保商业应用。19世纪中期，瑞士和德国等无专利国家促进而不是阻碍了染料产业的创新和发展。

过于宽泛的专利保护，不利于工业的发展。专利被用作防御手段，防范竞争对手，但专利纠纷导致的法律不确定性会束缚科学的管理。苯胺紫是第一个人工合成的紫色染料，由英国化学家威廉·亨利·珀金于1856年在合成奎宁的实验中偶然发现。珀金在英国申报了专利，但在法国没有。法国染料生产商能够不受干扰地生产苯胺紫，并很快发现基于苯胺的色调也可用于生产其他染料，比如苯胺红。19世纪中叶，法国的专利法对专利的权益定义非常广泛，原则上申报人可自己定义保护范围。因此，针对苯胺红的专利解释涵盖了如何生产苯胺染料的所有可能性，包括之后改进的更有效的工艺。宽泛的专利保护，直接导致法国生产的产品价格远高于瑞士和德国。法国在几年内失去了大部分染料生产商以及很多化学家，其国内的纺织品生产商也更偏爱瑞士和德国的廉价染料。类似的情形也发生于当时的英国，典型的事例是1868年茜素合成的专利，被无专利保护约束的普鲁士和瑞士企业积极利用并从中受益。因此，针对生物技术这一对瑞士经济具有重要意义的领域，瑞士联邦委员会在修订专利法时，特别考虑了专利的保护范围。因为生物技术的利润产生需要的周期长，既要保护投资者的利益，又要避免过于宽泛的专利保护阻碍随后的创新。

统一的专利政策，并不总是会产生积极效果。瑞士的专利政策制定者从法国的反面教训中认识到，在经济发展的早期起步阶段和后期稳定阶段实施统一的专利政策并不利于经济整体发展。当然，对于瑞士这样小而高度发达的国家，全球化的专利标准在后期或趋于稳定的市场阶段具有优势。但在实际政策制定中，是否采取一以贯之的专利政策，很少是合理权衡国家创新政策的结果，更多是出于政治、经济角度的考量，因为发明者、竞争对手以及消费者的利益诉求是不同的。事实上，在稳定成熟的市场中，企业自身也会设法对专利进行保护，并知道如何实现。专利法始终是国家产业政策的一个工具并受产业利益影响。

（四）工匠传承保障科技安全

瑞士现有27.5万家家族企业，占全国注册企业的88%，其产值占瑞士GDP的60%多。百达翡丽、雀巢、罗氏等各领域翘楚都发端于家族企业。家族企业把科技安全视为家庭经济安全的生命线，而工匠传承是保障科技安全的重要手段。

百达翡丽是日内瓦历史最为悠久的独立家族制表企业。该企业被誉为世界"表王",于1839年创立。这家年产量只有约62 000枚钟表的企业,2018年至2020年在世界品牌实验室编制的"世界品牌500强"中分别排名第240位、第238位和第208位,这固然离不开企业的总体发展理念——"独立自主、尊崇传统、革新创造、品质工艺、珍贵稀有、恒久价值、工艺美学、优质服务、情感传递、承传优质",但核心技术的不断创新与传承也发挥着决定性作用,并贯穿于设计、工艺和制作的每一个环节。①

独立的地位确保了百达翡丽能完全自由地进行工艺创新和技术创新。比如,所有时计和机芯均按照百达翡丽印记规定的专属品质标准自主研发并生产。截至2021年,百达翡丽已获100余项专利,其中对钟表行业发展产生重大影响的专利就多达20项。

百达翡丽在核心技术保密方面的做法有很多,比如只允许少部分人接触、家族成员掌控公司等,但主要归功于两个做法。一是独特的学徒制度。百达翡丽不专门安排工艺培训,而是让年轻人跟着老师傅学习,尊重每个人的手艺和理解差异,不要求绝对统一。这种面对面的、体验式的、差异化的师徒式培训模式,不仅能激发工艺创新灵感,还在很大程度上保护了技术机密。同时,百达翡丽的制表师和工匠能够用敏锐的触觉展现美轮美奂的制表艺术,并密切关注最新的技术动态,确保与时俱进。二是由制表工坊按照小批量方式生产。生产数量通常在十几枚到数百枚之间,均搭载百达翡丽自主研发制造的机芯。制作过程的各个环节采用极为严格的品质标准,同时花费数月时间确保产品完美无瑕。整个过程均不对外展示,也很难被模仿。

事实上,上述做法成就了我们常提及的工匠精神。江诗丹顿、伯

---

① 资料来源:百达翡丽官网,https://www.patek.com/chs/%e7%99%be%e8%be%be%e7%bf%a1%e4%b8%bd%e5%ae%98%e7%bd%91。

爵、劳力士等一大批瑞士钟表行业的著名家族企业，都把工匠精神奉为圭臬。而如果把视线放得更开阔些，我们不难发现，工匠精神其实广泛存在于各行各业的瑞士家族企业之中，或许这才是其制胜法宝。

第六章 德国和瑞士创新能力经久不衰的奥秘

第七章
东洋奇迹与荷兰光刻机成功的秘密

日本为什么能够在第二次世界大战中占领半个亚洲？战败后它为什么又能够迅速成为世界第二大经济体并保持几十年之久？荷兰人口约为1 780万，国土面积仅4万多平方千米，为什么能够创造多项世界第一？光刻机为什么能称霸世界？

第一节
东洋奇迹为什么来去匆匆

日本20世纪80年代提出外交独立、经济超美之后，经济遭美国遏制，使日本经济倒退了40年。日本科技发展、经济发展有什么经验和教训？

一、日本建设科技强国的政策轨迹

日本是一个学习能力、创新能力都很强的国家，大化改新学习中国文化与社会管理方式，至今仍然使用大量的汉字，保留了儒家文化。明治维新学习西方文化与先进技术，使日本成为东西文化结合、创新意识很强的国家。

（一）大化改新：吸收中国儒家文化

六七世纪，日本还处于奴隶社会，社会矛盾尖锐，政局混乱。七世纪中期，孝德天皇开始实行大化改新，向中国唐朝进行政治和经济体制学习，大量派出使者、留学生、商人和各类工匠，仿照唐朝教育制度，积极学习先进文化，为日本的强大奠定了基础。

（二）明治维新：引进西方现代科学理念

自明治维新以来，日本始终将技术创新视为经济发展的重要驱动力。1868年，日本封建幕府政权被推翻，明治政府执政结束了闭关锁国，提出"富国强兵、殖产兴业、文化开化"三大国策，政府主导技术引进和技术普及，全面学习西方近代科技体系，逐步建立日本科技体制。它主要采取了三个方面的措施。一是积极引进西方先进技术、设备和生产工业，大量聘请外国专家；促进技术转移转化和吸收，实现技术本土化，推动私营企业的发展；优先发展进口产业，减免进、出口税和企业税。二是建立近代教育制度，推动本国人民学习西方科学技术、教育文化和生活方式，高薪招聘外籍教师，大量派遣学生到国外留学。三是设立科技研究机构，早期设立了东京天文台、卫生试验所、地质调查所等现代科学调查和实验研究机构，后期又设立了电气试验所、农事试验场等应用型研究机构。1933年，专门成立了日本科学委员会，由政府主导，公共和私营部门共同参与，主要侧重基础研究。①大正及昭和时期，日本政府设置了"科学奖励金"（1918年）和文部省科学研究费交付金（1939年）。

（三）贸易立国：经济逐步融入世界

二战以后，日本经济受到重创，提出"贸易立国"政策，采取一系列重建措施迅速恢复经济。通过对外国专利技术和设备的引进、吸收与再创新，日本加大了对科技的投入和对人才的培养，积累了雄厚的经济实力、人才基础和技术基础，实现了产业和经济的腾飞，在短时间内完成了对经济发达国家的追赶，创造了"东洋奇迹"。

这一时期日本的科技发展以产业发展为导向，以技术引进为主，通过引进技术和进口原材料发展加工制造业，从欧美引进了大量成熟的钢铁、煤炭、造船、化工等产业技术，成功进行本土化改造，奠定了以重化工业为主导产业的经济模式基础，逐步形成了"一号机引进、二号机国产、三号机出口"的日本"技术引进+改良"模式。②

企业是该时期的创新主体，直接购买外国设备、图样和技术，成立企业中央研究所，引进技术进行分析和本土化改造，研发投入占全国的70%以上。日本政府营造良好的产业经济环境，1949年通过《外贸及外汇管理法》，1950年制定《外资法》，并推出一系列产业扶持政策，加强面向产业界的理工科人才培养，重建科研体系。

（四）科技立国：逐步迈向强国之道

20世纪70年代，日本提出"科技立国"战略，希望从技术引进模仿转变为自主研发，发挥政府主导作用，开展技术预见，预测前沿重点领域，加大基础研究投入，推进"产学官"合作，这使得日本的

---

① 邓元慧.日本建立科技强国的轨迹和发展战略［J］.今日科苑，2018（2）：12.
② 王溯，任真，胡智慧.科技发展战略视角下的日本国家创新体系［J］.中国科技论坛，2021（4）：9.

技术水平全面提高，实现产业升级，并在半导体、机器人、能源等产业领域走到了世界前列。

"科技立国"以经济发展为动力、以技术开发为目标、以基础研究为前提，推出"创造性科学技术推进制度""下一代产业基础技术研究开发制度""科学技术振兴调整"等一系列制度。"产学官"合作既为日本产业发展奠定了坚实的基础，又促进了日本基础研究能力的提升。[1]企业仍然是这一时期的创新主体，开始涉足高精尖技术领域。1976年，日本启动超大规模集成电路研发项目，富士通、日立、三菱、日本电气和东芝五大公司与日本工业技术研究院共同实施，到1989年日本已经占据世界储存芯片市场53%的份额。

政府开始发挥组织协调作用。为了掌握未来的技术发展重点与路径，日本于1971年开展技术预见，迄今为止已经进行11次；根据经济、产业、技术的变化形势，不定期制订科技规划，并针对紧迫需求组织重大项目攻关，比如"阳光计划"、"月光计划"和核电站建设项目。

（五）创造立国：更加注重基础研究

20世纪90年代，随着日本经济的崛起以及苏联解体，世界竞争格局、经济格局、军事格局发生了巨变，欧美发达国家针对日本的技术保护日益强化，日本意识到加强基础研究才能形成长期的技术与产业竞争力，开始寻找新的支柱产业和新的经济增长点。1995年，日本国会通过《科学技术基本法》，明确提出"科学技术创造立国"战略，发展重点从技术开发转变为科学技术全面发展，并提出"立足现实、面向前沿、动态调整、夯实基础"的战略方针。从1996年起，日本每5年出台一期《科学技术基本计划》，明确发展目标，确定优先发展领域，截至2022年，日本已发布6期《科学技术基本计划》（见表7-1）。

---

[1] 胡智慧，王溯."科技立国"战略与"诺贝尔奖计划"——日本建设世界科技强国之路[J].中国科学院院刊，2018，33（5）：7.

表7-1　日本《科学技术基本计划》重点领域

期数	时间（年）	投资额（万亿日元）	重点
第1期	1996—2000	16	进行科技体制改革，改善科研环境，大幅增加政府研发投入
第2期	2001—2005	24	首次提出三大战略目标，遴选出生命科学、信息通信、环境、纳米材料四大重点领域，配套制定各领域推进战略
第3期	2006—2010	25	建立重点领域推进实施机制，遴选出生命科学、信息通信、环境、纳米技术与材料、能源、制造、社会基础和前沿8个领域，确定273个重点研发课题
第4期	2011—2015	25	建立"问题导向"实施机制，提出五大战略规划目标，并提出灾后复兴计划、绿色创新计划和生命健康创新计划三大任务
第5期	2016—2020	26	首次提出"社会5.0"，着力点由解决问题转向未来发展，提出四大战略目标，分别是以制造业为核心创造新价值，通过科技创新应对经济社会发展面临的挑战，强化科技创新的基础实力，以及构建人才、知识和资金的良性循环体系
第6期	2021—2025	30	核心目标是"通过科技创新实现社会5.0"，从三个方面推进科技创新政策：一是促进知识和价值创造资金循环；二是推进各领域战略，包括人工智能技术、生物技术、量子技术、材料、健康医疗、航天、海洋、环境能源、食品和农林水产业；三是加强综合科学技术创新会议的职能

通过"科学技术创造立国"战略，日本开始加大对科研的支持，促进企业与大学、科研机构的合作，促进技术开发从下游技术到上游技术的转变，推动了日本新产品、新技术的研发，使得日本在很多高科技领域占据全球垄断地位，例如多媒体激光器、分布曝光机、智能机器人、显示器等，在干细胞、清洁能源、电池等基础研究领域产生

了一批世界级突破和顶尖人才。

（六）诺贝尔奖计划：培养世界顶尖人才

2001年，日本发布第2期《科学技术基本计划》，明确提出"日本应在以诺贝尔奖为代表的国际级科学奖获奖数量上与欧洲主要国家保持同等水平，力争在未来50年里使诺贝尔奖获奖人数达到30人"，2005年在第3期《科学技术基本计划》中再次提出此目标，即"日本诺贝尔奖计划"。[①]21世纪以来，日本已经出现20位诺贝尔奖获得者，获奖数量超过德国、英国和法国，仅次于美国，这标志着日本已经迈进世界科技强国（见表7-2）。诺贝尔奖从标志性成果取得到获奖的时滞通常长达20~30年，这也说明从"科技立国"到"科学技术创造立国"，日本对基础研究的大量投入产生了一批世界级的顶尖科技成果。

表7-2　21世纪以来日本诺贝尔奖获奖情况

序号	获奖年份	获奖人	领域	获奖成果取得地及时间	获奖研究
1	2000年	白川英树	化学	东京工业大学，1976年	导电高分子材料
2	2001年	野依良治	化学	名古屋大学，1980年	手性催化氢化反应
3	2002年	小柴昌俊	物理	东京大学，1986年	天体物理学中的宇宙中微子探测
4	2002年	田中耕一	化学	岛津制作所，1985年	软激光解析电离法
5	2008年	下村修	化学	普林斯顿大学，1960年	发现绿色荧光蛋白

---

① 苏楠，陈志，王宏广."日本诺贝尔奖计划"的启示与借鉴——中日比较的视角[J].全球科技经济瞭望，2018，33（10）：10.

(续表)

序号	获奖年份	获奖人	领域	获奖成果取得地及时间	获奖研究
6	2008年	益川敏英	物理	京都大学，1972年	发现对称性破缺的来源，并预测了至少三大类夸克在自然界中的存在
7	2008年	小林诚	物理	京都大学，1972年	
8	2008年	南部阳一郎*	物理	芝加哥大学，1962年	发现亚原子物理学中自发对称性破缺的机制
9	2010年	铃木章	化学	北海道大学，1976年	有机合成中钯催化偶联反应
10	2010年	根岸英一	化学	美国雪城大学，1979年	
11	2012年	山中伸弥	生理学或医学	京都大学，2005年	体细胞重编程技术
12	2014年	中村修二*	物理	日亚公司，1986年	发现高亮且节能的白色光源"高效蓝色发光二极管"
13	2014年	天野浩	物理	名古屋大学，1993年	
14	2014年	赤崎勇	物理	名古屋大学，1993年	
15	2015年	大村智	生理学或医学	北里研究所，1979年	发现治疗蛔虫寄生虫新疗法
16	2015年	梶田隆章	物理	东京大学宇宙射线研究所，1988年	中微子振荡
17	2016年	大隅良典	生理学或医学	东京大学，1992年	细胞自噬
18	2018年	本庶佑	生理学或医学	东都大学，1998年	肿瘤免疫
19	2019年	吉野彰	化学	旭化成株式会社，1985年	锂电池开发
20	2021年	真锅淑郎*	物理	美国气象局，1960年	地球气候的物理建模、量化变化，并可靠预测全球变暖

注：*代表获奖者获奖时为美籍。

第七章　东洋奇迹与荷兰光刻机成功的秘密

（七）日本科技创新已进入世界前列

从全球竞争力、创新能力、产业发展等多方面来看，日本的竞争力都已经进入世界前列（见表7-3）。

表7-3　日本主要竞争力指标

指标	排名	机构
全球竞争力报告	第5位（2018年），第6位（2019年）	世界经济论坛
世界竞争力年鉴	第31位（2021年），第34位（2022年）	瑞士洛桑国际管理学院
全球创新指数	第15位（2019年），第16位（2020年），第13位（2021年，2022年）	世界知识产权组织
国家创新指数	第2位（2019年、2020年），第3位（2021年）	中国科学技术发展战略研究院
营商环境报告	第39位（2018年），第29位（2019年）	世界银行
大学排名	东京大学（第23位），京都大学（第36位），东京工业大学（第55位），大阪大学（第68位），东北大学（第79位）	英国教育组织
独角兽企业	6家，第11位（2020年）	胡润研究院
世界500强企业	52家，第3位（2021年）	《财富》榜单
全球百强创新机构	35家，第1位（2022年）	科睿唯安

资料来源：作者根据相关资料整理。

日本科技政策研究所每年发布《科学技术指标》，从研发费用、研发人员、高等教育与科技人才、研发产出、科技与创新五个方面系统地了解日本的科学技术活动，通过170个指标分析对比全球主要国家的科技发展情况。2022年8月最新发布的《科学技术指标2022》显示，日本在专利数量和中高技术产业贸易收支比这两个指标上稳居全球第一，专利数量达到6.4万项，从2005年开始超过美国（见表7-4）；从专利的技术领域来看，日本在电气工程和通用设备领域所占的专利份额较大，但与10年前相比份额有所下降。

表7-4 日本主要科学技术指标

指标	全球排名	具体数量
研发经费	第3位	17.6万亿日元
研发人员	第3位	69.0万人
论文数量	第5位	6.8万篇
被引频次前10%论文数量	第12位	0.4万篇
专利数量	第1位	6.4万项
高技术产业贸易收支比	第6位	0.7
中高技术产业贸易收支比	第1位	2.6

资料来源：日本科技政策研究所《科学技术指标2022》。

从论文角度来看，日本的论文数量一直没有大幅增加，1998—2000年论文数量已经达到6.4万篇，仅次于美国，位居世界第二。2022年日本论文数量为6.8万篇，排在中国、美国、德国和印度之后，居世界第5位；论文质量近年来不断下降，2022年被引频次前10%论文数量排名降至第12位，而在2000年日本居该指标第4位。

二战之后，日本迅速恢复和重建经济，在之后的50年时间里经济高速发展，成为工业发达的经济大国。1965年，日本的人均国民生产总值仅为英国的1/2、美国的1/4；到1995年，仅仅用了30年时间，日本的人均国民生产总值实现了接近3倍的增长，达到英国的2倍、美国的1.3倍。自提出"科技立国"战略后，日本不断增加研发投入，科技研发经费曾长期居世界第2位，占GDP比重的3%以上。

在很多关键领域，特别是交通、生命健康、先进制造、材料、信息、能源、海洋等领域，日本都拥有强大的科研实力，创造出一批领先技术和产品，例如高铁、先进钢铁材料、机器人、电池、半导体、干细胞治疗等。

二、日本保障科技安全的独到之处

（一）知识产权立法起步早

为了鼓励科技创新，日本政府和企业非常重视知识产权，从明治政府时期开始向西方学习，制定知识产权法律。20世纪90年代，日本知识产权年申请量占到全球总量的40%以上。进入21世纪，日本专利数量的全球占比开始下降，在电子信息等高新技术领域的竞争力落后于欧美国家。为了促进知识产权的创造、保护和应用，2002年日本提出"知识产权立国"战略，同年颁布《知识产权基本法》；2005年成立知识产权高级法院，建立了较为完善的知识产权法治体系，包括《专利法》《商标法》《版权法》《外观设计法》《反不正当竞争法》等。

（二）高技术受到严格保护

日本各行各业力争形成互利互惠的供应链和产业链，保证核心技术不外流，把一流专利牢牢攥在自己手中，保持本国产品的竞争力。例如钢铁产业和电子元器件产业，不管别的国家和企业开出多大筹码，日本政府和企业也仅仅允许外来者前往日本缴费学习相关技术，日本冶金技术专家去海外指导交流只涉及基础知识，并不涉及核心技术。日本的电子元器件供应商几乎都采用本土直供，这种互利互惠的内循环成就了日本电子元器件产业在世界上的顶尖地位，就算是产品被以逆向思维方式拆解分析，核心技术依旧不会外泄。

据日本共同社2021年12月11日报道，日本政府将加速探讨、采用新制度，使可转用于军事尖端技术的专利能够不对外公开，避免因尖端技术流入国外而加剧国家安全风险。政府考虑将该制度作为向2022年例行国会提交的经济安全保障推进法案的主要内容之一，最快在2023年采用。日本认为，大国高科技争霸趋于激烈，信息保护的重要性增强。欧美发达国家已经有不公开军事相关专利信息的"保密专利"制度，这是因为若军事上的重要技术外泄，就会对国家安全造成威胁。日本表示，与核武器开发相关的铀浓缩技术以及有可能被转用于导弹的火箭技术等，或许会成为不公开的对象。对于成为对象的技术，将规定申请者有义务在日本申请专利，不允许未经日本政府许可就在海外取得专利。

第二节

荷兰重视创新与保密使光刻机称霸世界

荷兰是位于西欧的一个小国，土地面积只有4万多平方千米。但在17世纪荷兰是当之无愧的海上霸主，海上贸易遍及全球，是世界上第一个建立资本主义制度的国家。几百年来，荷兰一直没有停下科技创新的步伐，始终崇尚发明、崇尚科技，如今荷兰依然是世界上最发达的资本主义国家之一，也是典型的外向型经济体和科技创新型国家。[1]世界知识产权组织发布的《全球创新指数2022》报告显示，荷兰总体排名第5位。

一、小国家为何能创造大科技

荷兰虽然是个小国，但经济实力、科技创新实力强劲，在工业生产研究与开发方面很重视科技的投入，而且通过引进新技术、更新设备提高产品质量，通过开发新产品保持自身专长，达到国际先进水平。截至2022年，荷兰有21位诺贝尔奖获得者；荷兰科学界的最高

---

[1] 张新民，张旭，袁芳，刘敏，胡志宇.荷兰科技创新现状评估及启示借鉴[J].全球科技经济瞭望，2022，37（03）：34-40.

荣誉——斯宾诺莎奖，会奖励获奖者250万欧元。

荷兰基础研究和应用研究的领先领域是生物技术、医学、环境科学、信息科学和材料技术等，微电子、石油化工、煤油气化利用等领域的技术研究也都达到国际先进水平。荷兰的农业生物技术、畜牧育种技术、温室园艺及无土栽培技术、水利港口工程和信息技术，特别是用于商业金融服务的网络建设技术同样处于世界领先地位。

从政策来看，荷兰的科技发展政策受其外向型经济和商业服务行业的需要影响很大，政府对科技管理工作只采取宏观调控的方法，比如靠税收政策和经费投入来引导科技发展的方向和进行鼓励。荷兰的教育部、文化部、科学部负责制定全国科技发展政策，经济部通过咨询服务、中介和财政支持来推动和影响科技发展。荷兰皇家科学院是政府在各个学科领域的咨询、顾问实体，并负责管理下属公立的基础研究机构和国家对外的科技交流与协作事务。

荷兰的主要研究力量可以分为三大部分。一是国家资助的研究机构，比如皇家科学院、荷兰科研组织和荷兰应用科研组织，以及五大研究所，即国家航空航天研究所、海洋研究所、能源研究所、水力实验研究所和土壤力学研究所。这些研究机构均有明确的分工，又相互渗透和衔接。二是高等学校，这些大学与科研机构和工商企业保持着密切的合作。三是企业的研发部门，比如壳牌石油公司、尤尼莱佛公司、荷兰化学制药公司、飞利浦电器公司等都有强大的研发力量。企业投资的研究经费80%集中于大型跨国企业的研发部门。

（一）勇创第一的创新精神

荷兰一直是勇于创新和崇尚创业的国家，再加上认真勤奋、追求极致的工作态度，使其在上百年间孕育出许多知名企业，积累了许多宝贵的经验和知识。以荷兰的国花郁金香为例，郁金香原产于中国的天山西部和喜马拉雅山脉一带，后经丝绸之路传至中亚，又经中亚流入欧洲及世界各地。但郁金香是由荷兰人发扬光大的，被培育出数不胜数的品种，成为荷兰的象征。

（二）合作共赢的发展理念

"圩田模式"也代表着一种荷兰式文化，即不同利益相关方就某一重大问题展开协商讨论，在平衡各方利益关系后以相互妥协的方式达成一致和共识，并通力合作、共同完成。[①]这种文化看似无影无形，但其影响力却无处不在，成为荷兰人民团结一致、克服困难、齐心协力、互利共赢、取得成功的法宝。这种文化在荷兰的科学研究中也有所体现，从而形成了具有鲜明特色的荷兰式科研文化。

（三）产学研结合的研发模式

荷兰在管理模式上不断进行创新，其政府和产业界在很早的时候，就基于长期的实践和积累提出并实行了政府、科研教育机构、企业有机协调与配合的联动机制，这就是著名的荷兰"金三角模式"。中国后来提出的官产学研相结合的理念正是借鉴了荷兰的这一模式。

二、成功制造出光刻机的奥秘

核弹作为世界上最强、最难研究的武器之一，持有的国家仅仅有9个，然而却有一种民用装备，世界上只有3个国家能造，它就是光刻机。在早些年的时候，人们就意识到了光刻机将成为未来科技领域发展的重头戏，因此很多资本家把视线放在光刻机上，不惜耗费大量的资金，主要是为了在光刻机领域分一杯羹。

美国在光刻机领域的发展曾一路顺风顺水，在20世纪最早期，其光刻机技术便能够达到世界最顶尖水平。在这个时期，荷兰的光刻

[①] 王宏斌. 荷兰工党"圩田模式"的实践及其反思与调整 [J]. 当代世界社会主义问题，2008（1）：81-93.

机还不太显眼，1984年荷兰的光刻机公司才算是正式成立。在最开始注资的时候，它还仅是飞利浦和一家小公司各出资50%形成的合资公司，只有31个人，这就是后来大名鼎鼎的阿斯麦（ASML）的起点。当时，日本的光刻机发展都要远超荷兰，但荷兰却通过抓住机遇，同样获得了市场的青睐。

（一）敢于创新，另辟蹊径

当阿斯麦从飞利浦剥离出来时，市场上有8家日本和美国的光刻机供应商领先于阿斯麦，阿斯麦的产品仅是一种带有液压晶圆台的晶圆步进器，不适合在半导体厂使用，它唯一的竞争优势是领先于时代的步进式校准系统。[①]为了尽快争取到竞争优势，阿斯麦积极采取了台积电工程师提出的以水为介质制造浸润式的颠覆式模式，成功研发出了193纳米浸润式微影设备，占据了市场主导地位；继浸润式微影设备之后，极紫外光设备的成功研制，使阿斯麦进一步取得该领域的技术垄断地位。[②]

（二）创新模式，共同进化

阿斯麦的成功，还得益于其创新的模式。比如，为加快研发速度，第一任首席执行官贾特·斯密特改变了飞利浦之前的研发模式，将机器拆分为各个模块，每个模块由专业团队并行开发，再将模块组装成系统，大大缩短了研发时间，抓住了历史机遇。为了研发出一流的产品，阿斯麦寻找与培育了自己的零部件供应商，并与供应商一起实现了共同提升的协同演化，这既能促进供应商的成长，强大的供应商反过来又保障了阿斯麦光刻机的高精度与高性能，两者相得

---

① 沈怡然，李紫萱．ASML传记作者：光刻机的成功难以复制［N］．经济观察报，2021-01-04（007）．

② 张金颖，安晖．荷兰光刻巨头崛起对我国发展核心技术的启示［J］．中国工业和信息化，2019（Z1）：40-44．

益彰。①

（三）不忘初心，长期坚持

阿斯麦取得成功，得益于其独一无二的企业文化："赢者通吃"和"只争金牌"，这些思想至今仍渗透在阿斯麦的血液中。②阿斯麦成立至今，已有近40年的历史，却只做了一件产品：光刻机。在这近40年中，阿斯麦在研发方面投入了大量资金，如今每年在研发方面的支出约为20亿欧元。美国公司GCA曾是20世纪80年代初光刻机行业的全球销量冠军，但它在1984—1986年的经济衰退中就退出了光刻机行业的竞争。③阿斯麦在困境中坚持多年，终于成为全球光刻机行业的领导者。

三、荷兰科技创新的经验与启示

（一）严格监管科研不端行为

荷兰在2018年发布了《荷兰科研诚信行为准则》，相比之前的准则，更强调对研究人员所属的研究机构和出版商进行约束，认为研究机构和出版商具有更大的社会责任。该准则是由大学和研究机构共同提出制定的，政府仅是同意、认可、颁布这一准则。此外，荷兰设有全国科研诚信委员会，其接受关于科研不端行为的举报，并根据举报开展独立调查，之后将认定的结果反馈给研究人员所在大学的诚信办公室。

---

① 严鹏. 战略投入与制造业生态体系：ASML光刻机崛起的启示［J］. 中国信息化，2021（04）：9-13.
② ［荷兰］瑞尼·雷吉梅克. 光刻巨人：ASML崛起之路［M］. 金捷幡，译. 北京：人民邮电出版社，2020.
③ 周琦. 解密光刻机巨头ASML的崛起之路［J］. 中国经济周刊，2021（Z1）：88-91.

（二）注重科技研发效率

荷兰虽然国土面积小、人口少，但却是GDP约为1.01万亿美元（2021年）的经济高度发达国家。荷兰全国仅有13所重点大学，却有5所大学进入2019年泰晤士高等教育世界大学排行榜前100名。[①]荷兰统计局统计数据显示，2020年荷兰研发人员总数为22.64万人，平均每千名工作者中有17人。按照全时工作量计算，荷兰研发人员总数约为16.16万人/年，其中商业部门、高校和研究机构分别为11.64万人/年、3.60万人/年、0.92万人/年，分别占比72.0%、22.3%、5.7%。[②]

（三）建设开放创新生态

荷兰的开放创新生态和其国情密不可分。荷兰虽然科技发达、经济基础雄厚，但毕竟是小国，不可能事事亲力亲为，寻求合作成为必然，开放创新成为其后来居上的秘诀。荷兰虽然不大，但也是中国重要的国际科技合作对象，双方在科技创新领域有着很大的合作潜力和合作空间。

---

① 2019年赴荷兰提升科技信息素养能力研修班.荷兰科技创新对我国的启示[J].安徽科技，2020（06）：7-10.
② 张新民，张旭，袁芳，刘敏，胡志宇.荷兰科技创新现状评估及启示借鉴[J].全球科技经济瞭望，2022，37（03）：34-40.

第三篇

成就与差距

中国科技经历了辉煌、落后再崛起的发展历程。农业经济时代，农业技术领跑世界，中国经济总量长期居世界第一。工业经济时代，中国科技落后了、经济衰退了。1949年中国GDP仅占世界GDP的4.2%，73年后科技创新取得巨大成就，名义GDP增长2 596倍，人均预期寿命增加43岁。2022年，中国GDP占世界GDP的18%，但必须看到中国科技创新能力及其对经济的支撑引领能力与发达国家仍有很大差距。中国的科技"小马"正在拉着"经济大车"，亟待加大科技的马力，否则经济大车必然减速。

第八章
新中国科技发展的十大成就

在新中国成立之前的100多年中,中国大地不断遭受侵略、战争,再加上瘟疫、饥荒、灾害,整个国家几乎处于一片废墟之中。落后就要挨打,不仅仅指的是经济的落后,更重要的是科技的落后。新中国成立后,党和国家高度重视科技创新发展,高度重视高质量人才的培育。经过70多年的发展,中国科技取得了一系列举世瞩目的成绩。

第一节
建成具有国际影响力的创新大国

中国的经济发展举世瞩目,支撑中国经济发展的科技成就同样举世瞩目。尽管有经济学者认为"中国改革开放以来科技没有在经济发展中发挥作用",但这既不符合事实,更不符合经济发展规律,科学技术是第一生产力,没有科技的支撑,中国经济就很难有这么快的发展。中国科技创新经历了从无到有、从小到大、从弱到强、从被小国瞧不上到被大国全面遏制的发展历程。尽管中国科技发展还有许多令人不满意的地方,有些地方还存在许多制约科技发展的重大问题,但中国科技取得的巨大成就举世瞩目、不可否认。

一、1949年前的中国科技十分落后

中国是最古老的文明古国之一,在很长一段历史时期,中国都是世界人口最多、经济最发达的国家之一,公元13世纪以前的中国科技曾让西方国家望尘莫及。但遗憾的是,在农业文明达到世界发展的最高峰之后,中国便处于停滞不前的状态,综合国力虽强但已急速衰落。在民国时期(1912—1949年),中国几乎跌入了综合国力小、国家能力弱的低谷,经济呈现负增长的态势,占世界总量的比重持续下降[1]:1912—1949年,中国人均GDP增长率为-0.62%,低于世界平均水平;实际人均收入从19世纪早期的接近世界平均水平降至世界平均水平的20.8%。

著名经济学家麦迪森的《世界经济千年统计》中的统计数据显示(见表8-1)[2]:在农业经济时代,中国长期处于综合国力世界第一的位置,经济总量长期占据世界1/4左右的份额,1890年曾高达32.9%。1913年,中国经济总量仅占世界经济总量的8.8%,1950年下降到4.5%。也就是说,在1913—1950年这37年间,中国经济总量占世界经济总量的比重下降了近50%。

---

[1] 谢宜泽,胡鞍钢.认识中国复兴之路——基于综合国力和国家能力的视角[J].新疆师范大学学报:哲学社会科学版,2019(6):13.

[2] [英]安格斯·麦迪森.世界经济千年统计[M].伍晓鹰,等译.北京:北京大学出版社,2009.

表8-1 1908—1950年中国经济总量占世界经济总量的比重

（单位：百万1990年国际元）

年份	中国	法国	德国	英国	美国	日本	苏联	中国/世界
1908	—	124 983	199 122	196 316	406 146	63 628	—	
1929	274 090	194 193	262 284	251 348	843 334	128 116	238 392	—
1932	289 304	165 729	220 916	238 544	615 686	129 835	254 424	
1934	264 091	175 843	256 220	261 679	649 315.6	142 876	290 903	
1935	285 403	171 364	275 496	271 788	698 984	146 817	334 818	—
1936	303 433	177 866	299 753	284 142	798 322	157 493	361 306	
1937	296 043	188 125	317 783	294 025	832 469	165 017	398 017	
1938	288 653	187 402	342 351	297 619	799 357	176 051	405 220	
1950	244 985	220 492	265 354	347 850	1455 916	160 966	510 243	4.5%

资料来源：根据《世界经济千年统计》整理。

二、1949年后建成世界创新大国

新中国成立以后，中国科技发展取得了巨大成就，中国科技的发展目标、方针、重点以及政策与措施与时俱进，科技事业蓬勃发展，科技创新指数由世界第26位以后跃升到第11位，极大地推动了经济与社会发展，中华民族伟大复兴迈开坚定的步伐。

（一）形成独特科技思想与理论

第一阶段是"向科学进军"（1949—1977年）。新中国的成立开辟了中国科技发展的新纪元，中国科技迈出了填补900年无重大创新的坚定步伐。新中国成立之初，全国科技人员不足5万名，其中专门从事科研工作的人员仅600名,专业科研机构仅30多个。[①]新中国成立后,毛泽东主席提出"向科学进军",政府十分重视科技工作,中国科技事业踏上了蓬勃发展的道路:一是成立了大批科研机构,重新组建了中国科学院,调整高等院校院系结构,积极开展向苏联学习的活动等;二是积极吸引国外留学人员回国,造就了大批一流科学家,为支撑中国经济发展、国防建设做出了重大贡献;三是实施《1956—1967年科学技术发展远景规划》(简称《十二年科技规划》),创造了"两弹一星"等一系列重大成果,奠定了中国科技发展的基础,提高了中国科技的国际地位(见表8-2)。

表8-2 中国科技发展不同阶段的战略、重点、成就

阶段	1949—1977年	1978—1994年	1995—2005年	2006—2015年	2016年至今
国际形势	二战结束,经济追赶	信息科技革命兴起	信息产业变革崛起	信息产业方兴未艾	新旧科技革命转换
国内需求	社会主义四个现代化	改革开放,发展经济	防止西化,经济翻番	深化改革,实现小康	填平陷阱,实现崛起
科学思想	科技现代化是"四化"关键	科学技术是第一生产力	创新是民族进步灵魂	科学发展观	创新驱动
目标	向科学进军	科学技术现代化	科教兴国	创新型国家	科技强国
方针	重点发展,迎头赶上	面向、依靠	面向、依靠、攀高峰	支撑发展,引领未来	紧扣发展,激励创新
重点	国防科技现代化	农业、工业、高科技	信息化为主	信息为主,重视生物	信息、生物、智能
体制	举国体制	断粮断奶,科经结合	企业创新	加强自主创新	军民融合

---

① 国家统计局.伟大的十年:中华人民共和国经济和文化建设成就的统计[M].北京:人民出版社.1959.

（续表）

阶段	1949—1977年	1978—1994年	1995—2005年	2006—2015年	2016年至今
措施	引进尖子人才	863计划，高新区	973计划	16个重大专项	16+9项目
成就	"两弹一星"奠定和平基础，工农产业体系形成发展格局	体制改革迎来科学春天，对外开放造就大量人才	推动企业创新，科技经济加速融合	树立科学发展观，国家发展注重科学	建科技强国，奠大国基石

资料来源：根据国家发布的科技计划、规划等整理。

第二阶段是"科学技术是第一生产力"（1978—1994年）。1978年全国科学大会召开，迎来了科学的春天，确定以"科学技术是第一生产力"为科技发展的指导思想，开启了中国科技发展的新阶段。这一阶段中国启动了大批科技计划，包括科技攻关计划、星火计划、863计划、火炬计划、军转民科技开发计划等一系列重大科技计划；部署了"正负电子对撞机"等国家重大科学工程、重点实验室；推进了科技体制发展，推进科技与经济相结合。这些政策和措施极大地促进了中国科技事业进入迅速发展的轨道。

第三阶段是"科教兴国"（1995—2005年）。1995年中共中央、国务院召开全国科学技术大会，坚持科学技术是第一生产力的指导思想，实施科教兴国战略，动员全社会力量发展科技，迎来了科技新阶段。进入20世纪90年代，中国经济进入快速发展阶段，对科技产生了巨大需求，科技工作不仅是科技界的事业，还是全社会的工作。这一阶段，一是实施"人才、专利、技术标准"三大战略，使中国论文数量、质量大幅度提升，专利、技术标准成为科技工作的重要内容；二是实施技术创新工程，部署了12个重大专项，着力解决经济社会发展中的重大科技问题；三是推出了973计划，加大对基础研究的支持力度。一系列政策与措施推动了中国科技事业的新发展，但由于技术创新能力低，特别是原始创新薄弱，中国科技基本是引进、模仿，核心思想是引进、学习、模仿，重点是在引进国外技术的基础上进行"国产化"研发。

第四阶段是"创新型国家"（2006—2015年）。《国家中长期科学和技术发展规划纲要（2006—2020年）》的发布是科技发展的又一个里程碑。一是提出建设创新型国家，确立自主创新战略，到2020年全社会研究开发投入占国内生产总值的比重提高到2.5%以上，对外技术依存度降到30%以下，科技进步贡献率达到60%以上。二是部署了16个重大专项，凝练了10个重点领域的62个优先主题，为加速中国科技由跟踪到创新的根本性转变打下了坚实的基础。三是大幅度增加科技投入，2006—2016年中国研发经费投入总量由3 003.1亿元增加到15 676.7亿元，基本结束了持续多年的科技创新缺钱历史，中国科技加速由引进、消化、吸收、再创新向集成创新、自主创新转变，为建成创新型国家奠定了坚实的基础。

第五阶段是"建设科技强国"（2016年起）。2016年，中共中央、国务院发布《国家创新驱动发展战略纲要》，明确提出建设科技强国的战略目标，指明了未来30年科技发展的方向与目标，中国科技迎来了一个崭新的发展阶段。《国家创新驱动发展战略纲要》明确了建设科技强国的三个阶段：2020年进入创新型国家行列，科技进步贡献率达60%以上，知识密集型服务业增加值占国内生产总值的20%，研究与试验发展经费支出占GDP比重达到2.5%；2030年跻身创新型国家前列；2050年建成世界科技创新强国，成为世界主要科学中心和创新高地。这一阶段，中国科技仍然处于"三跑并存、领跑加并跑接近占一半"的状态。为了加速科技发展，实施创新驱动发展战略，对国家863计划、973计划、国家重点实验室、国家科技重大专项等科技计划进行了重大调整，启动了国家实验室建设，中国科技开始进入了建设世界科技强国的新阶段。中国在人造太阳、深海一号、高速铁路、航空母舰、深空探测等领域，都已走在了世界的最前沿。

（二）建立了世界上最宏大的创新体系

研发人员总量达到571.6万人年。1952年的统计数据显示，中国自然科学技术人员仅为42.5万人，其中专业的科学研究人员仅8 000人；[①]但到2021年，中国研发人员总量已经达到了571.6万人年，连续多年位居世界第一。

研发经费投入总量增长了5万多倍。研发经费投入是一个国家和地区科技投入的重要构成，是衡量科技投入的重要指标，也是观察和分析科技发展实力和竞争力的重要指标。这些年，中国加大科研投入，2021年研发经费达到了27 956.3亿元，约是1953年科研经费支出总额的5万多倍，世界排名第二。[②]

国际科技论文数量不多问题已彻底解决。在改革开放前，中国对科技论文尤其是国际科技论文不太重视。以SCI论文为例，1979年，除去台湾的两篇，中国实现论文零的突破，该年有一篇论文被SCI收录。此后，中国SCI论文经历了从无到有、快速增长到巨大产出的历程。[③]数据显示，2020年，美国发表SCI论文57.74万篇，中国发表SCI论文57.13万篇，仅以微弱的差距居于第二位。截至2021年5月，中国2021年被收录的SCI论文数量已超过美国成为第一。[④]EI论文也是如此，被收录的论文数量从2007年跃居世界首位后，一直保持世界第一。

国际专利申请量大幅度提升。世界知识产权组织2023年发布的数据显示，2022年，中国申请人通过PCT提交的国际专利申请首次突破7万件，达到7.15万件，连续三年位居申请量排行榜首位。

[①] 国家统计局. 光辉的三十五年（1949—1984）[M]. 北京：中国统计出版社，1984.

[②] 国家统计局. 新中国五十年统计资料汇编[M]. 北京：中国统计出版社，1999.

[③] 王晓君，张俊杰，胡宝仓，等. 中国SCI论文数据分析与思考[J]. 科技管理研究，2016，36（17）：6.

[④] 资料来源：中国科协学会服务中心，https://stm.castscs.org.cn/yw/38012.jhtml。

高技术产品出口实现了飞跃。中国高技术产品出口额从2005年首次超越了美国后，就一直保持世界排名第一的位置。全球经济网数据显示，2021年中国高技术产品出口额达到了9 423.1亿美元，接近德国、美国、日本三个国家出口总数的2倍。

独角兽企业数量排名世界第二。估值超过10亿美元的私有或初创企业代表着新经济的活力、行业的大趋势，它们被称为独角兽公司。CB Insights数据显示：2021年，中国独角兽企业已经达到了168家，排名世界第二；全球估值最高的40个独角兽企业，有20个来自美国，10个来自中国；中、美两国独角兽企业的估值分别占总额的21.5%和50.3%。

创新指数跃居世界第11位。世界知识产权组织发布的全球创新指数排名显示，中国已从2012年的第34位上升到2022年的第11位。在创新指数要素排名中，中国有9项细分指标排名全球第一，分别是：阅读、数学和科学PISA（国际学生评估项目）量表，国内市场规模，提供正规培训的公司占比，单位GDP的本国人发明专利申请量，单位GDP的本国人实用新型专利申请量，劳动力产值增长，单位GDP的本国人商标申请量，单位GDP的本国人工业品外观设计申请量，创意产品出口额在贸易总额中的占比。[①]

总之，经过多年的发展，中国在国际科技论文数量、国内发明专利申请量和授权量、高技术产品出口等维度均处于世界第一的位置，国际高水平论文数量也已占据世界首位。

[①] 资料来源：中华人民共和国中央人民政府，http://www.gov.cn/xinwen/2022-10/11/content_5717133.htm。

第二节
科技支撑名义GDP增长2 596倍

中华人民共和国成立以来，科技发展取得了巨大的进步，科技创新的主要数量指标已跃居世界前3位，科技创新成果数量不多的问题基本解决，正在迈向高质量发展的新阶段。从技术引进、技术改进到集成创新、自主创新，中国科技发展迈出了坚实而快速的追赶和发展步伐，进入了建设世界科技强国的轨道。

一、中国成为世界经济的动力

1949年中华人民共和国成立，人民当家作主，经济实现了跨越式发展，创造了人类经济史上的"中国奇迹"。2010年中国GDP重回世界第二位，成为经济增长速度最快的国家之一。特别是改革开放40多年来，中国打破了历史纪录，是有史以来保持经济增长速度最快和持续时间最长的国家。数据显示，中国GDP从1949年的466亿元，增长到2022年的1 210 207亿元，增长了2 596倍，创造了中华民族经济的发展奇迹，也改写了世界经济发展的历史。中国GDP占世界GDP的比重已经由1949年的4.2%上升为2022年的18%，对世界经济增长的贡献率长期保持在30%左右。

二、彻底解决了人民吃饱饭问题

中国已经建成了世界第一农业大国，结束了持续数千年缺粮的历史，结束了农民上交"皇粮"的历史，90%以上的农区结束了"二牛抬杠"的历史，一个贫穷、落后的农业国已经成为世界第一农业大国。2021年，中国粮食产量达到了68 285万吨，是新中国成立前最高年度的24.6倍,是1949年的31.6倍;粮食亩产由1949年的71千克增加到2021年的387千克,增长了4.5倍。①中国养活的人口从1949年的5.5亿增长到2021年的14亿,中国粮食安全的现状是吃饱没问题,吃好还需要进口。

三、工业产量和规模跃居首位

从工业来看,中国用了40年的时间就基本走完了发达国家100多年才走完的工业化道路,建成了全球最为完整的工业体系,生产能力大幅度提升,主要产品产量跃居世界前列,国际竞争力不断增强,出口贸易规模多年居世界第一,工业结构逐步优化,技术水平和创新能力稳步提升。中国正在由制造业大国迈向世界制造业强国。制造业的发展不仅极大地改善了中国人民的生产、生活条件,还为世界人民提供了大量物美价廉的产品。

四、服务业推动经济结构转型

从服务业来看,中国用了60年时间实现了产业结构的根本性变化。2012年,中国第三产业的增加值首次超过第二产业的增加值,达到45.5%;2021年,第三产业占GDP的比重达到了53.3%。第三产业的发展不仅支撑了经济的发展,还为老百姓生活的改善提供了坚实的保障。

---

① 国家统计局. 伟大的十年:中华人民共和国经济和文化建设成就的统计[M]. 北京:人民出版社,1959.

五、战略性新兴产业举世瞩目

高技术发展为国家经济发展打下了坚实的基础。20世纪80年代，在王大珩、王淦昌、杨嘉墀、陈芳允四位科学家的倡导下，中国启动了国家高技术研究发展计划（863计划），在信息、生物与医药技术、先进材料、先进制造、先进能源技术、资源环境、海洋、现代农业、现代交通、地球观测与导航十大领域，集中支持了50多项核心技术，为保障国家安全、抢占战略制高点打下了坚实的基础。澳大利亚智库战略政策研究所2023年3月发布的全球关键及新兴技术报告提到的5大领域的44个关键及新兴技术中，中国有37项领先，这些技术都曾是国家高技术研究发展计划支持的重点。在高技术研究发展计划的支持和引导下，中国很多高技术研究成果已经成为保障国家安全的"国之重器"，为国家科技重大专项、战略性新兴产业的发展打下了坚实的基础。2021年，中国战略性新兴产业增加值达15.3万亿元，占GDP比重为13.4%，高技术制造业占规模以上工业增加值的比重已经达到了15.1%。

第三节
农业科技保障14亿人口粮食安全

中国人长期受到饥饿的困扰，1949年中华人民共和国成立时，有4.5亿人口吃不饱。但同样的土地，到20世纪80年代中后期人口达到13亿时，却出现了"卖粮难、储粮难"的情况，农业发展取得了举世瞩目的成就。2022年中国人口达14.1亿，比1949年多了近10亿，但中国人却彻底告别了吃不饱的历史。

一、彻底告别了数千年受饥饿困扰的历史

1998年10月,党的十五届三中全会通过了《关于农业和农村工作若干重大问题的决定》,正式宣布农业进入新阶段,数量不足基本解决,质量不高成为主要矛盾,困扰中华民族发展数千年的饥饿问题彻底成为历史。

数据显示,1949年中国粮食产量仅为1 081亿千克,人均粮食产量为196.9千克,供给全面短缺,无法满足温饱。经过土地改革和农业合作化,粮食生产有了一定发展,1978年中国粮食产量为30 476.50万吨,人均粮食产量提高到317千克。2021年,中国粮食产量达到了68 284.75万吨,粮食单产由1949年的1 029.3千克/公顷增加到5 805.0千克/公顷,增长了4.6倍。

二、彻底告别了数千年农民"交皇粮"的历史

1953—2003年,国家累计征收农业税3 945.66亿元。农业税占国家财政收入的比重,1950年为39.00%,1990年为5.50%,2005年为0.05%。2006年发布的《中共中央 国务院关于推进社会主义新农村建设的若干意见》正式宣布取消农业税,彻底告别了数千年农民"交皇粮"的历史,紧接着又开创了"按播种面积补贴农民种地的历史",农民直接得到政府的补贴,且补贴数量逐年增加。

三、基本告别了数千年"二牛抬扛"的历史

农业的根本出路在于机械化,中国政府先后提出过"1980年实现农业机械化""1990年实现农业机械化"的目标,到了2000年中国农业基本上实现了机械化。目前,中国农业机耕、机播、机收面积超过了95%,除了边远山区,基本告别了数千年"二牛抬扛"的历史。

年轻的农民不再像其父辈、祖先一样面朝黄土背朝天或日出而作、日落而息,牛的使命也改变了,不再以耕地为主,而是产肉、产奶。

四、彻底告别存在"绝对贫困人口"的历史

2017年,习近平总书记指出"全面建成小康社会,一个也不能少"。[①]2019年,中国贫困人口从2012年底的9 899万人减少到551万人,人均可支配收入为30 733元,形成世界上规模最大的中等收入群体;2020年,按照现行标准,贫困县全部摘帽、贫困人口全部脱贫,中国全面实现小康,告别了存在"绝对贫困人口"的历史。

实现上述目标,农业科技发挥了支撑与引领作用。农业农村部的统计数据显示,2020年中国农业科技进步贡献率达到60.7%,作物良种覆盖率超过96%,良种对粮食增产贡献率达到45%以上;已建成高标准农田8亿亩,推广保护性耕作7 000余万亩,牢牢守护好了粮食生产的命根子;全国农田灌溉水有效利用系数已从0.53提高到0.57,农膜回收率达到80%,畜禽粪污综合利用率达到75%,秸秆综合利用率达到87.6%。

第四节
工业技术催生第一制造业大国

历史显示,世界经济中心总是随着科技中心的转移而转移。新中国成立初期,中国工业水平很低,主要工业产品远远落后:1949年

[①] 资料来源:共青团中央,https://baijiahao.baidu.com/s?id=1682953730253607751&wfr=spider&for=pc。

生产金属切割机床仅1 582台，动力机械是1万马力，钢产品世界排名第26位，生铁也仅为第23位，多数工业产品全方位落后世界。①经过70多年的发展，中国已经成为制造业第一大国。

一、产业门类和体系齐全

新中国成立70多年来，中国制造业从无到有、从小到大，逐步建立了门类齐全、相对独立完整的工业体系。国家统计局数据显示，中国在工业领域拥有41个大类、207个中类、666个小类行业，是全世界唯一拥有联合国产业分类中全部工业门类的国家；在世界500多种主要工业产品中，中国有220多种产量居全球第一位。

二、体量和产业规模大

2021年，中国制造业增加值占GDP比重达到27.4%，产值达到31.4万亿元，连续12年保持世界第一，对世界制造业贡献的比重接近30%，②已经成为名副其实的"世界工厂"：汽车、钢铁、黄金、稀土、水泥、电视、冰箱、空调、家具、机床等产品产量全球最大；电气和电子零部件出口额是德国的5倍，约占全球出口总额的30%。③在先进制造业方面，中国汽车出口总量超过200万辆，成为世界第五大汽车出口国；工业机器人产量增长了45%，芯片产能增长了33%。

---

① 国家统计局.伟大的十年：中华人民共和国经济和文化建设成就的统计[M].北京：人民出版社，1959.
② 曹雅丽.深化创新驱动战略 增强制造业核心竞争力[N].中国工业报，2022-03-09（001）.
③ 刘倩.促进制造业高质量发展的科技创新路径分析[J].科技咨询，2022（2）.1672-3791.

三、科技创新支撑了高质量发展

数据显示，中国制造业高质量发展总体水平由2015年的36.67提升到2019年的39.38，4年时间提高了2.71，这背后就是科技创新的强力支撑。[①] 比如，中国造出了占全球市场份额2/3的盾构机，建成了世界上第一个±800千伏特高压直流输电工程，研发了世界首创两天半一层楼的"空中造楼机"，在海底隧道技术、核工业技术、航空航天技术、石油勘测技术领域实现了关键核心技术的突破。

专利数据也显示，中国制造业专利投资占据了主导地位。2018年中国专利密集型产业增加值核算显示，全国专利密集型产业增加值为107 090亿元，其中新装备制造业占比达到了30.7%，信息通信技术制造业占比为20.1%，新材料制造业占比为13.2%，医药医疗产业占比为8.8%。[②]

第五节
第三产业科技催生第一大产业

一、第三产业已成为最大的产业

现代经济有个非常显著的特点，就是越是发达的经济体，第三产业在经济中的占比越高。在新中国成立之初，中国第三产业非常落

[①] 曹雅丽. 聚焦高端制造业"底盘"助推中国制造业高质量发展[N]. 中国工业报，2021-03-25.

[②] 陈亚楠，李昕. 科技创新能力驱动因素研究：基于制造企业的实证[J]. 经济论坛，2021（10）：9.

后，3年经济恢复期后，中国第三产业增加值仅为195.1亿元，占比也仅为28.7%。经过70多年的发展，到2021年，中国第三产业增加值已达到609 679.7亿元，占比达53.3%，总体增长了3 124.0倍。第三产业增加值占比在2012年超过第二产业后，连续10年是占比最大的产业（见图8-1）。

从细分行业增加值来看，批发和零售业增加值占比达到9.7%，金融业增加值占比为8%，交通运输、仓储和邮政业增加值占比为4.1%，住宿和餐饮业增加值占比为1.6%，房地产业增加值为6.8%，包括健康、科技、教育等在内的其他行业增加值占比是22.7%。

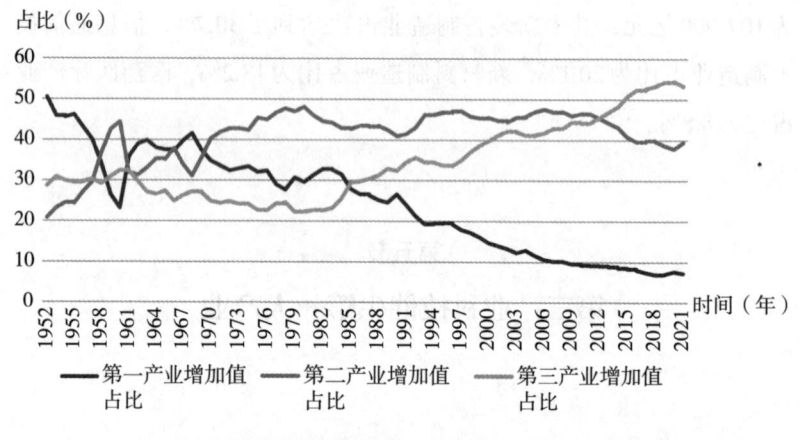

图8-1 中国三大产业增加值占比变化（1952—2021年）

资料来源：国家统计局。

二、科技创新促进服务业大发展

科技创新驱动产业结构升级是提高中国经济综合竞争力的关键举措。进入21世纪以来，中国产业结构不断优化，以新一代信息技术、人工智能、医药健康等为代表的高精尖产业在促进第三产业发展方面做出了巨大贡献。

科技服务业发展迅速。科技服务创新聚焦主体能力建设、服务内涵建设、市场生态建设和数字化服务平台建设，通过科技服务资源开发、拓展订单式业务供给、实现线上线下服务联动、推进产学研协同创新等，培育和孵化了一批富有创新活力的初创型、成长型、领军型科技服务企业，打造了一批科技服务品牌机构。据调查，2019年中国科技服务业市场规模达到2.23万亿元，GDP占比在2.2%左右，市场规模同比增长约10.9%。[①]

科技促进健康产业大发展。随着中国在医学基础研究、基础设施建设、人才培养等方面的进步，以及重大疾病和传染病防治、慢病预防、肿瘤防治、医疗诊断、创新药物开发、干细胞和组织功能、免疫研究学、认知科学、生物信息学、转化医学等方面的进展，中国健康产业已经形成四大基本产业群体：以医疗服务机构为主体的医疗产业，以药品、医疗器械以及其他医疗耗材产销为主体的医药产业，以保健食品、健康产品产销为主体的保健品产业，以个性化健康检测评估、咨询服务、调理康复、保障促进等为主体的健康管理服务产业。[②]

科技创新为金融业打下坚实的基础。现代金融和科技创新密不可分，金融业通过优化资源配置促进科技创新，而科技产业的蓬勃发展给金融业带来更多机遇。大数据、人工智能、云计算和区块链等新型信息技术在金融行业的应用掀起了金融科技革命浪潮，金融科技创新已经并将继续对金融业和传统金融体系产生巨大而深刻的影响，促进

---

① 李纲，孙杰，夏义堃.我国科技服务与产业协同发展的实践演进、建设成效与经验启示[J].科学观察，2022，17（3）：8-14.
② 张俊祥，李振兴，田玲，等.我国健康产业发展面临态势和需求分析[J].中国科技论坛，2011（2）：50-53.

金融业的发展;①移动支付、普惠金融、小额贷款等领域的金融科技创新在提高金融服务效率和普惠性方面发挥了创新性作用。②陈雨露在对三次工业革命进行研究后,认为第四次工业革命赋予了金融业新的历史使命,金融科技引领的金融体系集成创新将成为第四次金融革命的突出特征。③

科技创新促进交通运输业高速发展。中国在交通运输领域成就显著,公路成网、铁路密布、巨轮远航、飞机翱翔,全国运输线路总里程、高速铁路和高速公路里程、沿海港口总吞吐能力、快递业务规模等稳居世界第一,高速铁路、跨海桥隧等部分领域的发展水平世界领先,成功跻身世界交通大国行列并向世界交通强国迈进,这些都离不开科技创新的支持。④

中国餐饮业也在科技创新的驱动下高速发展。结合不断完善的物流系统,借助大数据以及人工智能等新兴科技,外卖的规模极大地扩展,成为餐饮业强有力的增长引擎。⑤旅游业的发展也是如此,科技创新提升了旅游经济效率,改善了旅游产业结构,智能化和数字化等为智慧旅游创造了发展可能,为旅游业智能化转型升级与高质量发展提供了实施条件。依托云计算与大数据等先进科技,旅游业可以准确

---

① 刘少波,张友泽,梁晋恒.金融科技与金融创新研究进展[J].经济学动态,2021(3):126-144.

② 朱广娇.金融与科技 变革时代的完美遇见——访万向区块链首席经济学家邹传伟[J].金融博览,2021(15).

③ 陈雨露.工业革命,金融革命与系统性风险治理[J].金融研究,2021,487(1):1-12.

④ 汪鸣,向爱兵,杨宜佳."十四五"我国交通运输发展思路[J].北京交通大学学报:社会科学版,2022,21(2):68-75.

⑤ 姜磊.中国省域连锁餐饮的技术效率评价及因素分析[J].旅游学刊,2021,36(3):44-56.

把握市场需求而扩大有效旅游供给，提升旅游资源配置效率。①

总之，科技创新就像血液一样，渗透进服务业的每个细分领域，也是在科技创新的引领下，中国第三产业才能更好地发挥为老百姓服务的功能，同时为产业未来发展提供了新的出路。

第六节
健康科技促进人均寿命增43岁

新中国成立以来，党和政府大力建设医疗服务体系，随着政府对医疗卫生的投入不断加大，中国医疗条件持续提升，医院数量和床位数呈现出稳定增长趋势。经过70多年的不懈努力，2021年中国卫生总费用达到了75 593.6亿元，人均卫生费用为5 348.1元，卫生总费用占GDP的比例为6.5%，医疗科技保障能力极大提升，保障中国人均寿命从新中国成立初期的35岁增长到2021年的78岁。

一、预防为主提升了公共卫生水平

中华人民共和国建立初期，战争给人民的健康留下大量问题，鉴于当时各类医疗资源匮乏，国家提出了预防为主的策略，以农村赤脚医生为主要类型的卫生服务人员在中国迅速增长。与此同时，国家号召全民参与爱国卫生运动，鼓励每个人通过培养个人卫生习惯来保护自己免受疾病困扰，这取得了辉煌的成就：20世纪60年代，中国已经基本消灭了各类传染病，天花、霍乱等得到较彻底的消除，寄生虫

---

① 王凯，郭鑫，甘畅，等.中国省域科技创新与旅游业高质量发展水平及其互动关系[J].资源科学，2022，44（1）：114-126.

病比如血吸虫病和疟疾等得到大幅度的削减。

在70多年的发展中，中国医疗卫生的重点渐渐从预防为主、重视初级卫生保健向注重临床医学和疾病转变，从大量使用经过短期培训的非熟练型医务工作者的"劳动密集型"模式向注重经过医学院校专业化培养的、系统掌握医学知识和技能的医师的"技术密集型"模式转变，[1]卫生技术人员由1950年的78万上升到2021年的1 124.2万，婴儿死亡率从1949年前的200‰左右降低到2021年的5‰，以较低的卫生投入实现较高的健康产出。

二、医疗机构保障了人民生命安全

医疗机构是人民生命安全的保障。1949年，中国医院总数仅为2 600家，医院、疗养院床位数为8.4万张；2021年，中国医疗卫生机构总数为1 030 935个，医院数量达3.7万个，医疗卫生机构床位达到944.8万张，医疗卫生机构总诊疗人次达84.7亿，居民平均到医疗卫生机构就诊次数为6次，每千人口执业（助理）医师为3.04人，每千人口注册护士为3.56人，每万人口全科医生数为3.08人，每万人口专业公共卫生机构人员为6.79人。医疗机构的各项指标都得到了极大提高，形成了综合医院、中医医院、专科医院互为补充且较为完善的诊疗体系，充分保障了人民的生存权、健康权和发展权。

三、科技创新保障了人民健康水平

伴随着《健康中国行动（2019—2030年）》的出台、中国经济社会的需求和中国科技水平的提升，中国医疗科技水平得到了高速发

---

[1] 仇雨临. 中国医疗保障70年：回顾与解析［J］. 社会保障评论，2019，（1）：89-101.

展。在国家科技重大专项、863计划、973计划等国家科技计划的带动下，中国医疗科技在疾病诊疗、治疗和公共卫生等多个领域取得了突破，带动了医药产业的大发展，基本扭转了新中国成立初期"缺医少药""中医药为主"的局面，细胞治疗、免疫治疗等基本走在了世界最前沿。

论文数量是科研体量的直接表现，在一定程度上反映了研究规模的大小。1949年以前，世界医学顶级期刊几乎没有中国学者参与发表的医学论文；1980年之后，中国在《自然》《科学》《细胞》《柳叶刀》等七大顶级期刊上的医学科研发文量年均增长率均超过10%（见表8-3）。

表8-3　中国1949—1979年、1980—2020年高水平医学论文统计[①]

期刊名称	1949—1979年			1980—2020年		
	全球发文量（篇）	中国发文量（篇）	中国占全球比重（%）	全球发文量（篇）	中国发文量（篇）	中国占全球比重（%）
英国医学杂志	26 294	0	0	40 946	338	0.83
新英格兰医学杂志	34 621	0	0	69 494	862	1.24
细胞	1 383	0	0	20 552	521	2.54
柳叶刀	8 228	3	0.036	108 301	1 835	1.69
美国医学会杂志	39 913	0	0	67 466	391	0.58
科学	43 381	1	0.002	101 945	1 959	1.92
自然	90 388	2	0.002	124 304	2 054	1.65

---

① 李玲，杨渊，袁子焰，等. 从文献计量的视角评价建党百年我国医学科技发展[J]. 中国医药导报，2021，18（36）：4-7，39.

第七节

"两弹一星"结束受人欺辱的历史

1964年10月16日15时整,是值得每一个中国人都永远铭记的一个时刻,也是中国历史上一个耀眼的时刻坐标点:在中国西北核武器研制基地上空,蘑菇云冲天而起,新中国第一颗原子弹成功爆炸。原子弹以及后来的氢弹、洲际导弹、人造卫星的研制,对中国有着重大而深远的影响,"两弹一星"精神撑起了中华民族的脊梁。

一、"两弹结合"实现国防工业的飞跃

新中国成立后,中国刚进入国民经济恢复时期,随即又开始了抗美援朝战争,抵抗帝国主义的打压。抗美援朝期间,美军面对志愿军的步步紧逼,竟扬言要对中国使用核武器,对中国发起了核威胁、核讹诈。对于来自外部的核威胁,1956年我国制订的科学技术发展第一个远景规划就部署了原子弹和导弹的研发。

导弹研发起始于1956年。1956年5月,周恩来总理主持中央军委会议,讨论了聂荣臻提出的《关于建立中国导弹研究工作的初步意见》,宣布了发展导弹武器的决定。1958年5月,国防部五院开启仿制苏联近程(600千米)导弹P-2的任务,代号"1059";1960年11月,"1059"导弹发射成功,后定名为"东风一号";[①]1964年,基于"1059",仿创结合开发的射程达1 000千米的导弹——"东风二号"再次发射。[②]

[①] 韩连庆. 组建初期的国防部第五研究院[J]. 科学文化评论,2013,010(004):39-52.

[②] 陶纯,陈怀国. 国家命运:中国两弹一星的秘密历程(四)[J]. 神剑,2012,000(004):30-54.

核弹研发起始于1957年。1957年10月，伴随着中国和苏联《关于生产新式武器和军事技术装备以及在中国建立综合性原子能工业的协定》的签署，在"自力更生为主，争取外援为辅"的方针下，中国开始了核弹的研发。在中国核工业的起步阶段，苏联政府提供了无私的大力援助。然而，由于中苏两国关系的恶化，苏联政府最终全面断绝了对中国的援助。1960年7月至8月，苏方正式下令将派遣到中国核工业系统工作的233位专家全部撤走。① 面对困难局面，中共中央发出"自己动手，从头摸起，准备用8年时间搞出原子弹"的号令。1962年下半年，二机部提出争取在1964年，最迟在1965年上半年爆炸中国第一颗原子弹的"两年规划"。中共中央非常支持，成立了15人专门委员会，带领全国26个部委、20多个省区市、1 000多家单位的科技人员通力合作。② 1964年10月，中国第一颗原子弹爆炸成功；1967年6月，中国第一颗氢弹空爆试验成功。

　　"两弹结合"实现了伟大的飞跃。1966年10月，中国用自行设计研制的东风二号甲导弹，将核弹头从巴丹吉林沙漠投送到了新疆的罗布泊，核弹头在靶标上空精确爆炸。③ "两弹结合"试验的成功，结束了中国核武器有弹无枪的局面，也为中国的航天技术发展奠定了基础。

二、人造地球卫星拉开探索空间序幕

　　1957年10月4日，苏联把人类第一颗人造地球卫星送上天，中共中央对此非常重视。为此，中国科学院成立了581组，开始组建系

---

① 张现民. 试析20世纪五六十年代苏联对中国国防科技事业的援助［J］. 当代中国史研究，2018（2）：11.
② 宋炳寰. 中央十五人专门委员会成立的经过及后来的调整和扩大［J］. 钱学森研究，2018（1）：10.
③ 军文. "两弹一星"的历史伟业和宝贵精神［N］. 中国航天报，2022-07-28（003）.

列研究机构,针对卫星进行研究;①同年10月就完成了卫星和火箭的设计图和模型,并展示给国家领导人。从1959年起,研究工作加快,1960—1965年在603基地,仅T-7M型火箭就进行了9批次24发高空科学探测试验。②

1965年7月1日,中国科学院呈报了"关于发展中国人造卫星工作的规划方案建议"。在10月20日至11月30日的论证会上,中国科学院提出目标和名称:第一颗卫星为一米级,命名为"东方红一号",并在星上播放《东方红》乐曲,让全世界人民听到。③此后,虽然历经"文化大革命"的冲击和影响,1970年4月24日21时35分,"东方红一号"卫星在"长征一号"火箭的托举下飞向太空,进入预定轨道。④1970年4月25日18时,新华社向全世界宣布:1970年4月24日,中国成功发射了第一颗人造卫星,卫星重173千克,卫星运行轨道的近地点高度439千米,远地点高度2 384千米,轨道平面与地球赤道平面夹角68.5度,绕地球一圈114分钟,并用20.009 4兆周的频律播放《东方红》乐曲。⑤

三、"两弹一星"精神撑起了中国脊梁

我国"两弹一星"事业的伟大成就,令全世界赞叹。邓小平同志深刻地指出:"如果六十年代以来中国没有原子弹、氢弹,没有发

---

① 杨小林.中关村科学城的兴起(1951—1999年)[J].中国科学院院刊,2019,34(9):1058-1070.

② 天兵.华夏第一星:东方红一号[J].中国航天,2006(8):4.

③ 张劲夫.我国第一颗人造卫星是怎样上天的?(一)[J].今日科苑,2015(10):65-69.

④ 杨保华,李开民.坚持自主创新 大力推进中国空间事业科学发展——写在我国第一颗人造地球卫星"东方红"一号成功发射40周年之际[J].航天工业管理,2010(4):15-19.

⑤ 孟红.我国第一颗人造地球卫星发射幕后珍闻[J].党史纵览,2010(4):13-15.

射卫星，中国就不能叫有重要影响的大国，就没有现在这样的国际地位。这些东西反映一个民族的能力，也是一个民族、一个国家兴旺发达的标志。"①

在表彰为研制"两弹一星"作出突出贡献的科技专家大会上的讲话中，江泽民同志指出："'两弹一星'事业的发展，不仅使中国的国防实力发生了质的飞跃，还广泛带动了中国科技事业的发展，促进了中国的社会主义建设，造就了一支能吃苦、能攻关、能创新、能协作的科技队伍，极大地增强了全国人民开拓前进、奋发图强的信心和力量。'两弹一星'精神，是爱国主义、集体主义、社会主义精神和科学精神的活生生的体现，是中国人民在二十世纪为中华民族创造的新的宝贵精神财富。"②

进入新时代，习近平总书记多次提出"两弹一星"精神是中华民族的宝贵精神财富，已激励和鼓舞了几代人，未来还要一代一代传下去，使之转化为不可限量的物质创造力。③

---

① 资料来源：光明网，https://www.gmw.cn/01gmrb/1999-09/30/GB/GM%5E18195%5E1%5EGM1-3005.HTM。
② 江泽民.在表彰为研制"两弹一星"作出突出贡献的科技专家大会上的讲话[J].科学新闻，1999，28（2）.
③ 李枭雄.新时代弘扬"两弹一星"精神略议[J].党建研究，2021.

第八节

建筑业技术创造多项世界第一

一、建筑业取得了一系列辉煌成就

新中国成立以来，建筑业取得了一系列成就。①

一是建筑业产值规模屡创新高。1952年，全国建筑业企业完成总产值57亿元；1956年突破百亿，总产值达到146亿元；1988年突破千亿，总产值达到1 132亿元；1998年突破万亿，总产值达到10 062亿元；2011年突破10万亿大关，总产值达到11.6万亿元；2017年突破20万亿，总产值达到21.4万亿元。2021年，全国建筑业企业完成总产值29.3万亿元，是1952年的5 140.4倍。

二是建筑业增加值稳步增长。70多年来，伴随着建筑业的迅速发展，建筑业占国民经济的比重不断提高，支柱产业地位逐步确立，对整个国民经济发展的推动作用越来越突出。2021年，建筑业增加值达到80 138.5亿元，是1952年22亿元的3 642.7倍，占GDP的比重为7%，比1952年的3.2%提高3.8个百分点。

三是建设成就保障和改善人民生活。随着国家建设的步伐，建筑业圆满完成了一系列关乎国计民生的重大基础建设工程，极大地改善了人民住房、出行、通信、教育、医疗条件。到2020年末，全国铁路营业里程达到14.63万千米，比"十二五"末的12.10万千米增长20.9%，是1978年的2.79倍。2019年，中国城镇和农村居民人均住房

---

① 本部分主要以国家统计局发布的《建筑业持续快速发展 城乡面貌显著改善——新中国成立70周年经济社会发展成就系列报告之十》为基础，将部分数据延到2020年、2021年。

建筑面积分别为39.8平方米和48.6平方米，分别比1978年增加33.1平方米和40.8平方米。①

四是建设项目亮点纷呈，为"中国建造"品牌增添活力。随着中国建筑技术的不断成熟和装备水平的不断提高，三峡大坝、青藏铁路、港珠澳大桥、水立方、上海中心大厦、华龙一号等一系列世界顶尖水准建设项目相继建成，成为"中国建造"的醒目标志。与此同时，建筑业积极拓展海外业务，深度参与"一带一路"沿线国家和地区重大项目的规划和建设，着力推动陆上、海上、天上、网上四位一体设施的互联互通，陆续建成了中缅原油管道、摩洛哥穆罕默德六世大桥、蒙内铁路等设施，赢得了广泛赞誉。

二、科技进步托起一系列超级工程

新中国成立之初，物资匮乏、生产条件落后，工程建设主要靠肩扛、靠手抬。随着技术的不断进步，工程建设不断取得新发展。

工程建设技术水平不断实现新跨越。铁路、桥梁、隧道、港口为工程科技创新提供了施展的舞台。目前，中国高速、高寒、高原、重载铁路施工和特大桥隧建造技术迈入世界先进行列，大跨悬索斜拉桥梁、深水复杂桥梁、高墩大跨桥梁技术已达到世界先进水平，离岸深水港建设关键技术、巨型河口航道整治技术以及大型机场工程建设技术已经达到世界领先水平。

建筑施工技术不断取得重大突破。绿色建造技术得到大力推广，标准化设计、工厂化生产和信息化管理相继应用，智能化产品逐步在建筑中应用普及，装配式混凝土结构、钢木混合结构和钢结构建筑不断加快发展，全球首创的"空中造楼机"智能化施工装备提高工效30%，超高层建造技术的突飞猛进使中国企业在国际超高层建造领域

---

① 资料来源：新华社，http://www.gov.cn/xinwen/2021-06/07/content_5616059.htm。

牢牢占据制高点。此外，中国还在软土地基处理技术、超深地下空间开发技术、新型模架技术、超高层结构施工技术和复杂大跨度空间建筑建造技术方面取得了一系列突破。①

施工装备不断更新换代。中国自主研发的86米长钢制臂架泵车，被誉为"世界泵王"，以此为代表的多项工程机械制造技术世界领先。盾构技术已实现国产化，打破了国外垄断。全断面隧道掘进机部分技术国际领先。3D打印技术、施工机器人也从梦想变成现实。

第九节
高技术产品出口稳居世界第一

新中国成立70多年来，对外贸易取得了规模增长、结构升级、主体多元化、市场拓展等辉煌成就，不仅结束了"洋货"这个名词的历史，还成为世界高技术产品出口第一的国家。

一、出口总额增长了1.08万倍

数据显示，新中国成立初期，出口总额很低：1950年仅20.2亿元，1951年仅24.2亿元，1952年也仅为27.1亿元。由于美国的封锁、禁运等政策，中国出口的国家仅限于苏联以及当时的其他社会主义国家，区域局限明显。1958—1977年，"大跃进""文革"等政治运动严重干扰了经济建设，加上中苏关系恶化等原因，中国对外贸易出口总额年均仅有1.11%的增长，远远低于世界出口总额年均9.29%的增长。

---

① 资料来源：中国建设新闻网，http://www.chinajsb.cn/html/201908/28/4879.html。

1978年，中国出口总额为167.6亿元，1979年仅为211.7亿元，1980年为272.4亿元。随着改革开放进程的加快，中国开展对外贸易的国家也逐步拓展到欧美地区。20世纪90年代初期，中国已与180多个国家和地区建立了经贸往来关系，但由于这一时期中国还处在改革开放的探索与试错阶段，诸多经济体制改革尚未实现重大突破，一些西方国家对改革开放政策的长期性有所质疑，中国对外贸易的发展还没有真正完全地与世界市场和全球体制接轨。①

2001年是新的起点。2001年，中国正式加入世界贸易组织，为对外贸易发展开辟了更广阔的天地，货物贸易规模以前所未有的规模和速度爆炸式增长，2001—2007年年均增长率高达27.4%，超出同期全球进出口总额年均增长率7个百分点。2014年，中国超越美国首次成为世界第一大货物贸易国，2021年出口总额为21.73万亿元，比1950年增长了1.08万倍，进入了高质量发展阶段。

二、出口产品结构显著改善

在出口总额稳步增长的同时，中国出口产品结构也在发生明显变化。数据显示，1950年，在中国出口总额构成中，农副产品加工品的占比达到了33.2%，农副产品达到了57.5%，工矿产品仅为9.3%；3年恢复期之后的1953年，在出口总额中，农副产品加工品和农副产品依然占据了81.6%。②

改革开放后，随着工业生产的发展，轻纺产品的出口占比不断增加，工业制品的出口占比也逐步增加。数据显示，1988年，初级产品的出口额占比已下降到30.4%；在出口总额中，农副产品和石油占

---

① 盛斌，魏方. 新中国对外贸易发展70年：回顾与展望［J］. 财贸经济，2019，40（10）：34-49.

② 国家统计局. 伟大的十年：中华人民共和国经济和文化建设成就的统计［M］. 北京：人民出版社，1959.

26.7%，机电产品占12.8%，纺织品和服装分别占13.6%和10.2%。①在2000年之前，中国在国际分工和价值链中仍处于从属地位，在贸易结构、产品品质、贸易获利能力等方面远未达到世界领先水平，与贸易强国相比还有很大差距。②表8-4是基于SITC（国际贸易标准分类）的商品出口状况比较。

表8-4 基于SITC的商品出口状况比较

商品分类	2021年出口额（百万美元）	细分产品总额占比（%）	1980年出口额（百万美元）	细分产品总额占比（%）
初级产品	140 028.96	4.2	9 114	50.3
食品及主要供食用的活动物	69 844.65	2.1	2 985	16.5
饮料及烟类	2 750.65	0.1	78	0.4
非食用原料	22 313.9	0.7	1 711	9.4
矿物燃料、润滑油及有关原料	42 787.84	1.3	4 280	23.6
动、植物油脂及蜡	2 331.92	0.1	60	0.3
工业制成品	3 223 930.47	95.8	9 005	49.7
化学品及有关产品	264 283.44	7.9	1 120	6.2
按原料分类的制成品	540 953.55	16.1	3 999	22.1
机械及运输设备	1 618 330.69	48.1	843	4.7
杂项制品	759 930.94	22.6	2 836	15.7
未分类的其他商品	40 431.84	1.2	207	1.1

资料来源：国家统计局。

---

① 国家统计局. 奋进的四十年：1949—1989［M］. 北京：中国统计出版社，1989.
② 李坤望，蒋为，宋立刚. 中国出口产品品质变动之谜：基于市场进入的微观解释［J］. 中国社会科学，2014（3）：80-103.

三、高技术产品出口稳居世界第一

高技术产业是制造业的精华，更是国际竞争力的核心构成。2021年，在中国出口产品中，工业制成品已牢牢占据核心地位，尤其是在电脑、手机、数码相机等高技术产品领域，中国2004年就超过美国成为第一出口大国；①2020年中国高技术产品出口额已是美国的5.4倍，达到7 576.8亿美元。德国《焦点》周刊发文指出，1990—2020年美国高技术产品出口占比已下降到7.1%，30年间美国失去了超过16个百分点的市场份额，日本也下跌超过14个百分点，英国下跌约6个百分点，德国损失了约5个百分点，中国占相关出口的近1/4（份额为23.8%）。

第十节
中国航天科技成就享誉全球

中国航天事业是在基础工业比较薄弱、科技水平相对落后等特定历史条件和国情下发展起来的，起步于1956年10月中国组建导弹研究机构——国防部第五研究院（简称"国防部五院"）。经过科研工作者不懈的努力和奋斗，中国航天事业从无到有、从弱到强，以较少的投入，在较短的时间里走出了一条适合本国国情和有自身特色的发展道路，跻身世界航天大国行列。②③

---

① 蔚然.中国高科技发展的喜与忧［J］.时代金融，2006（1）：4.
② 李成智.中国航天技术的突破性发展［J］.中国科学院院刊，2019，34（9）：1014-1027.
③ 李莉.中国航天70年回望［J］.科学中国人，2020（10）：4.

一、卫星发射领先世界

　　卫星数量的多少是一个国家航天科技实力的综合体现。这是因为卫星发射综合要求非常高，建造卫星的技术更是集合了多种高端科技。从1970年中国用自行研制的火箭将人造卫星送入太空后，经过50多年的发展，中国卫星发射及相关技术达到全球领先水平。这些年来，中国在卫星发射方面取得多项重要突破。1970年4月24日，中国用自行研制的"长征一号"运载火箭成功将"东方红一号"人造卫星送往太空，成为世界上继苏联、美国、法国和日本之后第5个完全依靠自己的力量成功发射人造卫星的国家。1975年11月26日，"长征二号"运载火箭发射返回式卫星成功，卫星在轨道上运行3天后按预定计划返回地面，中国成为世界上第3个掌握卫星回收技术的国家。1981年9月20日，中国用"风暴一号"运载火箭将一组三颗"实践二号"卫星送入地球轨道，成为第4个独立掌握"一箭多星"发射技术的国家。1984年4月8日，中国试验通信卫星"东方红二号"进入赤道上空的静止轨道，结束了中国长期租用国外通信卫星的历史，中国成为世界上少数几个掌握轨道转移、同步定点技术的国家。1988年9月，中国成功发射了第一颗试验性气象卫星"风云一号"。1999年10月14日，中国成功发射第一颗传输型对地遥感资源卫星"资源一号"，开创了国内应用卫星首次发射即获得成功的先例。2013年4月26日，中国高分辨率对地观测系统的首发星"高分一号"卫星精准入轨，"高分一号"卫星突破了高空间分辨率、多光谱与宽覆盖相结合的光学遥感等关键技术。2019年11月5日，第49颗"北斗"导航卫星发射成功，"北斗"全球组网迈出关键一步。

二、载人航天世界前三

回望中国载人航天历程，以2003年10月中国人实现飞天梦为开端，中国载人航天事业就开启了快速发展的新征途。2003年10月15日上午9点，中国第一艘载人飞船"神舟五号"发射成功，中国成为继苏联与美国之后，第3个将人类送上太空的国家。2008年9月27日，航天员翟志刚、刘伯明、景海鹏三人乘坐"神舟七号"飞船出征太空，翟志刚首次进行太空行走，中国也随之成为世界上第3个掌握空间出舱活动技术的国家。2011年9月29日，中国首个自主研制的载人空间试验平台"天宫一号"发射成功；"天宫一号"与"神舟八号"的对接，标志着中国成为世界上第3个独立掌握航天器空间交会对接技术的国家。2016年9月15日22时04分12秒，"天宫二号"空间实验室在酒泉卫星发射中心成功发射。2017年，"天舟一号"货运飞船与"天宫二号"对接。2022年7月24日，问天实验舱由"长征五号"B遥三运载火箭搭载在文昌航天发射场成功升空，中国空间站"天宫"向着完全体又迈进一步。

三、深空探测成绩斐然

深空探测是国家高技术科技竞争力的标志，是国家战略权益保障的重要需求。人类深空探测活动始于20世纪60年代，但在20世纪90年代前，深空探测主要是由美国和苏联两个大国开展；20世纪90年代中后期，欧盟、日本和中国开始涉足深空探测。[①]

中国深空探索目前在月球探索方面已取得突破性进展，即将开展行星探索。其中，标志性事件有两个：2007年10月24日，中国成功发射首个月球探测器"嫦娥一号"，成为世界上第5个发射月球探

---

① 王帅，卢波.世界深空探测发展态势及展望[J].国际太空，2015（9）：7.

测器的国家或地区；2020年4月24日，中国行星探测任务被命名为"天问"系列，行星探测大幕拉开。

中国正从航天大国迈向航天强国。中国航天事业发展从导弹开始，导弹研究经历了从近程到中程、从远程到洲际、从液体到固体、从固体到机动、从陆基到潜射、从第一代到第二代的发展过程；运载火箭经历了"长征一号""长征二号""长征三号""长征四号""长征二号E""长征二号F""长征三号甲""长征三号乙""长征四号甲""长征四号乙"，以及新一代"长征"系列火箭，运载能力大幅度提升；卫星研究在遥感卫星、通信卫星、气象卫星、资源卫星、导航卫星等领域都实现了重大飞跃；北斗卫星导航系统、探月"嫦娥工程"、载人航天工程等都赢得了世界的关注。[1]

---

[1] 李成智. 中国航天技术的突破性发展 [J]. 中国科学院院刊，2019，34（9）：1014-1027.

第九章
中美科技与综合国力差距和走向

自中美贸易战以来,中美经济、科技、军事乃至综合国力差距一直是世界广泛关注的热点问题。我们自2018年开始,每年基于中国国家统计局、美国商务部经济分析局以及世界银行等权威机构公布的数据分析中美差距。

数据表明,在美国单方面发起贸易战后,美国经济损失比中国更大。中国GDP占美国GDP的比重由2018年的67.5%上升到2021年的77.0%,增长了9.5个百分点;中国对美国的贸易顺差由2018年的3 233.2亿美元到2021年的3 382亿美元,增加了149亿美元。[1]我们用40项指标分析中美差距,2018年中、美领先的指标分别占30%、70%,2021年则变为32%、68%,中国综合国力增长快于美国。但中国领先的多为数量指标,美国领先的多为质量指标,中美差距仍然相

---

[1] 2018年数据来自世界银行数据库,2021年数据来自国际货币基金组织。

当明显。展望未来，中美差距的基本走向是：美国不会容忍超越，中国不会放弃发展，中美竞争将是一个长期、复杂、反复甚至激烈的过程。

第一节
国力差距：发达国家与发展中国家的差距

我们用40项指标透析中美差距，结果表明，美国综合国力强、经济发展质量高，中国增长速度快、经济发展潜力大。中美综合国力差距仍然十分明显，有一些差距中短期内难以弥补。

1.人口：中国是美国的4.3倍。中国国家统计局、美国商务部经济分析局的数据显示，2021年中国总人口为14.13亿，美国总人口为3.32亿，中国国土面积、人口数量分别为美国的1.0倍和4.3倍。2021年美国城镇化率为82.9%，比按常住人口计算的中国城镇化率64.7%高18.2个百分点，比按户籍计算的中国城镇化率50%高32.9个百分点。

2.人均耕地面积：美国是中国的5.6倍。世界银行数据显示，2018年美国耕地面积为1 577.37万公顷，占世界耕地总面积（140 672.3万公顷）的1.12%，人均耕地面积为0.483公顷；中国耕地面积为11 948.87万公顷，人均耕地面积达0.086公顷。美国人均耕地面积是中国的5.6倍。

3.建交国家：美国比中国多9个。截至2021年底，世界上共有190个国家与美国建交。中国外交部数据显示，与中国建交的国家有181个，与美国建交的国家比中国多9个。据澳大利亚智库、洛伊国际政策研究所2019年11月发布的《全球外交指数》报告，中国驻外机构总数为276个，比美国多3个，中国已超过美国，拥有世界上最大的外交网络。

4. 人均可支配收入：美国是中国的6.5倍。国家统计局数据显示，2021年中国人均可支配收入约为35 128元；按美国商务部经济分析局数据折算，2021年美国人均可支配收入为22.7万元，美国人均可支配收入为中国的6.5倍。

5. 人均消费支出：美国是中国的7.1倍。国家统计局数据显示，2021年中国居民人均消费支出为24 100元，约3 442美元；美国劳工部劳工统计局消费者支出调查数据显示，2021年美国消费者单位年支出为24 606美元，美国是中国的7.1倍。

6. 居民储蓄率：中国是美国的2.3倍。自20世纪70年代至今，中国居民储蓄率保持世界前列，2010年以来，中国居民储蓄率有所下降。世界银行数据显示，2020年中国的总储蓄占GDP的44%，美国的总储蓄占GDP的19.3%，中国的总储蓄率是美国的2.3倍。

7. 人均住房：美国是中国的1.7倍。国家统计局数据显示，2021年中国城镇居民人均住房建筑面积为39.8平方米，而美国人均住房建筑面积约为67平方米，是中国的1.7倍。

8. 平均预期寿命：中国比美国多2.1岁。国家卫健委发布的《2021年我国卫生健康事业发展统计公报》显示，中国居民平均预期寿命为78.2岁。世界银行数据显示，2021年美国人均预期寿命下降至76.1岁，比2019年下降2.7岁，退回到25年前的水平。中国人均预期寿命已经超过美国，比美国多2.1岁。

9. 人均医疗支出：美国是中国的13.8倍。经济合作与发展组织的《卫生统计》数据显示，2021年美国人均医疗支出为1.1万美元，中国人均医疗支出为800美元，美国是中国的13.8倍。

10. 恩格尔系数：中国是美国的2.04倍。国家统计局数据显示，2021年中国居民恩格尔系数为29.8%，已迈入联合国粮农组织认定的最富裕国家行列。而美国的恩格尔系数是14.6%，中国是美国的2.04倍。

11. 人均能耗：美国是中国的2.6倍。《世界能源统计年鉴（2022）》数据显示，2021年美国基础能源消费量达到92.97艾焦（相当于31.7亿吨标准煤），中国为157.65艾焦（相当于53.8亿吨标准煤），中国为美国的1.7倍；美国人均基础能源消耗为2 799亿焦耳（相当于9.55吨标准煤），中国人均基础能源消耗为1 091亿焦耳（相当于3.7吨标准煤），美国是中国的2.6倍。

12. 博物馆和图书馆：美国是中国的5.4倍。资料显示，美国现有16 700座博物馆，公共图书馆数量达到16 968座，平均不到1.8万人就有一座博物馆和公共图书馆。中国的博物馆和图书馆约为6 200座，美国的博物馆和图书馆数量是中国的5.4倍。

13. 军费开支：美国是中国的2.7倍。瑞典斯德哥尔摩国际和平研究所数据显示，全球2021年军费支出超过2万亿美元，达到21 130亿美元，创下新的历史纪录。2021年美国军费支出达到8 010亿美元，中国军费支出为2 930亿美元，美国是中国的2.7倍。

第二节

经济差距：中国总量有望超美，人均差距巨大

中国国家统计局、美国商务部经济分析局的数据显示，2021年中国GDP为17.7万亿美元，美国GDP为23万亿美元，中美差距为5.3万亿美元。从经济格局来看，2019年中美两国GDP占世界GDP的40.7%，股票交易总额占70%，贸易额占20.3%，中美广义货币占世界总量的43.6%。

14. 72年GDP增速：中国是美国的10.4倍。1949—2021年，中国GDP由466亿元增长至114.37万亿元，如果按美元计算，由202.6亿美元增长到17.73万亿美元，增长了874.1倍。同期，美国GDP由

2 728亿美元增长到23万亿美元，增长了83.3倍，中国72年GDP增长倍数是美国的10.4倍。1978—2021年，中国GDP按美元计算增长了117.5倍，同期美国增长了8.8倍，中国43年GDP增长倍数是美国的12.1倍。

15.GDP总量：中国是美国的77.0%。世界银行数据显示，2021年美国GDP为23.0万亿美元，中国为17.7万亿美元，中国GDP为美国的77.0%，较2017年的63.2%上升了13.8个百分点。

16.GDP增速：中国约为美国的2.4倍。国家统计局数据显示，2017—2021年中国GDP增速分别为6.9%、6.5%、6.1%、2.3%、8.1%，同期美国GDP增速分别为2.3%、2.9%、2.3%、-3.5%、5.7%。2017年、2018年、2019年、2021年，中国GDP增速平均值约是美国的2.4倍。

17.劳动生产率：美国约是中国的4.3倍。世界劳工组织统计数据显示，21世纪以来，中国劳动生产率持续上升，特别是进入2010年后的9年时间，每名工人的产出增长了87.2%。同期，美国每名工人的劳动生产率仅增长了6.9%。但总体来看，美国劳动生产率约为中国的4.3倍。

18.三产占比：美国比中国高27.5个百分点。国家统计局数据显示，2021年中国三大产业比重分别为7.3%、39.4%和53.3%；美国商务部经济分析局数据显示，同年美国三大产业比重分别为1.05%、18.11%和80.84%。中国第三产业占GDP的比重比美国少27.5个百分点。

19.人均GDP：美国是中国的5.5倍。世界银行数据显示，2021年中国人均GDP为12 556.3美元，美国人均GDP为69 287.5美元，美国是中国的5.5倍。

20.国债：美国联邦政府债务是中国的4倍。美国财政部2022年2月1日公布的数据显示，美国联邦政府债务总额为31.1万亿美元，创历史新高，按照2021年23万亿美元的GDP计算，负债率高达135%。中国财政部数据显示，截至2021年末，全国政府债务为54.37万亿元,约合7.77万亿美元。美国联邦政府债务总额是中国的4倍。

21.第一产业增加值:中国是美国的6.3倍。国家统计局数据显示,2020年中国第一产业增加值是78 030.9亿元,约合11 147.3亿美元;同期,美国商务部经济分析局数据显示,美国第一产业增加值为1 758.02亿美元。中国第一产业增加值是美国的6.3倍。

22.第二产业增加值:中国是美国的2.2倍。国家统计局数据显示,2020年中国第二产业增加值为383 562.4亿元,约合54 794.6亿美元;同期,美国商务部经济分析局的数据显示,美国第二产业增加值是24 616.5亿美元。中国第二产业增加值是美国的2.2倍。

23 第三产业增加值:中国为美国的46.2%。国家统计局数据显示,2020年中国第三产业增加值为551 973.7亿元,约合78 853.4亿美元;同期,美国商务部经济分析局的数据显示,美国第三产业增加值是170 646.6亿美元。中国第三产业增加值仅为美国的46.2%。

24.国际贸易:中国对美国贸易顺差3382.2亿美元。中国海关总署数据显示,2021年,中国贸易顺差为6 764.3亿美元,其中美国贡献3 382.2亿美元,比2018年的3 233.2亿美元增加149亿美元。美国商务部数据显示,同年美国贸易逆差为8 591亿美元,贸易逆差增长26.9%,创历史新高,美国对中国贸易逆差3 553亿美元,比2020年增长450亿美元。

25.世界500强企业:中国比美国多21家。2021年发布的《财富》世界500强企业排行数据显示,中国公司数量(不包括台湾数据)达到135家,较上年增加11家,美国是122家,中国超美国13家;加上台湾地区企业,中国共有143家企业上榜,比美国多21家。根据英国品牌评估机构"品牌金融"发布的"2022全球科技品牌价值100强"名单,美国苹果以品牌价值3 550.8亿美元蝉联榜首,进入前10名的品牌还有亚马逊、谷歌、微软、脸书,中国有华为、微信、抖音和淘宝。进入前20强的品牌数量,美国占12家,中国占7家,美国科技品牌数量是中国的1.71倍。而在2020年全球科技品牌价值前20强中,美国占13家,中国为6家,美国是中国的2.16倍。

26.营商环境:美国排名领先中国25位。世界银行发布的《2020年营商环境报告》显示,中国营商环境排全球第31位,分值是77.9,较2018年度大幅提高15位;美国排在第6位,分值是84,比2018年上升了2位。美国营商环境排名领先中国25位。

27.全球经济增长贡献率:中国是美国的2.1倍。世界银行数据显示,2013—2021年,中国对世界经济增长的平均贡献率是38.6%,美国对世界经济增长的平均贡献率是18.6%,中国是美国的2.1倍。

第三节

创新差距:数量指标接近,质量差距明显

从科技格局来讲,中美的创新数量指标逐步接近,而创新质量指标的差距仍然十分明显。由于顶尖人才、科学仪器设备、科学方法高度依赖国外,中国短期内难以改变"少数领跑、部分并跑、多数跟跑"的科技格局。美国对中国的科技打压与封锁是"双刃剑",短期内会遏制中国科技发展,但必然会激发中国自主创新能力的大幅度提升。

28.创新指标:中国和美国均有6个世界第一。基于国际创新体系常用的13个指标分析,中国在研究开发人员、工程技术论文、专利申请量、国际专利、高新科技产品出口、世界500强企业6个指标上均处世界第一位。美国在期刊论文、科学论文数量、研发经费、10年篇均被引次数、世界100强大学、世界500强品牌6个指标上领先。

29.论文:美国高被引论文数量是中国的1.8倍。从发表的SCI、EI等论文数量来看,中国进步很快,但从引用次数处于各学科世界前1%的论文数量来看,中国和美国差距巨大。《2021年中国科技论

文统计报告》显示，中国高被引论文数为4.29万篇，占世界份额的24.8%；美国高被引论文数为7.71万篇，占世界份额的44.5%，是中国的1.8倍。

30. 国际专利：中国是美国的1.2倍。世界知识产权组织的数据显示，2021年中国申请人提交的《专利合作条约》专利申请量达6.95万件，同比增长0.9%，连续三年居申请量排行榜首位；美国为5.96万件，排名第二位。中国《专利合作条约》专利申请量是美国的1.2倍。

31. 研发经费：美国是中国的1.5倍。《2021年全国科技经费投入统计公报》显示，中国研发经费投入为3 993.8亿美元（27 956.3亿元），占GDP比重为2.44%，低于美国的2.8%。同年美国研发经费投入为5 987亿美元，是中国的1.5倍。

32. 研发重点：美国重视生物，中国重视信息。2005—2019年，美国生物与医学研发经费占联邦民用研发经费的比重一直保持在50%以上，另从美国发布的《国家创新报告》《先进制造业国家计划》《生物经济蓝图》《可信网络空间》等国家科技发展战略报告分析，美国研发经费支持的重点是健康、科学和太空等领域。2016年，美国生物与医学论文占自然科学论文的比重为61.6%，居全球第4位，而中国仅为39.2%，居全球第37位。可见，美国科技支持的重点是生物，中国科技支持的重点是信息。

33. 创新指数：美国比中国高8位。世界知识产权组织发布的《2021年全球创新指数报告》显示，中国排名第11位，较2020年上升3位；美国居第3位，比中国高8位。

34. 高科技产品出口：中国是美国的5.6倍。国家发展改革委数据显示，2021年，中国高新技术产品出口额为6.3万亿元，同比增长17.9%。2019年，中国高新技术产品出口额为7 307.5亿美元，美国为1 560.7亿美元，中国是美国的4.68倍，中国高新技术产品出口占制成品出口的比重为31%，美国为19%。世界银行公布的数据显示，

2005年中国高科技产品出口首次超过美国，2021年中国高科技产品出口额为9 423.15亿美元，同期美国高科技产品出口额为1 692.17亿美元，中国高科技产品出口额是美国的5.6倍。但是应当指出的是，美国在中国设有大量代工企业，按照现行国际规则，这些公司的产品出口额计入中国，但实际利润大部分却归于美国在华企业，中国企业只得到少数代工费。

35.知识产权进口：美国是中国的1.2倍。经查询世界银行数据库"知识产权使用费：支付（国际收支平衡，现价美元）"，在2019年知识产权进口费用排名中，中国仅次于美国排名第4位，爱尔兰排名第1位。中国支付的知识产权使用费用为343.7亿美元，美国为427.3亿美元，美国是中国的1.2倍。

第四节
教育差距：中美差距巨大，短期难以赶上

中国在教师队伍、教学方式、教材与科研设施等方面都与美国有巨大差距。美国顶尖科学家数量是中国的近4.3倍，美国人均教育经费是中国的8倍。教育差距是中美最大差距之一，也是最难弥补的差距，顶尖人才数量差距是中美最核心的差距之一。

36.全球百强大学：美国是中国的3.8倍。在2022年泰晤士高等教育公布的世界大学100强榜单中，美国有38所高校上榜，中国仅有10所上榜，美国是中国的3.8倍。顶尖大学与教师队伍的差距是中美最大、最难缩小的差距之一。

37.教育支出占比：美国是中国的1.3倍。中国教育部公布的《2021年全国教育事业统计数据》显示，中国劳动年龄人口平均受教育年限为10.9年，美国是13.4年，美国比中国多了2.5年。2021年中

国教育总投入超过5万亿元，国家财政性教育经费支出占GDP比例不低于4%，但是低于美国的5.2%，美国是中国的1.3倍。

38.顶尖科学家：美国是中国的2.4倍。科睿唯安发布的"2022年高被引科学家"名单显示，来自全球69个国家与地区的6 938位科研者入选。其中，美国有2 764人，占比从2021年的39.7%降至2022年的38.3%；中国高被引科学家人数有明显增加，由2021年的935人（占比14.2%）上升到2022年的1 169人（占比16.2%），但美国依然是中国的2.4倍。

39.接受留学生：美国是中国的2.8倍。《2019年美国门户开放报告》数据显示，2018—2019学年全球总计有109.5万名国际学生赴美求学，与2017—2018学年的人数基本持平，占美国高等教育学生群体的5.5%。其中，中国有近37万人赴美留学，连续10年成为美国最大生源国。教育部数据显示，2019年来在中国高等学校、科研院所和其他教学机构中学习的各类外国留学人员为39.8万名。美国接受留学生的数量是中国的2.8倍。

40.高校入学率：美国是中国的1.5倍。世界银行数据库统计显示，2020年，中国高等院校入学率占总人数的58.42%，美国是87.89%，美国是中国的1.5倍。

第十章
美国发动科技战的走向与风险

中美关系是当今世界最重要的国际关系,中美科技竞争必将影响世界科技发展、经济发展,乃至世界格局变化。美国发动贸易战,试图中断中美40多年的科技、经济合作,甚至走向"新冷战"乃至热战。三年贸易战的结果可能让美国政府失望了,因为贸易战以来中美的经济差距缩小了,而不是扩大了。美国打压中国芯片产业,结果却是美国芯片产业萎缩了,中国反而成为芯片产业发展最快的国家之一。

未来中美科技竞争的走向是什么?美国遏制中国科技发展的途径、风险、最终结果是什么?这会不会激发中国科技创新出现爆发式增长?这些问题已经引起中美两国政府及产业界,乃至全世界的广泛关注。我们的基本判断是:美国不会容忍超越,中国不会放弃发展;美国疯狂遏制中国,两败俱伤、世界遭殃;美国进行科技封锁,必然逼迫中国科技先减速后跨越;中美合作不仅会迎来双赢,还会使世界迎来更加美好的未来,希望一些美国政客不要做损人不利己的事。

美国遏制中国科技发展的主要途径是"限制、脱钩、破坏",中美科技竞争的关键领域是信息与人工智能、生物医药、空间技术、量子科技。

中美科技之争实际上是未来世界强国地位之争,粉碎美国科技封锁的战略是"避免新冷战,铸造新两弹",这是强国战略的核心。

美国前总统特朗普撕下美国精心伪装多年的遮羞布赤膊上阵,全面遏制中国崛起;拜登政府不改变遏制中国的方向,但改变了遏制中国的手段,联合国际盟友遏制中国。美国政府在发动制度战、体制战、贸易战、科技战、人才战等非常规战的同时,大肆干涉中国内政,并采取新冠病毒溯源"抹黑"等方式,疯狂制造"第二经济大国陷阱",遏制中国崛起。中美已经进入激烈竞争阶段,竞争的走向与结局不仅影响中美经济社会未来的发展,还必然制约世界和平与发展。

第一节
美国遏制中国科技发展的主要途径

美国遏制中国科技发展的主要途径是:限制、脱钩、破坏。

一、限制:严格限制高技术产品出口

在通过《瓦森纳协定》限制向中国出口高技术产品的同时,美国政府疯狂增加所谓的"实体清单",打压华为、中兴等企业以及科研院所、大学。拜登政府正在评估特朗普政府的对华政策,但不会放松对高技术产品的限制。美国已经针对中国在AI(人工智能)技术、芯片、机器人、脑机接口、先进材料等14类新兴和基础技术领域限

制出口。2020年10月7日，美国商务部针对向中国出口的相关芯片产品实施了有史以来最广泛的限制，除了禁止美国向中国出口先进芯片、技术和设备，还向荷兰施压，要求其在芯片设备上采取和美国一样的出口管制措施；同时，禁止美国人未经许可支持中国企业进行先进芯片的研发或生产。

二、脱钩：全面停止与中国的科技交流

技术脱钩是美国遏制中国科技发展的最具可能性的途径，包括4种方式。

（一）技术封锁：完全限制向中国转让高技术

从限制部分实体获得技术，转向全面技术封锁。在特朗普执政期间，美国通过实体清单和贸易制裁对中国企业和机构频繁实施出口管制。截至2023年3月，已有1200个中国实体被美国列入各种管制清单。其中，美国商务部公布的534个实体清单主要针对中国的5G通信、导航和综合技术通讯、半导体技术、人工智能、云计算和大数据技术、超级计算设施、港口水运设施和海洋工程、航空航天技术、核技术、军事科学技术。美国的出口管制措施不仅导致中国部分企业因无法获得关键技术、工具和原材料而停产，还阻碍了中国总体技术进口。

（二）人才封锁：彻底限制顶尖留学人员回国

美国通过以下4种途径实现对人才的封锁：一是限制签证，通过严格筛查、禁止入境、停发签证等方式，阻碍中国学生和学者赴美学习；二是调查外国学者，审查并打压华裔学者，自2017年美国发布《国家安全战略》和《国防战略》以来，美国联邦调查局、美国国家科学基金会、美国国立卫生研究院等部门和机构相继开展对外国学

者，特别是对华裔学者的调查，从十几人慢慢扩展成大规模的、有针对性的、地毯式的调查；三是控制联邦资助，限制聘用中国学生和研究人员，联邦资助成为美国政府影响机构（大学）培训和聘用行为的重要筹码；四是限制学术交流，美国将政治与学术交流捆绑，在学术交流中排挤中国学生和学者。

（三）仪器封锁：全面遏制中国高端科研活动

美国限制向中国出口高端科研仪器、设备与试剂，可能导致中国部分科研活动无法持续进行，科研创新能力停滞不前或迅速下降。美国的实体清单或将直接影响被纳入实体清单的采购方后续对相关软件的使用、升级及维护。美国未来可能通过实体清单限制高端科学仪器对华输送，进而限制我国关键行业、关键领域的发展。

（四）文献封锁：从源头阻断新科学方法的传播

美国阻断科技文献、专利信息的传播及学术交流，使中国与西方科技中心脱钩，无法取得科学基础数据、方法、方向等信息。比如美国关闭病毒基因数据库，中国无法得到世界其他国家病毒变异的基本数据，这导致相关研究停滞不前甚至偏离方向。

三、破坏：摧毁中国已经取得的成果

为达到遏制中国科技发展的目的，美国试图通过高价收购科研成果、高薪吸引科研人员、窃取科技情报、破坏科研基础设施等手段，抹黑我国重大科技成果、干涉高技术产品出口，甚至限制科技人员的人身自由。例如，美国国会众议院外交事务委员会以24票赞成、16票反对的投票情况通过了一项法案，该法案在全美彻底封锁TikTok（抖音海外版）。

第二节
中美竞争格局的五个基本走向

特朗普政府发布《国家安全战略》《国防战略》，制造"第二经济大国陷阱"，全政府动员遏制中国，拜登政府也不会放弃制造"第二经济大国陷阱"，中美竞争与博弈呈现5个趋势。

一、美国不会容忍超越，中国不会放弃发展

自美国1890年成为第一经济大国以来，世界第二经济大国无一例外全部衰退，并失去第二经济大国的地位，英、德、法、苏、日相继衰退。在中国于2010年成为世界第二经济大国后，特朗普政府发动贸易战，制造新的"第二经济大国陷阱"。拜登在2021年2月4日的外交政策讲话中称中国为"最重要的竞争对手"，并声称中国在挑战美国的"繁荣、安全和民主价值观"。拜登政府会继续执行特朗普政府遏制中国的政策，只会改变遏制方式，而不会改变遏制方向。

我们2015年在撰写《填平第二经济大国陷阱》一书时就预测，美国会制造新的"第二经济大国陷阱"并加大对中国的遏制力度，中美竞争将是一个长期、复杂、反复的过程，但基本走向是美国不会容忍超越，中国不会放弃发展。

二、美国实行科技封锁，激发中国科技提速

中国90%以上的高端医疗器械和90%以上的高端研发仪器都依赖进口，如果美国对科学仪器、实验设备、技术路线、顶尖人才等实行精准遏制，那么这将极大降低中国经济、科技发展的速度。中美经济差距小，但科技、教育差距较大。如果美国采取有效的遏制办法，

不与中国开展技术合作，不允许中国留学人员回国，不让新的留学人员学习核心技术，同时加大与中国在气候变化、贸易领域的合作，用碳中和手段遏制中国制造业的发展，把中国逼向"需要技术却没有技术"的死胡同，那么中国经济发展必然放缓，科技教育必然受阻。

但同时，美国的遏制必然会激发中国的创造力，使中国找到不被西方影响的方法，更快实现众多技术突破，从而实现跨越式发展。美国在超级计算机领域对中国实施技术封锁由来已久，但凭借自主创新，中国的超级计算机依然居全球领先地位。彭博社也曾发布类似观点，认为美国的新限制措施将帮助中国"再次伟大"。①

三、美国经济遏制失败，中国实现部分超越

美国的政治体制导致两党互争、联邦政府与地方政府的步调很难一致，党派利益高于国家利益，联邦政府管不了地方政府，只能干预别国内政。美国的经济体制导致贫富矛盾激化，经济发展过多依赖美元，国内矛盾难以从根本上消除，"甩锅"成为转移矛盾的被迫选择。美国的外交政策长期依靠炮艇、美元，越来越多的国家和地区已经不吃这一套了。美国的军事战略是天天打仗、到处惹事，它已经得罪了半个世界的人民，这把美国通过对世界的援助换来的荣誉消耗殆尽。美国走向衰落的原因是，自己把自己打败。在这种大背景下，美国遏制中国早期造成两败俱伤，中期导致世界遭殃，后期必然是引发众怒，走向失败。

中国向世界输出价廉物美的产品，不输出制度，也不输出债务，反而招来美国的疯狂遏制。世界各国人民需要价廉物美的产品，不需要"一国优先"，更不想被干涉内政。中国必然会在一些领域超越美国，

---

① 资料来源：彭博社，https://publisher.tbsnews.net/analysis/new-us-restrictions-will-help-make-china-great-again-173683。

中国"以和为贵"的文化逐渐被世人接受,世界将迎来"后美国时代"。

美国商务部经济分析局和中国国家统计局的数据显示,2019年,中国第一产业、第二产业、第三产业的增加值分别是美国的6倍、1.4倍和0.45倍,中国拥有14亿人口,而服务业的增加值还不到美国(3亿人口)的一半。如果中国能依靠人口优势把第三产业搞上去,我国的GDP就能超过美国的。当然,因为人口众多、人均资源少,我国的人均GDP很难超越美国,中国仍然是一个发展中国家。

四、美国疯狂遏制中国,两败俱伤、世界遭殃

通过对美国当年遏制苏联、日本、德国的做法进行比较研究,我们发现美国对不同国家采取"一国一策"的方法。在《填平第二经济大国陷阱》中,我们研究提出了美国遏制中国的12种非常手段,将其称为12种常规战,目前制度战、体制战、贸易战、科技战、货币战、人才战已经不同程度地开始了。美国这几年的遏制虽然使中国的高科技发展在一定程度上受到了影响,给中国经济的发展带来了一些障碍,但总体来看,随着策略的调整,中国前进的动力依然强劲。相比而言,美国不但可能会失去现在的市场,而且未来的市场也存在很大的不确定性。《华盛顿邮报》曾刊文称:"美国对华筑高墙,却让本国企业遭受数十亿美元的损失。"虽然美国对中国加征多轮关税,试图刺激产能回流美国,并试图减少自身对中国进口的依赖,但过去几年的数据显示,除2019年和2020年进口依赖度下降外,2021年美国从中国进口的商品随进出口总额同步大幅反弹,美国对中国的贸易逆差也扩大8%,达到3 829亿美元。2022年,美国自身货物和服务贸易逆差较2021年飙升12.2%至9 481亿美元,创历史新高。[①]

目前,美国极有可能不顾本国经济受损,或在内部矛盾激化的情

---

① 资料来源:新华网,http://www.news.cn/world/2023-02/08/c_1129346004.htm。

况下转嫁矛盾，疯狂遏制中国崛起，悍然发动网络战、粮食战、石油战、生物战、空间战和局部军事战争6种非常规战。这不仅会给中国的发展带来暂时的困难，还会给美国的发展带来困扰，从而影响世界经济发展的活力。

五、中美合作双赢多赢，创造世界美好未来

世界银行的数据显示，2018年，中美两国GDP占世界经济总量的40%，股市占54%，贸易额占23%，美元与人民币占世界货币流通量的74%。中美贸易战的实质是世界经济大战，因此中美只有合作才能双赢。"中国威胁论""中国超越论"都缺乏科学依据，"中国发展论"才是硬道理。

中国经济超越美国并不会对美国造成威胁。中国人口是美国的4.6倍，中国的经济总量会超过美国，但人均GDP很难超越美国。美国仍然是世界上最大的发达国家，而中国则是最大的发展中国家，不会对美国构成威胁，中国制造的价廉物美的产品反而会使美国人的生活质量更高。

中国不会输出制度，美国没有必要担心。中国政府明确指出，中国不输入制度，也不输出制度。中国只按照自己的国情选择适合自己的发展道路，并不断深化改革，完善社会主义体制机制。中国从来不想改变任何国家，也不干涉别国内政。美国认为中国会颠覆美国的"传统发展方式"，完全是庸人自扰。

总之，美国综合国力强，中国发展潜力大，美国拥有世界一流科学技术，中国拥有世界最大市场，和则创造辉煌，斗则导致灾难。中国政府多次表明，不输出制度，不做老大，美国政客非要制造"第二经济大国陷阱"，硬生生地把一副好牌打烂。事实多次证明，"中国崩溃论"者崩溃，"中国威胁论"者天天威胁别人，"中国发展论"者必将持续发展。

第三节

中美科技竞争与脱钩的主要风险

美国遏制中国科技发展的主要目标是使中国科技创新能力短期内下降，延缓中国建设世界科技强国的进程，使中国与新科技革命失之交臂，最终使中国经济失去科技这一强有力的引领和支撑。美国则能再次利用新科技革命红利，在中国经济总量超过美国后再次实现反超。

一、导致中国科技创新能力短期内下降

如果美国对科学仪器、实验设备、技术路线、顶尖人才等方面实行精准遏制，那么这将极大阻碍中国高端科研活动的开展，减缓中国经济、科技的发展速度，导致中国科技创新能力短期内下降。

二、延缓中国建设世界科技强国的进程

特朗普在执政期间一直推动美国与中国科技脱钩，中美科技关系面临全面脱钩和滑向"冷战"的危险。拜登上台后仍视中国为战略竞争对手，中美科技关系的性质没有发生根本变化，美对华科技脱钩风险将长期存在。如果美国持续对中国科技进行遏制、打压，特别是限制顶尖人才回国、高端仪器设备出口、科学试剂出口，中国部分研究活动就会受阻甚至停止，中国自主研制大量的高端科研仪器需要十几年甚至数十年的时间。因此，美国与中国科技脱钩，将在很大程度上延缓中国建设世界科技强国的进程。

三、迫使中国与新科技革命失之交臂

当前,信息技术革命方兴未艾,智能化正在把数字经济推向更高的发展阶段。越来越多国家的政府与科学家认为,生物技术将引领新科技革命,美国将仍是新科技革命的引领者。中国生物技术与产业发展迅速,但目前绝对达不到引领或共同引领新科技革命的水平。2019年11月28日,美国参议院军事委员会召开"生物威胁"听证会,明确提出英国领导了工业革命、美国领导了信息革命,中国的目标是领导生物技术革命,美国不应让步。2020年,美国参议院听证会明确提出英国领导了机械化、美国领导了信息化,中国要领导生物化,美国绝不能允许。2022年9月,美国总统拜登签署《生物技术与生物制造法案》,其目的是使美国保持技术领先地位和经济竞争力,7个主要措施中有3个与中国相关,特别是评估中国发展生物经济对美国国家安全和经济的影响。2023年3月,美国发布了《美国生物技术和生物制造的明确目标》,该报告长达64页,由美国能源部、农业部、商务部、卫生与公众服务部和国家科学基金会共同编撰。在该报告中,拜登政府详细阐述了美国生物制造的研究和发展目标,涵盖"气候变化解决方案""增强粮食和农业创新""提高供应链弹性""促进人类健康""推进交叉领域进展"5部分。这5部分包含21个主题、49个具体目标,同时每个板块都提出了相应的目标,突出生物技术和生物制造带来的可能性,可见美国对生物领域的重视。这些行动意味着美国遏制中国生物技术发展是迟早的事,中国再次与科技革命失之交臂的风险陡然增加,必须引起政府的重视。

2001年11月,我们就向有关部门汇报"生物技术将引领信息技术之后的新科技革命",提出应该及早"抢占生物经济制高点"。2002年,我们建议"像抓'两弹一星'一样抓生物技术"。2005年,中国14个部门联合7个国际组织召开"首届国际生物经济大会",引起世界广泛关注。同年,欧盟召开"生物经济大会",美国兰德公司提出

"信息技术将让位于生物技术，生物技术将引领新科技革命"，小布什总统提出"美国要领导世界，必须依靠生物技术"。2012年以来，美国、欧盟先后发布生物经济蓝图或规划，德国、日本、韩国、新加坡、泰国等10多个国家的领导人亲自兼任生物技术研究或产业化方面的领导人。60多个国家和地区制订了有关生物经济的政策和规划。近年来，许多国家政府进一步加大抢占生物经济制高点的力度，生物经济已成为国际高科技竞争的重点。

世界经济大国都曾引领过一次科技革命，农业经济时代的中国、工业经济时代的英国、数字经济时代的美国都是如此。新冠肺炎疫情之后，各国可能进一步加强生物技术研发，生物技术引领的新科技革命可能提前到来，而美国可能进一步加大对中国生物技术与产业的遏制力度，中国可能继错失机械化、电气化、信息化机遇之后，再次与新科技革命失之交臂。这是事关经济发展、民族伟大复兴的重大问题，绝不能等闲视之，我们没有任何资本、任何理由再次与新科技革命失之交臂。

第十一章
中国科技安全面临十大困难

中国科技安全面临的最大问题是什么？多数官员、科学家、企业家都认为是高端芯片被"卡脖子"。我们研究发现，我国芯片进口额连续两年超过4 000亿美元。美国联合其盟友疯狂打压中国高端芯片发展，既没有把华为公司打垮，也没有使中国数字经济发展减速，只是短时间内遏制了中国高端数字产品的发展。随着中国芯片创新能力的提升，高端芯片被卡的问题一定能解决。因此，芯片安全是当前社会各界讨论最热的科技安全问题，是当前的、短期的问题，并不是长远的、最致命的问题。长远的、更大的科技安全问题是中国可能错失新科技革命机遇。历史上，世界第一经济大国都引领过一次科技革命，中国要达到并保持第一经济大国地位，就必须引领或共同引领下一次科技革命，我们没有任何资本、任何理由再次与新科技革命失之交臂。

中国科技不安全的根源是什么？毫无疑问，美国千方百计地遏制中国崛起是当前的主要原因，但仔细分析发现，美国限制高科技出口不是今天的事,核技术、航天技术等尖端科技以前就不卖给我国。我们不能只怪美国不卖给中国高科技,因为卖与不卖是美国的权利。我们要找自己的根本原因,为什么高科技发展不上去,且总是依靠别人?早在1976年,有关部门就讨论过发展光刻机的工作。2008年以后,国家重大专项专门投入巨资支持发展集成电路,地方政府与企业纷纷投资开发芯片,但为什么我们的"芯病"还是解决不了?

具体而言,中国科技安全面临十大难题。

第一节
芯片被卡,制约数字经济发展

数字经济发展是以大数据、智能算法、算力平台三大要素为基础的。没有数据,数字经济的发展就是无米之炊;没有芯片,再好的算法也没有用武之地,算力平台也没有存在的基础。

芯片是数字经济的重要组成部分,没有芯片的支撑,数字经济的发展就失去了"主心骨",小小的芯片已经成为影响现代社会和经济发展最重要的东西之一。2022年,中国数字经济规模已达50.2万亿元,美国实施的《芯片和科学法案》以及一系列禁令,不仅使中国半导体企业的生存环境更加严峻,还给中国数字经济乃至整个经济的增长带来了巨大压力。比如,消费电子已经成为拉动经济增长的主力之一,但由于受到高端芯片被"卡脖子"的影响,2022年中国智能手机总出货量为2.86亿部,同比下降13%,创有史以来最大降幅。事实上,在中国,芯片的重要程度在某种程度上甚至超过了石油。数据显示,2022年中国为进口芯片支付的费用相当于全年进口石油和铁矿石的费用总和。

图11-1为2017—2022年中国芯片进口情况。

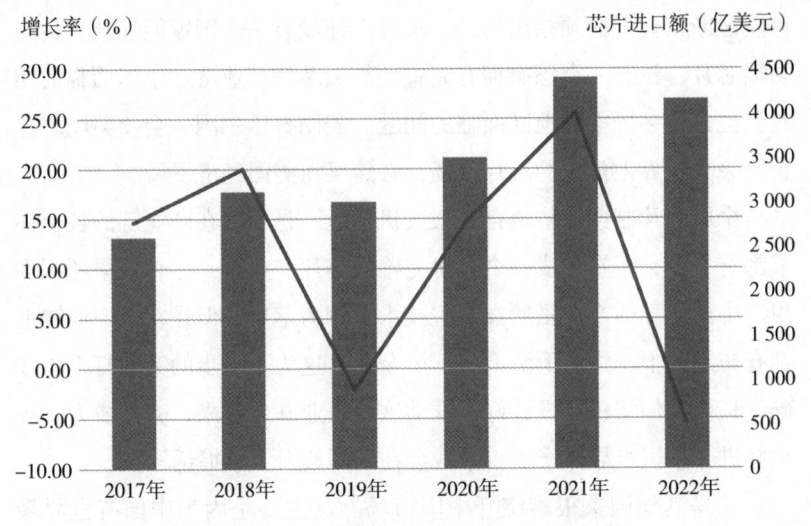

图 11-1　中国芯片进口情况（2017—2022年）

资料来源：海关进出口数据、华夏基金。

另外，从芯片产业链现状看，中国芯片产业的发展态势严峻。在2020年的"万物智联，芯火燎原"人工智能芯片创新主题论坛上，钱锋院士曾提到，在芯片领域，中国除了产业链上下游封装测试，其他环节均与世界先进水平差距较大：设计环节，起步较晚，目前处于追赶地位；材料环节，几乎被日本企业垄断；设备环节，供应商主要分布在荷兰、日本、美国；制造环节，中国落后于世界领先水平5年。①这意味着，若没有整体突破，即使在芯片设计上有很大进步，中国在芯片生产方面依然不能实现自主可控。这也是我们面对的困境：即使拥有全球领先的芯片设计能力，国内芯片制造公司也没有能力制造出来。因此，如果中国半导体产业继续被"卡脖子"，那么未来不仅仅是华为被断供，联想、小米、OPPO、vivo 等终端厂商都有

---

① 资料来源：广州日报，https://www.gzdaily.cn/site2/pad/content/2020-07/11/content_1321107.html。

可能被断供。但必须指出的是，世界上还没有一个国家能够独立生产高端芯片，没有一个国家拥有完整的高端芯片产业链。中国面临的问题，也是许多国家和地区面临的问题。美国打压中国，会使美国芯片企业失去世界上最大的芯片市场，必然反噬美国经济发展。

中国芯片制造业依然存在很大机会。一是中国在产业链的各个环节都有企业，正在形成一个相对完善的芯片产业链，尽管效果还不理想。中国半导体产业虽然在某些技术上较为落后，但是在全产业链上都有布局，上、中、下游都有不少企业。这为下一步的突破打下了基础，只要我们将机制设计好，推动这些企业联合起来，齐心协力、齐头并进，中国半导体产业将来就会在国际舞台上掌握话语权。

二是其他国家很难绕开中国市场。这主要是因为中国有世界最大的市场，比如，高通营收的60%、英特尔营收的25%、泛林营收的30%，应用材料营收的33%都来自中国，很难想象这些企业能真正放弃中国市场。

三是中国创新实力逐步增强。虽然中国在芯片制造、材料、设备等方面还有很大的进步空间，但我们也应该看到，没有一个国家能够在整个产业链上完全掌握所有技术。中国这些年在芯片上的投入，已经产生了很大效果；再加上中国在芯片产业领域具有自下而上、根基牢固、可持续性足的特点，如果能充分利用各种优势，那么中国在芯片领域的"卡脖子"问题必将得到解决。

第二节

爬错山头，错失新科技革命

2021年，笔者在国防大学为学员授课时，有位军官在课堂上提问："中国未来最大的科技安全问题是什么？"我回答："当前是高端芯片被"卡脖子"，未来更严重的问题是爬错了山头。"当时在场的学员们都感到疑惑，接着这位军官又问："山头是指什么？"我说："部队打仗通常要抢占有利山头，科技安全的山头则是未来新科技革命的制高点。

什么是爬错山头？就是在抢占未来科技革命制高点时，抢错了科技领域，找错了引领新科技革命的核心技术。如果我们主攻的科技制高点与别国不同，几十年后才发现爬错了山头，那么再下山追赶已经来不及，同时浪费了大量的时间和资源，从而再次与新科技革命失之交臂。

一、生物技术将引领新科技革命

从2001年我们向国家有关部门报告"生物技术将引领信息技术之后的新科技革命"以来，特别是2005年中国联合7个国际组织召开"首届国际生物经济大会"，欧盟召开"生物经济大会"以来，生物技术将引领新的科技革命已成为许多国家或地区的共识。

国际生物经济竞争日趋激烈。许多国家，特别是发达国家，已将民用科研经费的40%～50%用于生物与医药技术研发。《美国科学与工程指标2020》的数据显示，全球26个国家的生物与医药论文数量占本国自然科学论文数量的50%以上，其中美国、荷兰、丹麦、澳大利亚等5国超过60%。《世界知识产权组织2021》的数据显示，瑞士、荷兰、俄罗斯等国家的生物与医药专利授权量已占本国专利授权量的30%。大部分发达国家的生物经济（生物医药加生物农业）已占本国GDP的10%以上，美国接近20%。全球60多个国家制定了生物经济发展规划或蓝图，10多个国家的领导人亲自兼任本国有关生物经济机构的领导人。

二、中美生物技术差距大于信息技术差距

中国在生物技术领域取得了巨大成就，但与美国、日本等发达国

家相比，与引领或参与引领新科技革命的目标比，差距十分明显，这突出表现为4个"90%以上"：90%以上的化学药品是仿制药，90%以上的高端医疗器械靠进口，90%以上的高端研发仪器靠进口，90%以上的自然科学基金申请项目缺乏原始创新。

第一，从技术源头看，中国90%的生物技术的根技术、硬技术来自国外。基因测序、基因编辑、蛋白结构、干细胞、抗体、脑科学等核心技术的根技术来自国外。许多研究课题都在重复别人的研究，也就是说，用我们的钱、别人的仪器来重复别人的研究，过去是低水平重复，现在多是高水平重复。

第二，从科技仪器看，中国生物技术领域90%的高端仪器设备依赖进口。高倍显微镜、质谱仪、高效液相色谱仪几乎全部依赖进口，有时连鼠、猴等实验动物也不得不进口。世界一流的仪器设备通常是各个实验室自制的，根本买不到；二流的仪器设备被《瓦森纳协定》限制向中国出口；中国只能买到三流的仪器设备。没有研究方法与仪器设备的重大突破，中国不可能从根本上改变生物技术受制于人的局面，一旦技术脱钩，许多实验室将无法正常开展工作。

第三，从科学论文看，美国高被引论文是中国的8倍。我们对中美两国在基因编辑、肿瘤免疫、DNA损伤修复、细胞免疫治疗CAR-T、基因疗法、干细胞治疗6个前沿领域的科学论文进行了比较，中国、美国的论文数分别为21 331篇和84 196篇，其中高被引论文分别为241篇和1 933篇，美国的论文数、高被引论文数分别是中国的3.9倍和8.0倍。另外，我们对生物安全领域的论文数进行了分析，中国、美国分别在生物安全领域发表论文13 073篇和48 675篇，美国是中国的3.7倍。我们对不同国家或地区的生物与医药论文占本国自然科学论文的比重做了研究，全球26个国家或地区的生物与医药论文占本国自然科学论文的50%以上，荷兰、丹麦、土耳其、美国、澳大利亚5个国家超过60%，中国仅为39.2%，居第37位。2016年，全球生物与医学论文占所有自然科学论文的50.8%，这一数据仍处于持续上升态势。可见，中国不仅与美国有差距，还与一些发展中国家有差距。

第四，从发明专利看，美国的专利申请量、专利被引次数分别是中国的3.4倍和25.7倍。我们对中美两国在基因编辑、肿瘤免疫、DNA损伤修复、细胞免疫治疗CAR-T、基因疗法、干细胞治疗6个前沿领域的专利申请量进行了比较，截至2018年底，中国、美国的专利申请量分别为6 677件和2 2560件，专利被引次数分别为10 571次和271 500次。美国的专利申请量、专利被引次数分别是中国的3.4倍和25.7倍。

第五，从高端人才看，美国生物领域的高被引科学家数量是中国的20.7倍。汤森路透公布的数据显示，2019年全球高被引科学家共6 216名，其中美国2 737名，占44.0%；中国701名，占11.3%。全球生物领域的高被引科学家1 963名，其中美国974名，占49.6%，中国47名，占2.4%，美国生物领域的高被引科学家数量是中国的20.7倍。中国生物领域的高被引科学家不但绝对数量少于美国，而且相对比例也远远低于美国，低于全球平均数。从不同学科看，在临床医学、免疫学、神经病科学与心理学等事关人民生命健康的领域，美国高被引科学家数量分别是中国的227倍、79倍和75倍；在药物毒理学领域，中国高被引科学家数量为0。

第六，从企业投入看，美国医药企业的研发经费约为中国医药企业的10倍。美国医药研究协会的数据显示，美国2017年在医药领域的研发投入是970亿美元，折合6 547.5亿元。同年，中国规模以上医药工业企业的内外部研发支出为606.03亿元，仅为美国的9.26%。此外，2018年，中国A股、港股、新三板、中概股中的1 004家医药上市公司的总研发投入为661亿元，同年强生公司的研发投入为712.2亿元，中国1 004家医药企业的研发经费少于美国一家公司的。

第七，从研发基地看，美国高等级生物安全实验室是中国的15倍以上。美国拥有P4实验室15个、P3实验室1 495个，分别是中国的15倍和21.9倍。由于《禁止生物武器公约》还没有形成缔约国核查机制，美国许多高等级实验室还没有被公开，中美在这方面的差距可能比我们认为的还要大。

第八，从法规体系看，中国的生物技术与生物安全法规建设和美国也有一定差距，存在法规数量少、出台速度慢的问题。美国十分重视生物领域的法规体系建设，出台有关生物经济、生物安全的法规多达20多部，其中2015年以后多达9部。中国围绕生物技术、生物安全制定了一系列法规，但相对数量少、出台速度慢。2002年中国开始研究生物安全法立法，耗时18年之久，直到2020年10月17日才公布《中华人民共和国生物安全法》。

三、再次错失科技革命机遇尚未引起重视

每一次科技革命都改变了世界格局。中国领导了农业经济时代，英国领导了工业经济时代，美国领导着数字经济时代。新冠肺炎疫情引发新一轮生物技术国际竞赛，美国可能会加大对中国生物技术的遏制力度。若不采取新型举国体制，加速生物技术与产业的发展，中国可能再次与新科技革命失之交臂，但这一问题并没有引起足够重视。

2022年9月，美国总统拜登签署《生物技术与生物制造法案》，其目标是使美国保持技术领先地位和经济竞争力，该法案7个主要措施有3个与中国相关：一是加强生物技术产品监管审批，二是提高生物安全风险管理，三是评估美国生物经济的外部威胁，特别是评估中国发展生物经济对美国国家安全和经济的影响。美国遏制中国经济发展的重点已从信息领域扩展至生物领域。由此可见，中国迫切需要抢在美国出台大规模遏制措施之前，成立国际生物经济联合会，建立国际化、体系化、制度化的国际生物经济共同体。这是打破美国生物封锁、削弱美国生物霸权的战略举措，不仅非常必要，还十分紧迫。

第三节

原创不足，甚至找不准原因

通过检索439万余条文献信息以及对22个行业的创新能力进行国际比较，我们发现，中国是近年来论文数量、质量增长最快的国家，工程论文质量指数居世界第2位，资源性行业论文质量相对较高；专利申请量增长速度跃居世界第1位，专利数量不多、增长不快的问题基本得以解决，但专利质量不高的问题仍相当突出。也就是说，在中国科技实现跨越式发展的过程中，论文、专利数量不足的问题得以基本解决，质量不高成为主要矛盾，科技发展已经进入提高创新质量、驱动经济社会发展的新阶段。

中国现阶段创新质量不高是管理界、科技界、产业界，乃至国外科技同行的共识，但对于创新质量不高的原因，各界却很难达成共识，从不同的角度有不同的理解。

第一，重视基础研究的观点认为，基础研究投入不足研发经费的5%，导致原始创新不足，这是创新质量不高的主要原因。创新质量提高是一个渐进的过程，只要不断增加基础研究投入，随着科学积累的增加，创新质量不高的问题就会逐步解决，但不可能一蹴而就。

第二，重视应用研究的观点认为，企业没有成为创新主体，许多研究"研非所用"，造成大量浪费，导致技术创新很难支撑经济社会发展，创新质量肯定不高。加速让企业成为技术创新主体，是解决创新质量不高、缩小中国与发达国家差距的有效且正确的道路。

第三，重视人才的观点认为，创新质量不高的根本原因是缺乏国际一流人才。没有尖子人才，大量研究都是"低水平重复"或"高水平重复"的，难以产生原始创新成果。中国要大量引进海外尖子人才，不要只在留学人员中找人才，要成为世界科学创新中心，争夺国际人才是一场必须打赢的战争。

第四，重视创新设备与方法的观点认为，用别人的设备、方法很难做出世界独创的科技成就。"用别人的枪，走别人走过的路，只能打别人剩下的鸟"，没有科学仪器、设备、方法的巨大创新，中国就很难开拓科技创新的新局面。因此，中国要在科学仪器、设备、方法、基地建设方面下功夫，为提高创新质量奠定坚实的基础。

第五，重视科技管理的观点认为，管理分散、人员有限、经费不足是导致创新质量不高的根本原因。因此，中国要改革管理体制、制订统一规划、集中管理经费、统一部署课题，减少重复与浪费。

第四节
人才赤字，2/3顶尖人才在国外

人才是第一资源，得人才者得天下。中国是人类历史上最重视人才的国家，不是之一，而是第一。科举制度是人类历史上持续时间最长、重用力度最大、奖励力度最大、考官级别最高、影响范围最广的人才制度。目前，国家实施人才强国战略，优秀人才、顶尖人才不断涌现，在人口红利即将消失之前，中国已经初步形成了巨大的人才红利、创新红利。

在充分肯定成绩的同时，我们应当看到，中国科技人才队伍的数量、质量与发达国家相比仍然有很大的差距，特别是顶尖科学家的差距更大，这直接制约着中国建设科技强国、实现民族伟大复兴。中国在为贸易顺差感到喜悦的同时，却不得不为人才逆差而担忧。各省高考状元、优秀科学家大量外流，顶尖留学人员引不来、留不住、用不好的问题在一些地方仍然存在。一方面，美国限制顶尖人才回国，甚至阻止华人科学家与中国进行合作研究，顶尖人才回国难、合作难的问题越来越突出。另一方面，引进的人才留不住、用不好。一些地方、部门在开完新闻发布会后就不管引进的人才了，承诺的科研条件不能及时满足。个别地方或部门不仅"好龙"，还出现了"坑龙、废龙"的问题，让一些顶尖人才不从事自己擅长的科学事业，而是去经商或从政，十分可惜。

经统计，过去10年美国授予临时签证持有人博士学位共177 454个，其中排名前三的国家分别是中国、印度、韩国，来自这3个国家的学生获得的学位数量占总数的一半以上；2020年，共6 337名中国学生获得博士学位，远超排名第二的印度（获得博士学位的总数为2 256）和第三的韩国（获得博士学位的总数为1 054）（见图11-2）。最新一期《美国博士学位调查统计报告》显示，有79.4%的中国博士毕业生打算继续留在美国。另据日本经济新闻报道，截至2022年6月底，美国高端外国人才有17 199人，其中来自中国的高端外国人才占66%，远远领先于第2名的印度（6%）和第3名的韩国（4%）。

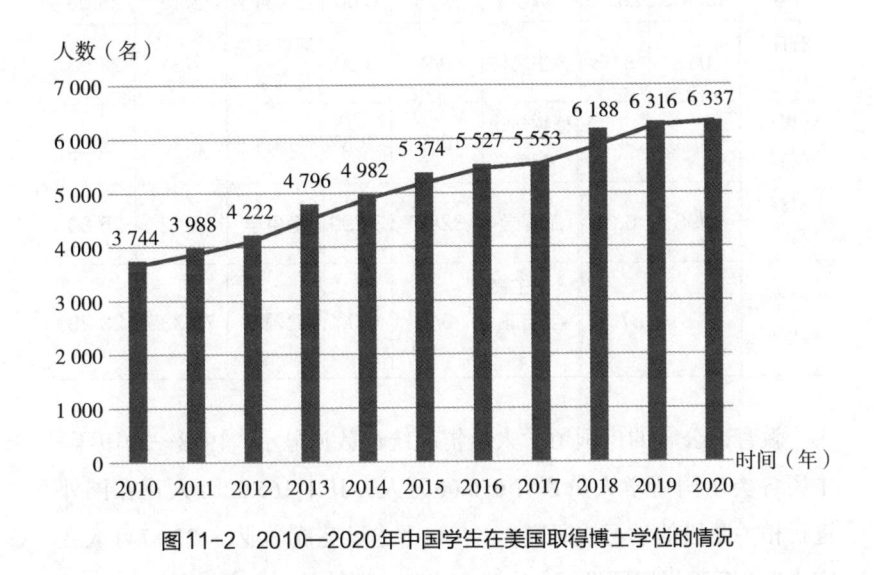

图11-2 2010—2020年中国学生在美国取得博士学位的情况

我国2/3顶尖人才仍然滞留国外，我们应积极创造条件，吸引顶尖人才回国。以爱思唯尔发布的"全球顶尖科学家排名"第4版榜单为例，前1 000名科学家中的华人科学家共31人，但滞留在国外的有21人，即2/3的顶尖科学家仍在国外；从滞留国家来看，华人科学家留在美国的最多，共16人。在爱思唯尔发布的"2022年全球高被引学者"名单中（见表11-1），华人科学家共1 088人，其中在国外的华人科学家共266人，华人科学家最多的国家分别是美国（148人）、澳大利亚（39人）和新加坡（32人）。

表11-1　2022年全球高被引学者中华人科学家留在国外的情况分析表

学科领域	国外人数/总数	占比（%）	学科领域	国外人数/总数	占比（%）	学科领域	国外人数/总数	占比（%）
农业科学	8/36	22.22	物理学	29/58	50.00	神经科学与行为学	0/3	0.00
生物学与生物化学	21/38	55.26	经济与商业	2/6	33.33	精神病学与心理学	4/4	100.00
化学	48/163	29.45	数学	0/18	0.00	社会科学	3/13	23.08
临床医学	1/12	8.33	微生物学	0/9	0.00	环境与生态学	7/31	22.58
计算机科学	24/70	34.29	植物与动物学	10/35	28.57	地球科学	8/36	22.22
材料科学	0/98	0.00	工程学	32/97	32.99	免疫学	3/12	25.00
药理学和毒理学	3/8	37.50	分子生物学与遗传学	0/6	0.00	跨领域	78/335	23.28

教育部公布的出国留学人员情况统计数据显示，1978—2019年，中国各类出国留学人员累计656.06万人，其中165.62万人正在国外进行相关阶段的学习或研究，490.44万人已完成学业，423.17万人在完成学业后选择回国发展，占已完成学业群体的86.28%（见图11-3）。按照2021年全国在校学生人均一般公共预算教育经费15 356.59元计

算，中国因向外输送人才而损失的教育经费初步估算达2 543.36亿元。如何将这么庞大的留学生资源利用起来，避免巨大损失，是必须思考的问题。

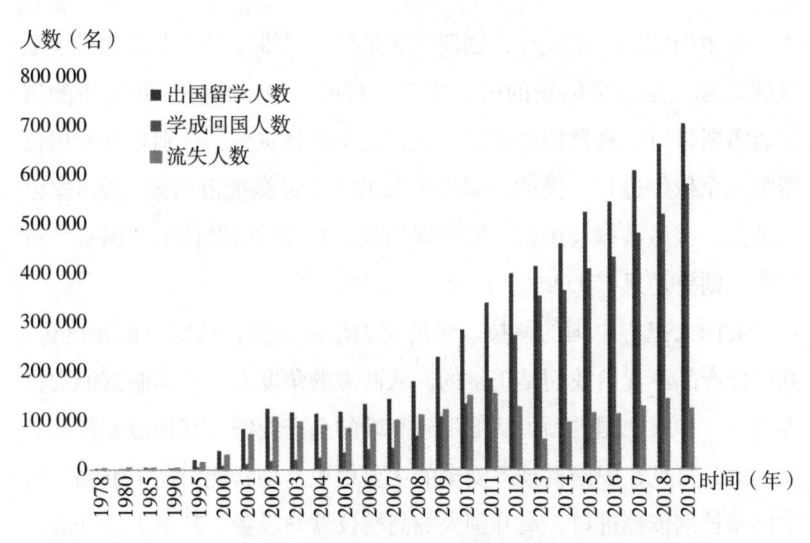

图11-3　1978—2019年中国出国留学人员与学成回国人员情况

资料来源：根据教育部相关数据统计整理。

中国是少数提出人才强国战略的国家之一，然而，人才引进、使用政策落实不到位。一边喊着"缺人才"，一边对身边的人才视而不见，对引进的人才弃之不用的现象屡见不鲜。抢人才方法多，用人才方法少；有些部门招几个人才来充当政绩，至于之后怎么办，其实根本没有认真研究过，新闻发布会结束后就再也找不到落实政策的人了。这不仅是对人才的浪费，还是对国家和地方资源的浪费。

第五节

仪器被限,科技依赖症犹存

自主创新,方法先行,创新方法是科学思维、科学方法和科学工具的总称,是自主创新的根本之源。目前,中国约73%的分析测试仪器需要进口,高档精密仪器的进口比例高达90%,个别特种专用仪器则完全依赖进口。例如,国内99%的电子显微镜市场被全球5家公司瓜分;核磁共振波谱仪、液质联用仪、X射线衍射仪的"国货"占比率,则更是只有0.99%、1.19%、1.32%。①

美国人担心中国的科技、经济实力超越美国,从对方的角度讲,高科技产品不卖给我们是正常的。从西方的角度看,中国制造能力世界第一,如果中国占领了从低端到高端的全产业链,其他国家如何立足?由此可见,中国科技不安全的主要根源是创新能力还不够强,科学仪器长期依赖进口,离开别人的高端仪器与设备,甚至无法开展高水平科研。一些所谓的知名专家,其实是用别人卖出的二流设备和方法做研究、写论文,尽管在国内有名气,但在国际上并未得到认同。缺乏科学思想与理论,缺乏创新方法与仪器,长期依赖别人的仪器与方法,这种"科研依赖症"是中国科技不安全的根本原因。因此,要从根本上解决科技不安全问题,绝不能期望美国不遏制、不脱钩,而要早日摆脱"科研依赖症",创新方法、创造仪器,大力发展原始创新,发展自己的高科技。

---

① 张盖伦. 近九成科学仪器依赖进口,"国货"如何突围[N]. 科技日报,2021-07-06.

第六节
机制不顺，科技经济融合难

科学技术是第一生产力，经济建设必须依靠科学技术，科学技术必须面向经济建设。科教兴国战略、创新驱动发展战略等为加速科技与经济融合指明了方向，奠定了理论基础，极大地促进了科技与经济的融合。但是，中国的科技与经济融合问题仍然相当突出，创新指数处于世界第11位的创新体系却难以满足世界第二大经济体持续发展对科技的巨大需求，科技供给捉襟见肘，经济发展无米下锅。

关于科技与经济脱节的原因，众说纷纭，莫衷一是。一些专家认为科技评价导向偏离，导致科技界过多重视论文与专利；一些专家认为经济体制改革不到位，企业没有成为科技创新的主体；一些专家认为，中国的科技研发经费已超过2万亿元，缺乏重大技术成果主要是因为科技管理不善，甚至提出将科技管理职能直接交给经济部门；一些专家认为，科技发展需要长期积累，科技投入刚刚上去，形成重大技术成果需要一定时间；多数专家则认为，科技管理高度分散，导致机构重叠、课题重复、科技资源浪费严重，取消科技管理部门将会使科技宏观管理更加薄弱，科技发展效率可能会进一步下降。

那么，科技与经济融合问题的根源在哪里？我们研究发现，科技与经济结合不紧密，既有科技创新能力弱，不能满足经济、社会发展对技术需求的原因，也有经济体制改革不到位，企业尚未成为科技创新主体的原因，更有科技发展、经济发展所处阶段不同等深层次原因。

从科技发展角度分析，中国尚处于科学积累阶段，科研工作多以单项技术研究、撰写论文、申报专利为主，缺乏运用多项技术开发新产品、新工艺的能力，从而难以满足世界第二大经济体对科技的巨大需求。从经济发展角度分析，由于中国经济发展还处于要素、资本驱动阶段，对廉价劳力、资源开发、资本投入甚至拉关系等形成路径依赖，多数企业缺乏创新动力与能力。仔细分析，科技与经济脱节的断裂带主要体现在以下5个方面。

第一，发展目标脱节，存在供非所需的问题。经济发展急需新产品、新工艺，科技活动的主要产出仍是论文与专利。科技评价导向偏离，在职称评审、奖励评审、院士评审、年度考核等方面仍以论文、专利、奖励为主要指标，应用研究人员创造的经济、社会效益在评价考核中没有得到充分体现，这导致科技人员重论文、轻产品，重水平、轻实用，科技与经济在发展目标上脱节。尽管科技部门多年来一直强调分类改革，但对于职称评审、年度考核、院士评审等不属于科技部门的职能，科技评价导向偏离问题一直没有得到根本解决。

第二，日常工作脱节，产业链与创新链断裂。中国的经济发展、科技发展都取得了举世瞩目的成就，但科技与经济好像两个高速自转却没有挂挡的轮子。经济发展没有把依靠科技创新作为根本出路，科技发展没有把为经济服务作为最主要的考核目标。经济发展习惯了引进、生产、消化吸收、再引进的传统做法，科技发展则习惯了课题、论文、专利、再课题的运行模式，没有形成"课题、论文、专利、产品、生产、销售、课题"的产业链与技术链有机结合的模式，"断裂带"在产品环节，应用研究终止在论文阶段，没有以新产品为最终目标，这是造成科技与经济脱节的最主要原因。

第三，科技贡献与经济利益脱节，做出重大贡献的科技人员还没有富起来。科技人员创造的经济与社会效益，在职称评审、工资待遇方面一直未能很好地得到体现，特别是社会效益如何在利益分配中体现尚未找到合适的办法，政府采购公益性科技成果的办法还不完善。

第四，院所创新文化与企业创新文化脱节，人才不愿向企业流动。大多数传统观念认为，事业单位的科技人员是花纳税人的钱的国家干部，而企业科技人员则是纳税的工人。同一个科技人员在不同单位，不但身份不同，而且福利待遇差异明显，这导致院所不愿并入企业，科技人员不愿进入企业，高校毕业生也不愿去企业。

第五，科技管理高度分散，科技资源浪费严重。中国已经建立了国家、省、地、县各级科技管理机构，国家20多个部门设立专门的科技司（局、办），全国3 673个科研院所、1 000多所大学、3万多家企业都设立了科技管理机构。一些科技管理机构习惯了以编制规划、项目招标、经费分配、验收评奖等为主的工作方式，另一些科技管理机构则习惯了争取经费、争取奖励。我国在科技管理上尚未形成统一规划、协同创新、共同建设创新型国家的大格局，各机构各自为政的问题普遍存在。

第七节

创新主体，创新能力弱

1995年发布的《中共中央、国务院关于加速科学技术进步的决定》明确指出"促进企业逐步成为技术开发的主体"，整整27年过去了，企业在成为创新主体的进程中，困难是什么？出路在哪里？还需要多久？

企业成为创新主体的标志是什么？国际上对此还没有公认、统一的指标，我们研究认为至少有3个主要指标、6个辅助指标。企业成为创新主体的3个主要指标分别是：30%以上企业拥有独立研究机构；研发经费占主营业务收入3%以上（高新技术企业5%以上、医药企业10%以上）；企业核心技术对外依存度在30%以下。企业成为技术创新主体的6个辅助指标分别是：应用研发任务提出的主体、研发投入的主体、研发执行的主体、技术发明的主体、成果转化的主体、利益分享和风险承担的主体。

经过20多年的不断努力，中国企业基本完成了5个辅助指标，但完成另外4个指标的难度较大，可能还需要15年左右。目前，企业基本完成了其中5个指标，即企业已成为研发投入的主体、研发执行的主体、技术发明的主体、成果转化的主体、利益分享和风险承担的主体，但是企业尚未成为应用研发任务提出的主体。早在1995年，科技部在农业科技立项中就提出"课题从生产中来、成果到生产中去"，但由于企业科技人员在国家科技计划各类专家组中所占的比重偏小，多数科技计划、专项、基金仍然是"专家出题、专家解题"，应用研究任务尚未形成"企业出题、专家解题"的新机制。

企业成为创新主体的3个主要指标的难度很大，规模以上工业企业有研发机构的仅为26.3%，研发经费仅占主营业务收入的1.4%，85%以上工业企业的技术依赖引进或买进。绝大多数企业没有实力建立独立的研究机构，很难大幅度增加研发经费投入。企业进入了"创新弱、利润低、投入少、难创新"的恶性循环。

第八节

研发经费，不足与浪费并存

技术自给率是指一个国家或地区自主创新的技术占经济社会发展所需要技术的百分比。由于科学技术基础薄弱、科研经费长期投入不足、尖子人才少等多种因素，中国技术自给率低，绝大多数核心技术依靠进口，这是客观事实。但是同样应该看到的是，中国已建立了世界上门类最全、规模最大的工业体系，现有的科技能力确实不能支撑经济的快速发展，但这并不能说中国科技发展效率低，真正原因是长期以来科技投入少、科学积累少、创新能力弱，技术供给不能满足技术需求。

科技宏观管理薄弱，国家各项科研计划之间，各部门、各省区的科研计划之间，课题重复研究、仪器重复购置、设施重复建设的问题还相当普遍，这导致大量科技经费浪费。在经费存在浪费的情况下，中国每篇科学论文、每项发明专利所消耗的科研经费与发达国家相比，仍然处于中等或中等偏上的水平，这主要是因为中国科研人员的工资水平远远低于发达国家的工资水平，课题重复浪费的经费在一定程度上被低工资补回。发达国家科技人员的工资占课题总经费的比例通常在40%左右，中国只占24%。发达国家教授的工资水平通常为每月6 000美元左右，而中国教授的工资为每月8 000~10 000元，明显低于发达国家。

从国际现状来看，尽管发达国家的研发经费占GDP的比例大多在3%左右，但是经济增长几乎都低于3%，有些国家甚至是零增长或者负增长，这在一定程度上说明这些国家科技的发展难以支撑它的经济增长保持3%以上的世界平均水平。一些新兴国家充分利用发达国家的技术溢出效应，在一段时期内实现了经济快速发展，但当技术溢出效应得到充分发挥后，由于新技术的短缺及市场饱和、产能过剩，该国家通常会进入一个中低速发展阶段，甚至会出现停滞。

中国创新指数要跨越到世界前列，需要长期的科学积累。因此，科技发展难以满足经济中速或者快速增长的需求是当前的突出问题，也会是未来面临的一个长期问题，是中国经济发展面临的问题，也是全球性的问题。

第九节
区域创新，差距持续拉大

科技创新对区域经济高质量发展的带动作用逐渐凸显，成为区域经济获得竞争优势的决定性因素。但区域创新能力的空间和地域差距仍在持续拉大，成为各界关注的重点。有资料显示，2018年广东省的专利申请数量占全国的1/5，西藏自治区的专利申请数量不到全国的1/2 500。多年来，中国对科技资源配置投入了诸多人力、物力、财力，但区域创新仍然存在不均衡的现象。2022年中国统计年鉴数据显示，中国研发经费最高的广东省是2 902.2亿元，最低的西藏自治区是2.5亿元，两者相差了1 159.88倍（见图11-4）。《中国城市科技创新发展报告（2021）》显示，在中国城市科技发展水平维度，东部地区强于中西部地区，南方强于北方。

我们在《差距经济学》一书中提出了"科技创新差距指数"，选取了论文、专利、人才、研发投入、新产品、高科技产业6个二级指标及14个三级指标，从科技创新能力、科技驱动能力两个方面衡量科技对经济发展的作用与效率。衡量科技创新能力的主要指标有论文、专利、人才、研发投入等，评价科技驱动能力的主要指标有新产品数量、技术交易额、高科技产业增加值占GDP的比重、企业研发人员数量等。通过测算，广东、北京、江苏的科技指数均为100，而海南、新疆的科技指数分别为3.84和3.79，最高值与最低值相差26倍以上。根据科技指数的高低，我们将31个省区市分为5个区域。

（1）高效区（科技指数为80及以上）。高效区的特征是"双强"，即科技创新能力强、科技驱动能力强，科技指数为80及以上，研发投入高、研发人员数量多、研发体系完善、创新机制良好。高效区主要是经济发达的地区，包括广东、江苏、北京，科技指数均为100。

（2）中高区（科技指数为50~79）。中高区的主要特征是科技创新能力、科技驱动能力只有"一强"，经济总量大、研发投入高、研发人员多，论文、专利、产品的产出较多，包括3个地区，科技指数分别为上海65.12、浙江61.14、山东54.8。

（3）中等区（科技指数为20~39）。中等区的基本特征是科技创新能力、科技驱动能力的优势都不明显，但在一些技术领域或技术方向上具有创新优势，包括11个地区，科技指数分别为天津39.43、湖北37.3、四川36.75、陕西35.61、安徽33.51、重庆32.91、河南29、

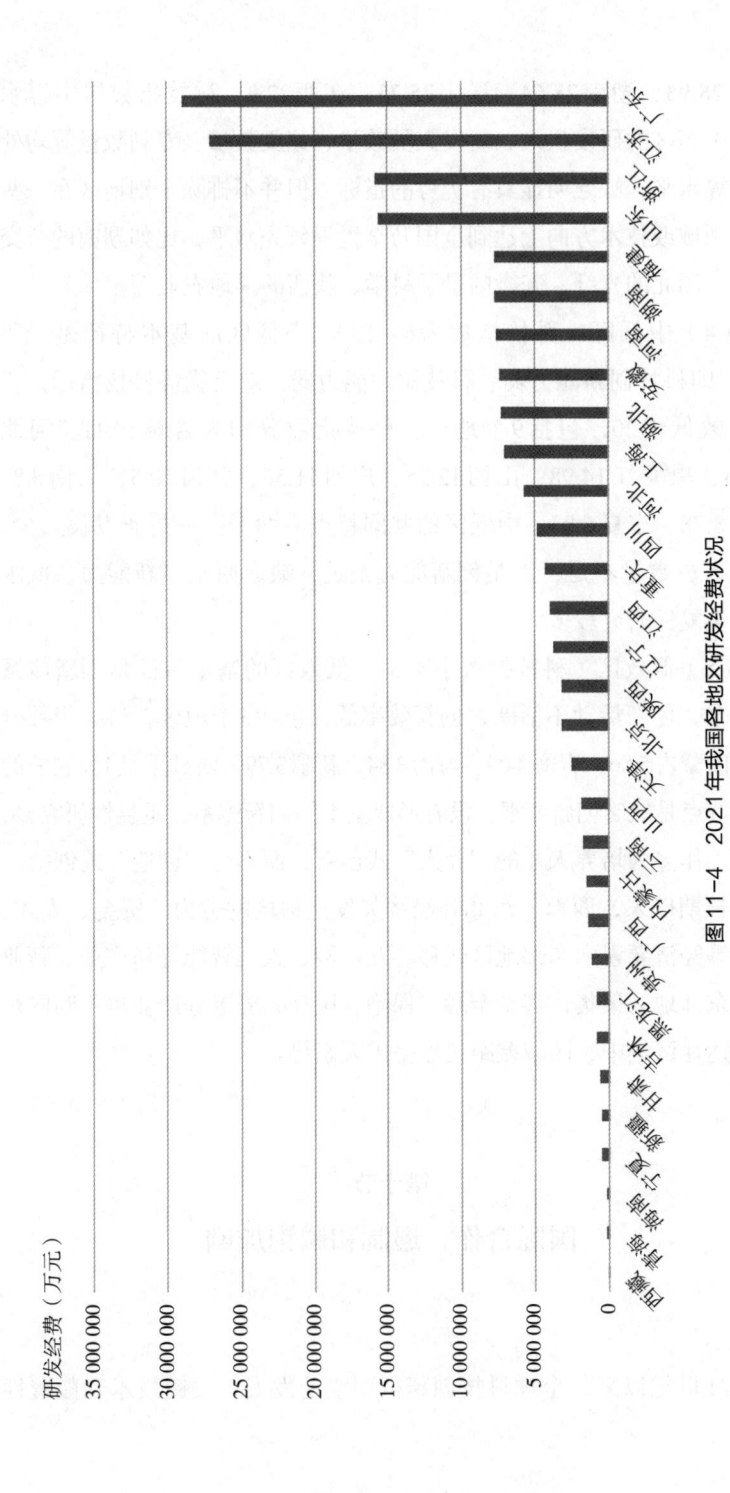

图11-4 2021年我国各地区研发经费状况

第十一章 中国科技安全面临十大困难

福建28.93、湖南28.64、辽宁25.75、江西22.9，科技指数居中等水平。中等区的研发投入、研发人员数量、论文数量、专利数量等均处于中等水平，缺乏明显具有优势的指标，但并不排除个别地区在一些技术领域或技术方向上达到全国乃至世界领先水平，比如湖南的杂交水稻、湖北的光纤、安徽的量子科学、陕西的旱地农业等。

（4）中低区（科技指数为6~19）。中低区的基本特征是"双弱"，即科技创新能力弱、科技驱动能力弱，缺乏优势科技指标，科技指数低于20，包括9个地区，科技指数分别为吉林19.11、河北17.35、黑龙江14.98、山西12.35、广西11.56、甘肃10.5、云南8.8、贵州8.78、宁夏6.83。中低区的共同特点有两个：一是研发投入少、研发人员数量不足；二是创新能力不足，缺乏原始创新能力，低水平、重复性研究较多。

（5）低效区（科技指数小于6）。低效区的基本特征是创新体系不健全，创新活动不活跃，创新效率低，包括5个地区，科技指数分别为内蒙古5.86、青海4.09、海南3.84、新疆3.79、西藏不足1。它们的共同特点是缺乏创新要素，没有形成基本的创新体系，重复性研究多，研发工作多为培养人才的"养人"式创新，而不是"创造"式创新。

长期以来，西部、东北等经济欠发达地区的劳力、资金、人才、技术等经济要素向东部地区转移，互联网、人工智能等新产业、新业态向东部地区聚集，甚至金融、保险、医疗、养老等产业也不断向东部发达地区集中，区域差距仍然呈扩大态势。

第十节

国际合作，遏制和脱钩加剧

21世纪以来，全球科技创新得到空前发展，关键技术和颠覆性技术正不断改变人们的生活，重塑产业生态，重构经济格局。相应地，全球范围内的科技合作也在技术与政策的助推下进入一个前所未有的勃兴阶段，给包括中国在内的许多后发国家的科技发展注入了活力。但不可否认的是，科技合作并不是在一个独立自为的空间内发生的，而是受制于诸多科技以外的因素。近年来，随着国际局势的变化，部分发达国家开始出现逆全球化的趋势，并以"保护国家安全"或"保护知识产权"等借口为名，极力限制高新技术的出口，以遏制新型工业国家的崛起，从而在相当程度上妨碍了国际科技合作的深入推进。与此同时，新冠肺炎疫情在对国际科技交流和合作提出新要求的同时，带来了巨大的挑战。

美国等西方国家借助"民主科技联盟"深化多边协同，以"全政府"方式对我国科技创新进行系统性围堵和打压。自2018年以来，美国联手欧盟、日本等盟友在情报、执法、出口管制、投资审查和风险防范等方面逐步实现遏华制华一致化，以期达成"小院相通、高墙相联"的目标。为更加有效地应对来自中国的科技"挑战"，美国正在推动构建"科技10国""科技12国"等机制，借此打造"民主科技联盟"，其主要成员包括但不限于加拿大、澳大利亚、英国、法国、德国、荷兰、意大利、日本、韩国等美国传统盟友，以及印度等新兴经济体。同时，美国以模块化方式，与芬兰、瑞典、爱沙尼亚和以色列等国家合作，从而在电信、量子计算、机器人等不同领域维护西方技术优势。

美国将科技竞争视为两国战略竞争的核心，中美科技合作受到严重冲击。自2018年中美贸易战发生以来，美国科研人员与中方开展合作的意愿明显下降，多个指标显示两国科技创新合作总体呈下降趋势。

新冠肺炎疫情对国际科技合作环境产生重大影响。在防控新冠肺炎疫情的过程中，我国国际影响力和西方战略焦虑同步上升。加强国际合作、共同应对全球危机的国际需求与西方逆全球化、保护主义做法形成新的矛盾。新冠肺炎疫情使国际人才往来、高层次专家交流合作受到严重阻碍，正常的科技交流及合作已无法按常态进行。尽管5G、AI、VR、大数据、云服务等技术的广泛应用，使国际交流合作能以在线交流、远程合作等方式继续维持，但整体交流合作效果较正常时期大打折扣。

第四篇
产业科技安全

新中国的农业科技、工业科技、服务业科技取得巨大进步,为建设世界第一农业大国、第一制造业大国发挥了重要的支撑作用。但中国要以处于世界第11位的科技创新体系支撑世界第二大经济体保持快速增长,属于典型的"小马拉大车"。建设农业强国、制造业强国、服务业强国,亟待科技创新实现跨越式发展,成为科技强国是实现民族伟大复兴的战略抉择。

不同产业面临不同的科技安全格局。农业科技总体安全,个别行业技术需要引进补充,所需技术买得到、买得起。工业科技总体安全,少数行业科技不安全,核心技术与产品引进受到限制。第三产业科技总体安全,个别行业弱安全,科学仪器、方法严重依赖进口,高端科研仪器与设备的进口长期受限。

第十二章
第一产业科技总体安全,个别行业弱安全

中国是一个历史悠久的农业大国,农业科技曾长期世界领先,农业经济时代的GDP长期占世界GDP的25%左右,创造了中华民族的辉煌历史。但是,由于与工业革命失之交臂,中国GDP占世界GDP的比重从1820年的32.5%逐渐下降至1949年的4.2%。

1949年以来,特别是改革开放以来,农业科技取得巨大进步,我国建立了世界上最大的农业科技体系,取得了一大批科研成果,为解决14亿人民温饱、7亿农民就业做出巨大贡献。1995年发布的《中共中央、国务院关于加速科学技术进步的决定》,明确要求"使农业科技率先跃居国际领先水平";2001年发布的《农业科技发展纲要(2001—2010年)》,明确提出"农业工业化、农村城镇化、农民知识化",同年中国发起召开"首届世界农业科技大会",提出"推进第二次绿色革命"。2022年,党的二十大报告提出"建设农业强国"。那么,农业科技是否安全,能否满足建设农业强国的需要?

第一节
新中国农业科技实现了跨越式发展

1998年，中国政府宣布农业进入新阶段，困扰中华民族数千年的饥饿问题基本解决，农业质量效益问题成为主要矛盾，农业科技发挥了重要支撑作用。进入21世纪以来，中国农业科技实现了跨越式发展。

一、建立了范围全、规模大的农业科技体系

中国拥有世界上范围最全、规模最大的农业科技体系，农业科技包括产前、产中、产后3个部分19个技术领域。农业产前技术主要包括种子、化肥、农业机械、农药、电力等方面的技术；农业产中技术主要包括种植业、养殖业、林业、水产业等技术领域；农业产后技术主要包括农产品加工、储藏、运输、流通、消费、贸易等。

2020年，全国地级市以上农业科研机构的数量达974个，建成了机构数量、人员规模、产业和学科覆盖面均为全球之最的农业科技创新体系。[①]截至2021年底，全国农业科研机构拥有科研人员7.23万人，农业领域新晋两院院士46人，234项成果获得国家自然科学奖、技术发明奖、科学技术进步奖；农技推广机构5万余个，约50万人中的85%左右有大专以上学历，75%以上有专业技术职称。[②]

《"十三五"中国农业农村科技发展报告》显示，2016—2020年，全国农业科研机构的课题经费共投入610.19亿元，比"十二五"时期

[①] 中国农业科技管理研究会，农业农村部科技发展中心.《全国农业科研机构年度工作报告》[M].北京：中国农业科学技术出版社，2021.

[②] 资料来源：农业农村部，http://www.moa.gov.cn/xw/bmdt/202208/t20220819_6407344.htm.

增加51.23%；主要农作物良种实现了基本全覆盖，主要畜种核心种源自给率超过75%；农作物耕种收综合机械化率超过71%，全国农田灌溉水有效利用系数从0.53提高到0.57，农业科技贡献率从42%上升至61%。[①]

二、发布《农业科技发展纲要》，推进科技革命

1999年6月，国家科教领导小组批准编制《农业科技发展纲要》（以下简称《纲要》），由科技部等28个部（委、局）共同组成《纲要》编写领导小组，王宏广教授作为《纲要》起草组组长，参与了中华人民共和国历史上第一部《农业科技发展纲要》的起草工作。《纲要》提出推动农业科技革命，确立了农业科技发展的方向与重点。《纲要》明确提出"推进新的农业科技革命，实现技术跨越，加速农业由主要注重数量向更加注重质量效益的转变，加速实现农业现代化"。

《纲要》提出了农业科技4项任务、十大行动，确立了农业科技发展的方向与重点。4项任务是保障粮食安全、增加农民收入、改善生态环境、增强农业国际竞争力，这4项任务至今仍是中国农业科技发展的重要任务。《纲要》还决定实施作物良种、优质高效畜牧水产、农产品加工、节水农业、农业生态环境建设、农业高技术研究与产业化、农业区域发展、农业科技能力建设、人才培养、防沙治沙十大科技行动，这不仅是中国农业科技发展的重点，还是农业与农村发展的重点。

《纲要》明确提出"健全与中国农业大国地位相适应的、具有国际先进水平的农业科技创新体系，使中国农业科技跃居世界先进行

[①] 农业农村部科技教育司，农业农村部科技发展中心.《"十三五"中国农业农村科技发展报告》[M].北京：中国农业出版社，2022.

列,促进中国由农业大国向农业强国转变",指出"农业工业化、农村城镇化、农民知识化",为农业与农村经济发展指明了方向。

《纲要》是一个指引农业科技发展的战略性、纲领性文件,为了动员、组织全国力量落实《纲要》,中共中央、国务院召开了全国农业科技大会。新中国成立以来,国家先后召开过两次全国农业科技大会、一次国际农业科技大会,这极大地推动了农业科技的发展。

第一次农业科技大会动员全国力量增加农业产量。1963年2月,中共中央、国务院召开全国农业科学技术工作会议,制订了1963年至1972年的农业科学技术发展规划,包括农、林、牧、副、渔、"八字宪法"和"四化"等各个方面的内容,并要求全国农业科学技术人员开辟新资源,大幅度提高产出,加强基础农学的理论研究,开辟缺门学科和发展薄弱学科,加强农业技术经济研究,等等。

第二次农业科技大会动员全国力量推进新的科技革命。2001年1月,中共中央、国务院召开了第二次全国农业科技大会,党中央除一位常委出国外,其余常委全部出席大会,这表明党和政府十分重视农业科技工作。大会研究讨论了《农业科技发展纲要》,提出了5项重点工作:一是加强农业科学研究,力争农业科技跃居世界先进水平;二是加强一线科技力量;三是加强人才培养,造就一支高素质的科技人才队伍;四是加强农业科技合作与交流,抓好引进技术的消化、吸收和创新工作;五是加强科普工作,战胜贫穷、迷信和愚昧。[①]

为了走在世界前沿、加强国际科技合作,我们向科技部领导建议创办首届国际农业科技大会,后经过科技部报国务院批准,首届国际农业科技大会由中国政府主办、有关国际组织协办。这是世界农业科技史上层次最高、学术水平最高、涉及学科最全、代表来源最广泛的农业科技会议。时任国家主席的江泽民同志还专门接见了部分与会代

---

① 资料来源:光明网,https://www.gmw.cn/01gmrb/2001-01/18/GB/01%5E18669%5E0%5EGMA2-109.htm。

表，当时的中国国务院副总理、泰国农业部部长、巴基斯坦农业部部长、加拿大农业部副部长等10个国家的12位领导人参加了会议，中国有50多位省部级领导参加了会议，全球农业科技领域唯一的诺贝尔奖获得者诺曼·E·勃劳格及800多名海内外专家参加了会议。会议一方面全面介绍了世界农业政策和科技发展方向，另一方面介绍了中国农业科技发展、农业发展取得的成就，中国在人多地少的情况下走出一条农业科技促进农业发展的新路子，得到与会海外代表的高度赞赏。[1]

三、农业科技创新数量指标跃居国际领先行列

当前，中国农业科技论文、专利、研发人员、推广人员、科研机构与大学的数量均跃居世界第一位，农业科技创新数量指标居世界前列，但创新质量还有明显不足。

《2021中国农业科技论文与专利全球竞争力分析》显示，在农业科技论文竞争力方面，中国位居全球第一位，美、英两国分列第二、三位。2022年，中国农业科技论文的总发文量、高被引论文量和Q1期刊论文量均排名第一。中国农业发明专利申请以62.83万件保持全球第一，中国农业发明专利总被引频次为74.68万次，中国农业发明专利授权数量为11.57万件。

在具体学科上，中国在植物保护、农产品质量与加工、水产渔业3个学科领域的科技论文与专利竞争力均处于优势地位；在作物、农业资源与环境、农业机械与工程、农业信息4个学科领域的竞争力均排名第一。在农业科研机构上，在7个学科中，中国机构占前十机构的比重超50%；中国在农业信息和园艺学科领域进入前十的机构数量

---

[1] 世界农业科技史上的里程碑——"国际农业科学技术大会"在首都北京召开[J]. 华夏星火，2001（12）：6-7.

最多。

《2022全球农业研究热点前沿报告》显示，中国在作物、畜牧兽医、农产品质量与加工、农业信息和农业机械与工程学科领域，领先优势依旧明显，在热点前沿研究领域的总体表现力得分均排名第一；在植物保护、农业资源与环境和水产渔业3个学科领域分别排名第二、第二和第五。

中国在农业热点前沿研究领域的总体表现力持续领先，总体贡献度、影响度和引领度均位居全球第一。在农业九大学科中，中国有8个学科的表现力位居前两名，在学科层面跟跑、并跑甚至开始领跑全球，学科发展不均衡现象明显改善。其中，作物、农业资源与环境、农业信息3个学科优势显著，畜牧兽医、农产品质量与加工2个学科以微弱优势领先，均位居榜首。

中国在多数热点前沿研究中表现突出，前瞻性研究的积极主动性大幅度提升，机构集中度较高。《2022全球农业研究热点前沿报告》显示，71个研究热点中，中国有37个热点表现力排名第一，占比52.11%；10个研究前沿中，中国有8个前沿表现力排名第一，占比80%，前瞻性研究的捕捉力大幅度提升，机构的前沿集中度达57.69%。

统计数据显示，2016—2020年，农业领域获得国家科技"三大奖"159项，颁发神农奖540项、丰收奖1 631项。其中，水稻高产优质性状形成的分子机理及品种设计获得2017年度国家自然科学一等奖，水稻遗传资源的创制保护和研究利用获得2020年度国家科技进步一等奖，中国农业科学院作物科学研究所小麦种质资源与遗传改良创新团队、袁隆平杂交水稻创新团队分别获得2016年和2017年的国家科技进步创新团队一等奖，充分展示了中国在水稻、小麦科技创新上的强大实力和先进水平。

四、农业科技支撑中国农业创造了四大奇迹

新中国创造了农业史上的4个里程碑，这必将载入世界农业、人类发展的史册。

一是彻底告别了持续数千年受饥饿困扰的历史。1998年10月，党的十五届三中全会通过了《关于农业和农村若干重大问题的决定》，正式宣布农业进入新阶段，粮食数量不足的问题基本解决，质量不高、结构不合理的问题成为主要矛盾。困扰中华民族发展数千年的饥饿问题，彻底成为历史。截至2021年底，中国累计建成高标准农田9亿亩，农业科技进步贡献率达到61%，粮食产量连续7年稳定在6.5亿吨以上，为经济社会发展夯实了根基。在新冠肺炎疫情、乌克兰危机、极端天气频发等国内外形势复杂交织的大背景下，农业发挥了重要的压舱石作用。

二是彻底告别了持续数千年农民"交皇粮"的历史。2006年，中共中央一号文件正式宣布取消农业税，农民彻底告别了持续数千年"交皇粮"的历史，紧接着开创了按播种面积补贴农民种地的历史。

三是基本告别了持续数千年"二牛抬扛"的历史。农业的根本出路在于机械化，中国政府先后提出"1980年实现农业机械化""1990年实现农业机械化"。到2000年，我国基本上实现了农业机械化，2019年农业机耕、机播、机收面积超过了95%，除了边远山区，我国基本上告别了"二牛抬扛"的历史。

四是彻底告别了存在"绝对贫困人口"的历史。2021年2月，中共中央总书记、国家主席、中央军委主席习近平在全国脱贫攻坚总结表彰大会上庄严宣告："经过全党全国各族人民共同努力，在迎来中国共产党成立一百周年的重要时刻，我国脱贫攻坚战取得了全面胜利，现行标准下9 899万农村贫困人口全部脱贫……完成了消除绝对贫困的艰巨任务。"中华民族告别了存在"绝对贫困人口"的历史，创造了又一个彪炳史册的人间奇迹。

五、农业增产贡献3亿亩耕地支援城镇化和工业化

农业科技的一个巨大作用往往被忽视,那就是使粮食单产提高4.86倍,大大降低了粮食生产对土地的依赖,让更多的土地用于支援工业化、城镇化。

随着社会经济的快速发展、生态建设力度的增加以及农业结构调整的深入,耕地面积大幅度下降。自然资源部发布的《2017中国土地矿产海洋资源统计公报》显示,2017年末,全国耕地面积为13 486.32万公顷,全国因建设占用、灾毁、生态退耕、农业结构调整等减少耕地面积32.04万公顷,通过土地整治、农业结构调整等增加耕地面积25.95万公顷,年内净减少耕地面积6.09万公顷。从人均耕地看,全国人均耕地面积为0.101公顷,不到世界人均水平的一半。

土地有偿使用是一项重要的改革。改革开放初期,中国对城市土地施行的是无偿、无限期的划拨制,到1990年基本建立起了城镇国有土地使用权出让、转让制度,此后在1992年、1995年、1998年、2004年又进行了多次完善,基本形成了包括地类划分、供应方式、供应价格、供应期限、征地制度等在内的中国特色城市土地制度。新中国成立以来,超3亿亩耕地支援城镇化,按每亩耕地15万元匡算,总价约45万亿元。其中,1999—2015年全国土地出让收入总额约27.29万亿元,年均约1.6万亿元。[①]

六、农业科技与世界先进水平仍有5~10年的差距

在农业科技快速发展的同时,我们必须看到中国农业科技与世

---

① 资料来源:光明网,https://www.gmw.cn/01gmrb/2001-01/18/GB/01%5E18669%5E0%5EGMA2-109.htm。

界先进水平相比仍然有很大差距。农业科技供给与农村经济发展对农业科技日益增长的需求存在差距,科技安全系数不够高,科技水平与世界先进技术仍有5~10年差距,特别是基础研究方面的差距更为突出。作者曾经在2003年、2017年两次参与或主持了农业领域国家技术预测工作,组织专家通过问卷、文献分析、专利分析等方法研究我国不同农业技术与世界先进水平的差距。

研究表明,中国在主要农作物杂种优势利用、盐碱地等中低产田综合治理、农作物精耕细作、植物组织培养等方面取得了一大批重要的成果,这为农业发展发挥了重要的支撑作用,不少技术已接近或达到世界先进水平。但是,由于中国农业科技底子薄、科研仪器与方法落后、研发经费相对不足等,2003年农业科技总体水平与世界先进水平相差10~15年,有的学科甚至有25年的差距;到2017年,杂交水稻等一批农业科技跃居世界领先水平,但农业科技总体水平仍然与世界先进水平有5~10年的差距;到2022年,这一差距进一步缩小,但多数领域仍然有5年以上的差距。由于中国农业科研的高端仪器、方法仍然依赖国外,因此要想全面领跑世界农业科技,中国需要在农业科研原理、方法、仪器创新方面取得重大突破。

第二节
建设农业强国需推进第三次绿色革命

农业是人民生存与健康的保障,是经济发展的基础、社会稳定的基石,是民族振兴的战略产业。2021年,《中共中央 国务院关于全面推进乡村振兴加快农业农村现代化的意见》指出,实现中华民族伟大复兴,最艰巨最繁重的任务依然在农村,最广泛最深厚的基础依然在农村,解决好发展不平衡不充分问题,重点难点在"三农",构建新发展格局,潜力后劲在"三农",应对国内外各种风险挑战,基础支撑在"三农"。建设农业强国的核心是处理好农业、农村、农民、农民工"四农"问题。

一、农业问题：粮食增产20%来自科技

从全球农业发展形势看,80亿人中还有8.2亿人没有吃饱,粮食安全问题将长期存在,人类还没有彻底解决温饱问题。未来还将新增人口,这些人吃什么,始终困扰着世界的发展、和平与稳定。

从当前的农业发展形势看,我国粮食自给率达98%、食物自给率达70%左右,吃饱没问题、吃好需进口。保障粮食安全需要粮食再增产20%以上,产能达到8亿吨左右。改革开放以来,中国农业发展依靠的"三大法宝"是政策、投入、科技。在政策基本稳定、投入与补贴已经较高的情况下,未来农业发展的根本出路在于科技进步,这需要推动新的农业科技革命。

"吃饱"的问题已经解决。国家统计局2022年12月公布的数据显示,2022年中国粮食总产达到6 865.5千克,人均占有粮食486千克,超过了联合国粮农组织规定的人均400千克温饱线。也就是说,中国已经彻底告别了饥饿的困扰。

"吃好"还需要大量进口食物。联合国粮农组织虽然没有规定吃好的标准,但是发达国家人均年消费粮食基本为800~1 000千克,可以理解为吃好的基本标准是人均年消费粮食800千克以上。按这个标准,中国人均占有粮食还差314千克,相当于在2022年粮食产量的基础上再增加39.3%,但这在当前农业资源与技术条件下是基本不可能实现的。因此要达到吃好的标准,中国还需要大量进口食物。2021年,中国进口粮食1.6亿吨、肉类938万吨、水产品363万吨、乳品395万吨、食用油1 175万吨,按2021年中国粮食单产标准,折合13亿亩耕地的产量。

与农业发达国家比，中国是农业大国，但还不是农业强国。与第二产业、第三产业比，第一产业仍然是国民经济的短板，食物需要进口30%左右，而第二产业相对过剩，第三产业有余有缺。与新型工业化、信息化、城镇化相比，农业现代化更是社会发展的短板与弱项。中国农业大而不强，主要原因是农业基础设施水平不高、不够稳固，抵御自然风险、市场风险的能力较弱，经营规模小、效益低，产业竞争力弱，资源环境约束明显，粮食及主要农产品供求紧平衡格局尚未根本改变。

在农业资源有限，农产品提价、补贴等支持政策遇到天花板的情况下，要解决这些问题，根本出路在于科技进步。1949—2022年，中国粮食单产由68.5千克增加到386.8千克，增长了465%，也就是说，2022年1亩耕地生产的粮食相当于1949年近5亩耕地生产的粮食，农业土地生产率大幅提高，节约出来的土地支撑了城镇化、工业化。粮食产量的大幅提高，离不开良种化、水利化（灌溉）、化学化（化肥、农药）、机械化、精准化（精耕细作）等科学技术的进步。

我们研究认为，未来20年中国粮食单产再增长20%、粮食总产达到8亿吨是完全可能的，然而实现这一目标的潜力在科技，出路在科技，在新的农业科技革命。

二、农村问题：乡村振兴亟待体制改革

乡村振兴将释放广大农村蕴藏的巨大潜力，建设农业强国的主要任务是把农村建好，把新一代农民培养起来，把农村产业做强。

未来农村发展的方向与重点在哪里？2001年，国务院发布《农业科技发展纲要（2001—2010年）》，明确提出"农业工业化、农村城镇化、农民知识化"；2017年，党的十九大报告第一次提出"乡村振兴战略"；2018年《中共中央 国务院关于实施乡村振兴战略的意见》明确了乡村振兴的"五个振兴"，即产业振兴、人才振兴、文化

振兴、生态振兴、组织振兴；2022年，党的二十大报告指出，"中国式现代化是全体人民共同富裕的现代化"，"着力促进全体人民共同富裕，坚决防止两极分化"。可见，中国式现代化不是城市高度发达、农村仍然落后的现代化。

乡村振兴是一个艰巨、长远的任务。中国城市的基础设施建设可能比美国好，但中国农村在饮水、道路、交通、医疗、教育、文化、环境等方面则明显落后于美国，也滞后于农村居民对美好生活的需要。

从政治上看，在改善城市居民生活的同时，我国要帮助农村居民实现共同富裕，切实把乡村建设好。从经济上看，把农村7亿人口的消费能力释放出来，工业产品过剩的问题就能得到缓解。从工业化角度看，城市的工业化不是全面的工业化，只有7亿农民普遍使用工业产品，我国才能实现真正的工业化。从城镇化角度看，中国农村这么多人口不可能都生活在大城市，农村城镇化是城镇化的重要组成部分。从粮食安全的角度看，农村建设不好，青年人不愿意回乡务农，十几亿人口吃什么？仅仅从吃饱的角度出发，我国也必须把农村建设好，建设到青年农民愿意居住和生活的程度。这不是农业发展的战术问题，而是涉及国家长治久安的重大战略问题！

有关部门曾提出，乡村振兴需投入约7万亿元，单从数据看，这确实是一笔巨大的投入，是一个必须经过艰苦努力才能达到的目标。然而，与农村7亿居民的生活需求相比，与农村产业、人才、生态、组织的需要相比，人均1万元用于发展生产、改善生活远远不足。2021年，中国GDP达到114.4万亿元，第一产业只占7.3%。可见，把7亿人口居住的农村建设好，将产生数十万亿元的市场潜力。但问题是发展什么产业？人才在哪里？谁来投资？

乡村振兴需要新一轮的农村经济体制改革，需要农村经济体制的再创新。新中国成立初期的28年，农村经济体制的特征是"合"，以合作社与人民公社为主体的集体经济是经济主体，但是"一大二公"损伤了农民的劳动积极性，农业效率低，没有解决温饱问题。1978

年至今，农村经济体制的特征是"分"，农业经营主体是家庭及承租户，彻底解决了持续数千年的饥饿困扰。旧的问题解决了，新的问题又出现了，即农业规模小、效益低。未来农村经济体制的特征将是"并"，通过各种形式的土地流转、合作，以及农业股份公司、"三产融合"的综合性农业集团等方式兼并重组，从而扩大生产规模，提高农业规模效益。

三、农民问题：知识化是未来发展方向

农业强国首先需要农民强。什么是农民强？农民如何强？我们理解的农民强，首先需求农民掌握现代科学技术，成为驾驭现代农业与农村经济发展、能够参与国际农业竞争的新一代农民。教育能改变个人的前途，也能改变民族的命运。今天中国农民面临的问题仍然是教育问题，农民知识化是解决农民问题的关键。

高素质的农民是高效农业、发达农村的前提。作者在荷兰做访问学者时，通过农村调研发现，荷兰农民的平均受教育年限达12年以上，有的农民甚至会4种外语。中国第三次全国农业普查数据显示，农业生产经营人员在初中及以下文化程度的占91.8%，平均受教育年限仅为7.3年，农业从业者的受教育程度仍停留在小学、初中水平，这难以支撑乡村振兴战略的实施。

与此同时，随着工业化、城镇化的发展，全世界农业发展面临的共同问题之一是缺少年轻农民。"50后"种不动地，"60后"苦于种地，"70后"不愿种地，"80后"不会种地，"90后"不谈种地，"00后"甚至可能都不知道庄稼如何生长。农业"后继无人"是乡村振兴工作亟待解决的重大问题。未来，一方面要提高农民的受教育程度和知识化、科技化水平，提升农民依靠科技致富的能力；另一方面要大力改善农村的生产、生活条件，让年轻人愿意留在农村生产、生活，这也是解决新时代农民问题的核心所在。

四、农民工问题：科技助推农民工转型

世界各国在推进工业化、城镇化的过程中都吸引了大量农民进城，进城的农民都成了工人，从事工人劳动，享受工人待遇。但中国国情却有所不同，在乡镇企业兴起的时代，农民进厂不进城、离土不离乡，干工人的活，却没有享受工人的劳保待遇，这种政策在特定时期对降低工业产品成本、增强出口优势发挥了重要作用。

随着城镇化加速推进，乡镇企业升级换代，近2亿农民进城、进厂，却没有享受城市职工在医疗、住房、养老、失业、子女就学、夫妻团聚等方面的福利待遇。1998年，政府实行"五险一金"制度，农民工的待遇得到了极大改善，第一次进入"保险箱"，有了医疗、养老、失业保险，但由于工种不同，农民工干的往往是没有技术含量的粗活、累活、力气活，待遇明显低于正式的技术工人，甚至还出现大量拖欠农民工工资的问题。因为农民工的"五险一金"标准较低，农民工不敢放弃农村土地与住宅，但又缺钱购买城市住房，进退两难。解决这一问题的基本出路有两条：一是依靠科技提高劳动生产率、土地生产率，向科技要效益；二是提升农民知识文化水平，在提高劳动生产率的基础上，逐渐提高生活待遇。

总之，随着工业化、城镇化水平的提高，人口不断增加、耕地不断被占用、人均消费不断增长的"三不断"已构成尖锐矛盾。要缓解、解决这些矛盾，政策、资金和科技发挥了巨大的作用，但通过提高粮食收购价格来增强农民种粮积极性的政策遇到了天花板，农业投入、补贴已经高位运行。因此，未来解决农业、农村、农民、农民工问题的根本出路在于科技进步。

五、农业强国：推进第三次绿色革命

什么是农业强国，其内涵与指标是什么？

党的二十大报告强调"加快建设农业强国，扎实推动乡村产业、人才、文化、生态、组织振兴"，并提出了6个方面的重点工作：一是全方位夯实粮食安全根基，确保中国人的饭碗牢牢端在自己手中；二是树立大食物观，构建多元化食物供给体系；三是巩固拓展脱贫攻坚成果，建设宜居宜业和美乡村；四是巩固和完善农村基本经营制度，发展农业适度规模经营；五是深化农村土地制度改革，鼓励依法自愿有偿转让；六是完善农业支持保护制度，健全农村金融服务体系。

2023年《中共中央 国务院关于做好2023年全面推进乡村振兴重点工作的意见》明确指出，"建设供给保障强、科技装备强、经营体系强、产业韧性强、竞争能力强的农业强国"。

我们研究认为，农业强国是指一个国家拥有世界一流的农业产业体系、科技体系、供给与保障体系、政策体系、基础组织体系，农业供给可控，农村经济高效，农民富裕健康，对世界农业发展贡献大、带动性强。具体表现为农业强、农村强、农民强：农业强是指农产品供给自主可控，粮食安全及食品安全保障有力；农村强是指农村产业体系完善、基础组织高效、生态环境优美、文明和谐稳定；农民强是指农民文化素质高、专业素质高、富裕健康。

放眼全球，我们通常认为美国、荷兰、以色列是农业强国，主要标志是农业效益高、农产品供给自主可控、农民收入高，对世界农业的影响力、带动力强。先进的农业科技、丰富的农业资源、高度的农业规模化支撑了美国农业的高效发展，同时对世界农业科技和农产品市场具有巨大影响力。荷兰农业强的主要支柱是农业科技先进、农民素质高，农业组织化、公司化程度高，是世界高效农业的典范。以色列主要依靠科技实现农业资源的高效利用，摸索出了资源制约型农业的生存之道。

历史经验表明，农业强则社会稳，农民富则国民富，农村美则国家美。建设农业强国是历史的必然、现实的需要、未来的方向，是中国式现代化的必然要求，是农业古国、农业大国持续发展的必然之路，是保障粮食安全、经济安全、社会稳定的战略举措。

中国是农业大国，也是食物（大豆、肉类、油料）进口大国。2021年，中国粮食、肉类产量分别占世界的24.8%和26.7%，用占世界9%的土地使世界18%的人口的生活条件超过世界平均水平，谷物基本自给，口粮绝对安全。全国有高标准农田9亿亩，农作物耕种收综合机械化率达72%，农业科技进步贡献率达到61%，粮食产量稳定6.5亿吨以上，进口粮食1.6亿吨。

中国还不是农业强国。制约中国成为农业强国的主要问题有4个：一是农业不够强，粮食自给率达98%以上，但食物自给率仅70%左右，吃好需要进口；二是农村不够强，农村产业体系不完善、经济效益低、生态脆弱；三是农民不够强，农民数量多、受教育水平低、劳动生产率低、劳动收入低；四是农民工问题没有解决好，2亿农民工游离在城乡之间，工作不稳定、生活不安定。

农业科技发展经历了三次绿色革命。第一次绿色革命是指以农作物矮秆育种为重点的农业技术进步，第二次绿色革命是指以植物动物转基因育种、生物肥料、生物农药、生长调节剂、农业信息化为重点的农业科技革命，第三次绿色革命是指以基因编辑、合成生物、配方食品、大厦农业为特征的新的农业科技革命。要完成建设农业强国的艰巨任务，在现有农业生产条件下，我国必须推动第三次绿色革命，用先进的农业技术缓解并最终解决农业资源不足的问题。

第三节
农业科技总体安全，少数行业弱安全

世界银行的数据显示，2021年中国农业增加值达1.28万亿美元，占世界农业增加值的31.1%。同时，中国是全球农产品贸易大国之一，2021年农产品进出口额达3 041.7亿美元，贸易逆差高达1 354.7亿美元，大豆等重要资源性农产品长期处于净进口状态。2021年农业科技进步贡献率为61.5%，与世界先进水平相比还有不小差距。与国内非农生产部门相比，农业科技应用、生产方式、劳动者素质等相对落后，2021年第一产业的劳动生产效率与第二、第三产业的劳动生产效率之比为1∶4.3∶3.5，高素质劳动力和资本加速向非农生产部门聚集。如何在刚性资源禀赋条件下发挥农业外部规模经济效应、降低小农生产的自然风险和市场风险、提高农业生产力，是实现农业农村现代化必须解决的关键问题。

一、种植业技术自主可控，科技基本安全

在美国发动对华贸易战后，中国许多产业、行业都提出了"卡脖子"技术问题，农业方面更是如此，有些媒体甚至说中国粮食种子不安全，依赖国外引进、影响国人粮食安全等。我们研究发现，"中国粮食种子不安全"是伪命题，因为我国粮食作物种子自给率已达95%以上。粮食需要进口的主要原因是人均耕地少，现有耕地只能保障吃饱，吃好所需的饲料粮、肉类等则需要进口补充。我们用第一章提出的科技安全测算方法对中国农业科技安全系数进行了测算，发现中国农业科技安全系数为96.2%，处于基本安全水平（见表12-1）。

表12-1 中国农业科技安全系数

项目	农业	林业	畜牧业	渔业	合计
出口（亿元）	968.9	940.0	433.9	1 268.8	3 611.6
进口（亿元）	3 688.5	1 401.5	3 013.5	877.8	8 981.4
净出口（亿元）	2 719.6	461.5	2 579.6	−391.0	5 369.8
总产值（亿元）	71 748.2	5 961.6	40 266.7	12 775.9	130 752.3
科技安全系数（%）	96.2	92.3	93.6	103.1	—

从粮食作物种子自给率、农作物种质资源保存量、重要农作物杂交育种水平等方面分析，除了部分蔬菜种子依赖进口，中国农业（种植业）科技总体是安全可控的。

（一）粮食作物种子自给率达95%

"良种化"一直是中国农业现代化最重要的内容与目标，中国始终把"良种化"作为粮食增产最重要的途径，不断从政策、资金、人才等方面加大支持力度。中国小麦、水稻、玉米、大豆等主要粮食作物种子自给率多年保持在95%以上。粮食作物种子不安全是伪命题，但粮食作物品种改良是永恒的主题。

先锋、孟山都等国际著名种子公司一直想进入中国巨大的种子市场。20世纪末，先锋曾在中国农业大学设立实验室（实际是办公室），千方百计想进入中国种子市场，但由于中国培育的玉米品种远远优于先锋的，国外品种始终没有大规模进入中国种子市场。此外，由于种子的地域性很强，比如北京的小麦品种很难适应黄淮海、南海部分省区的气候，这也导致国外玉米、小麦、水稻种子始终没有在中国立足。

根据农业农村部网站上的数据，通过"十三五"育种科技攻关，良种对中国粮食增产的贡献率在口粮上已达54.85%，所有农作物的良种覆盖率达96%以上，自主选育品种面积占比超过95%，为粮食连年丰收和重要农产品稳产保供提供了关键支撑。中国在水稻、小麦、大豆、油菜等大宗作物用种上已经全部实现了自主选育，玉米自主选育品种的面积占比达到90%以上，做到了"中国粮"主要用"中国种"。在蔬菜生产上，自主选育品种的市场份额达到87%以上。[1] 目前，中国小麦和水稻两大口粮作物均100%使用具有自主知识产权的品种，大豆和玉米使用具有自主知识产权品种的占比分别达到100%和90%，但单产水平与发达国家相比仍有差距。

---

[1] 资料来源：农民日报，http://www.chinacoop.gov.cn/HTML/2018/05/18/135736.htm。

（二）农作物种质资源保存量世界第二

中国已经初步建成种质资源收集与保护体系，截至2018年，已建成种质资源长期库1座、复份库1座、中期库10座、种质圃43个、原生境保护点199个；长期保存物种2 114个、种质资源49.5万份。到2022年，中国国家农作物种质资源库保存的种质资源总量突破52万份，位居世界第二；[①] 而其中约28万份资源已经在野外、农业生产上消失或绝种，库中所藏已是"绝版"。

2015年第三次农作物种质资源普查与收集行动启动，取得了明显的阶段性成效，查清了资源家底信息，摸清了资源分布与消长变化，挽救了大量古老的地方品种和濒危资源，发掘了一批具有重要价值的珍稀特色资源。

（三）重要农作物杂交育种水平国际领先

在保障自给的基础上，部分优良品种的国际竞争力不断提升。中国第三代杂交水稻亩产突破1 000千克，继续保持国际领先优势。中国企业将杂交水稻等品种成功推向世界，目前国外杂交水稻种植面积达1亿亩以上，中国为解决全球饥饿问题做出了贡献。

中国水稻育种经历了矮化育种、杂种优势利用和超级稻培育3次飞跃，经历了育种目标从产量到高抗、优质和高产并重，育种理念从高产优质逐步提升为少投入、多产出、环境友好的转变，其间伴随引领第一次绿色革命的矮化育种以及三系杂交稻培育、二系杂交稻培育、亚种间杂种优势利用、理想株型育种和绿色超级稻培育6个重要历程。整体来看，中国水稻育种研究在国际上处于领先位置，这体现在5个方面。

在种质资源方面，水稻起源与演化、全基因组遗传变异和资源挖

---

① 资料来源：中国青年网，https://baijiahao.baidu.com/s?id=1688653859750679325&wfr=spider&for=pc。

掘等领域的科研实力强劲，建立了水稻种质资源保存、精准鉴定和基因组分析等技术体系；在育种基础研究方面，在国际上率先构建了水稻全基因组序列框架图，解析了产量、株型、品质、抗性等多种重要性状形成的分子基础，克隆了一批具有重大育种价值的新基因，并逐步应用于品种改良；在育种技术方面，在国际上首次创建了可固定杂种优势的水稻无融合生殖育种技术，建立了从分子模块到设计型品种的现代生物技术育种创新体系；在品种选育和产量提升方面，近年来水稻品种审定数量大幅增加，优质品种不断增多，良种供应能力持续提高，水稻种植面积稳定在3 000万公顷以上，2021年稻谷平均单产达到474千克/亩；在水稻生产模式方面，创建了水稻产量、品质与资源利用效率协同提高、抗逆稳产、精准轻简化绿色增产集成模式。

除了粮食，棉油果菜茶等作物品种自主创新能力也显著增强。抗虫棉基本实现国产化，主要油料作物都是自主品种，蔬菜的自主选育品种面积占比达到90%。目前种植的国外品种，比如部分设施蔬菜，主要是为了调整结构，满足多样化的市场需求。[①]

（四）精耕细作水平长期领先世界

中国传统农业一直强调精耕细作的耕作方式，这种耕作方式保障了中国传统农业长期稳定的发展。[②]精耕细作技术始于战国后期，北方旱地精耕细作技术体系成型于魏晋南北朝时期，而南方水田精耕细作技术体系成型于宋代。精耕细作技术体系工序繁多，涉及选种（育种）、耕地整地、播种移栽、中耕除草、灌溉施肥、收获运输、脱粒加工、入仓存储等。使用的生产工具成系列，每道工序、每件生产工具都需要一人或多人完成，这样就需要更多的农民投入更多的劳动力和时间。精耕细作技术体系强化了农业生产队伍的稳定性，促进了农

---

① 资料来源：新华网，http://www.xinhuanet.com/politics/2019-12/11/c_1210390902.htm。
② 胡泽学，付娟.农耕文化视域下中华优秀传统文化长盛不衰之原因阐释［J］.农业考古，2022（1）：251–259.

业生产结构的持续稳定。

中国传统农业的精耕细作技术自产生以来就从未中断过。即使遭受挫折和战乱，先民也会首先回归农业，认真总结、提升农业的精耕细作技术，将其更广泛地应用于农业生产。精耕细作技术造就了具有强大生命力且持续发展的传统农业，从而造就了发达的中华农耕文化。

中国传统农业精耕细作技术体系产生的原因主要有两点。一是人口的不断增长，导致有限的土地不能完全养活日益增长的人口，必须不断提高土地利用效率和产出效率。因此，历史上的耕作制度从撂荒制演进为连作制，由单一耕作种植演进为轮作倒茬、间作套种、多熟复种，同时革新农业生产工具、强化优良品种的繁育和优质高产物种或品种的引进、改变耕作方法、兴修水利，以便在有限的土地上生产更多的粮食，养活更多的人口。二是中国农业起源地之一的北方旱作农业地区，尤其是黄河中下游流域，常年降雨量少，而且在时间上分布不均衡。因自然环境干旱，这一地区发展农业的基本要求和主要任务就是抗旱保墒，一切农业耕作技术都是围绕这个基本要求和主要任务来完成的，这一地区遂成为中国传统农业精耕细作体系最早形成的地区。人们为了保证农业生产的需要，尝试利用各种生产手段来达到抗旱保墒的目的，逐渐形成了北方旱地精耕细作技术体系。

中国传统农业的精耕细作，更多地强调利用各种技术手段和生产要素，从土地精细耕作到良种精挑细选、田间精细管理等综合措施，让农作物在一个良好的状态和环境下茁壮生长。同时，采取轮作倒茬、间作套种、多熟复种等手段，千方百计提高土地利用效率，并在收获时精细收贮，最终目的是在有限土地面积上产出更多、更好的粮食。因而，中国传统农业是一种劳动集约型、技术密集型生产活动，在农业技艺和作物产量等方面长期领先于世界。

（五）第四代植物育种技术有望领先世界

现代育种是一门高技术、高壁垒的产业。近些年，分子生物学、计算生物学和基因组学等学科的发展催生了新型生物技术（比如新一代测序、基因组编辑、单倍体育种等），全面改写了作物育种的理论与策略，推动育种技术向分子设计育种或智能化育种（4.0版）发展。分子设计育种是将遗传学理论与杂交育种相结合，利用合成生物学和系统生物学理论，设计分子途径以获得优良目标性状作物的前沿育种技术。该技术基于对控制作物重要性状的关键基因及其调控网络的认识，利用基因组学、表型组学等多组学数据进行生物信息学的解析、整合、筛选、优化，从而获取育种目标的最佳基因型，最终高效精准地培育出目标新品种。分子设计育种彰显出比传统杂交育种更为突出的优越性，尤其是整合了基因组编辑技术，可将育种周期缩短至2～5年，大大提高了育种效率。分子设计育种是未来作物育种的不二选择，其精准性、高效性都将带领作物育种进入一个新的时代。

近10年，中国先后启动了多个与分子设计育种相关的项目，例如中国科学院启动实施的战略性先导科技专项（A类）"分子模块设计育种创新体系""种子精准设计与创造"项目，科技部启动实施的"七大农作物育种"项目。通过这些项目，中国在作物基因组、水稻理想株型、水稻杂种优势、养分高效利用、作物—微生物互作、作物基因组编辑和分子改良等方面均取得了一系列突破性成果，总体上在作物科学和技术应用方面处于国际第一方阵，水稻等研究领域已经处于世界引领地位。[①]

目前，基因组编辑技术在水稻、小麦和玉米等主要谷物及其他涉及粮食安全的作物中的应用迅速增加。这种技术还可用于改良孤生作物（通常因在全球市场缺乏经济价值而被忽略的作物），比如一些地区独有的水果、蔬菜和主食作物。

---

① 种康, 李家洋. 植物科学发展催生新一轮育种技术革命[J]. 中国科学: 生命科学, 2021, 51 (10): 1353-1355.

(六)转基因作物安全问题需要科学对待

转基因作物是利用基因工程将原有作物的基因加入其他作物的遗传物质,或将不良基因移除,从而创造出的品质更好的作物。转基因技术是当前人类解决饥饿问题的最有效技术之一。但是,全球对转基因作物安全问题的争论从来没有停止过,不同人群对转基因作物的认识存在显著差异。归结起来,转基因安全问题本质上是科学问题,需要用科技研究来证实其是否安全。

第一,转基因作物理论上是安全的,迄今为止还没有科学证据表明转基因作物存在问题。从科学角度讲,转基因技术与杂交技术一样,都是通过基因转移来改变生物遗传性状的技术,也就是说,杂交技术是多个基因同时转移的转基因技术,而转基因技术则是运用单个基因进行杂交的杂交技术,两者没有本质区别。从理论上讲,杂交技术比转基因技术更具危险性:一是杂交技术是多个基因同时进行转移,人类对其中的许多基因并不了解,所以理论上产生新的有害生物的概率相对较高;二是杂交技术是对基因进行随机转移,有价值的基因可能没有转移进去,而有害基因可能被转移,从而容易产生有害生物。而转基因技术通常是对人类已经明确其功能的单个基因进行转移,而且使用精准、有效的转移方法和手段,产生有害生物的概率相对较小。在生产实践中,每一种新的转基因作物都必须经过严格的分析和测试。

第二,认为转基因生物会引发自然界灾难的说法不科学、不严谨。自然主义者认为转基因打破了自然界原有的平衡与和谐,环保人士则认为转基因会引起环境污染及灾难。当然,还有部分人是从阴谋论角度出发的,其中影响最大的是旅德美籍学者威廉·恩道尔。他在《粮食危机》中提出"转基因生物与世界粮食控制———场新鸦片战争",认为"基因操纵隐含的真正目的是控制粮食",是"新的全球优生学计划""消灭数十亿有色人种的计划",是在实施"地缘政治控制"。

我们研究认为,转基因安全问题是科学问题,应由科学家去研究并不断向公众提供最新研究进展,充分尊重公众的知情权、参与权和选择权。20多年的实践证明，政府批准的转基因作物是安全的，未来更长时间的安全需要实践进一步证明。

一些机构与知名人士反对开展转基因研究，一些官员也曾经考虑放弃转基因研究，对此我们持不同意见。理由很简单，中国14亿人口要吃好，就不能没有这项技术。如果中国放弃、放松对转基因的研究，而他国加强研究并控制了有关专利，这最终将导致我们吃饭不得不向别国交专利费。我们甚至认为，转基因技术是当前可见的保障粮食安全最有效的技术之一，比如应用抗旱基因能使全国10亿亩旱地增产，使用耐盐碱基因则能使5亿亩盐碱地变成农田，仅这2个基因每年就会增加2 000亿元左右的收入。

（七）蔬菜品种的对外依存度偏高，科技弱安全

中国是世界第一大蔬菜生产国，也是蔬菜种子进口大国。2021年，中国蔬菜种植面积为3.28亿亩，蔬菜总产量达7.67亿吨，人均蔬菜占有量为545千克。据农业农村部种业管理司统计，全国每年蔬菜生产用种量约1亿千克左右，其中，国产品种播种面积约占85%以上。2021年，蔬菜种子进口总量为8 250吨，总额为2.4亿美元，占农作物种子进口的35.3%。目前，中国蔬菜种子行业国产化自给率已达87%，市场上常见的白菜、甘蓝、辣椒、番茄等大宗蔬菜商品种子基本以国产品种为主，实现了自主可控；但杂交菠菜、绿菜花、胡萝卜、洋葱等蔬菜种源依旧依赖国外进口。①

中国也是蔬菜出口大国，但是从中国出口到日本、韩国的鲜菜和蔬菜加工品，其种子主要是从日本、韩国进口的。比如洋葱、胡萝卜、白菜花、大葱、绿菜花等，其种子都是从国外进口的，否则出口到日本、韩国，难以符合市场需要的品种、品质及标准。国家蔬菜作物种质资源中期库保存资源3.8万份，对1 000余份重要蔬菜核心种质开展了基

---

① 资料来源：光明网，https://m.gmw.cn/baijia/2021-04/15/34767061.html。

因型精准鉴定，向社会共享和开放蔬菜种质资源3 000余份，极大满足了国内科研与育种需求。总之，我们需要进口蔬菜种子，有"卡脖子"问题，但是蔬菜种子通常能够买得到，所以蔬菜种子科技属于弱安全。

相关调研数据显示，蔬菜种业市值已超过150亿元（占种业市值的12.5%），并保持增长趋势。中国前50强种业企业的年研发投入为15亿元，仅为美国跨国农业公司孟山都公司的1/7。要想进一步提高蔬菜的种类、产量与质量，中国需要进一步加大对蔬菜品种培育的支持，同时加大对蔬菜病虫害防治技术的支持。

二、畜牧业部分技术需引进，科技弱安全

在实施农业机械化之前，中国大量使用牛马驴骡等畜力，随着农业机械化水平的提高，大牲畜由畜力为主转向肉用为主。由于缺乏奶牛、肉牛品种，中国不得不大量引进国外品种，同时需要从国外引进良种猪，中国畜牧业技术的对外依存度明显提高。我们在对畜牧业科技安全系数进行测算后发现，中国畜牧业科技安全系数为93.6%，处于总体安全水平，也就是说畜牧业品种与技术需要引进补充，但所需品种、技术能够买得到、买得起，不会出现无法开展畜牧业生产的问题。但要想不断提高畜牧业生产效率，中国仍然需要引进国外技术与产品。国家统计局的数据显示，2021年中国畜牧业产品净进口额已达2 579.6亿元，仅比种植业净进口额2 719.6亿元少140亿元，畜牧业产品进口量大的问题需要引起重视。

（一）主要畜种核心种源自给率超过75%

养殖业为中华民族生存与发展做出了巨大贡献。1949—2021年，中国肉类产量由220万吨增加到8 990万吨，增加了39.9倍。2021年，中国肉类产业占全球的26.7%。

中国是养殖业历史最悠久的国家之一，牛马驴骡、猪羊鸡兔品种

齐全，但除了猪羊鸡兔为肉用，牛马驴骡则主要用来耕地、拉车等。因此，中国缺乏专门的肉牛品种、奶牛品种，猪的瘦肉率不高、饲料转化率低，同时配方饲料、饲料添加剂等技术与国外有明显的差距。改革开放以来，中国大量引进海外肉牛、奶牛品种，以及瘦肉猪等优良品种，对畜禽品种进行改良，大幅度提高了畜牧业生产效率，但主要畜种核心种源自给率仍然超过75%，水产种源自给率超过85%，畜牧业品种总体是安全的，部分需要进口的品种或种质资源也能买得到、买得起。在畜禽饲料、动物疫情防控技术方面，虽然中国还需要进口大量畜禽品种、技术，但中国畜牧业技术总体上自主可控，畜牧业科技总体安全，在受到国外技术封锁时，中国畜牧业完全能够自主发展。在育种基础方面，生产性能测定规模小、性状少，自动化、智能化的程度还不太高，中国种猪平均测定的比例仅为发达国家的1/4左右。

（二）猪品种与发达国家有10%~30%的差距

中国现有地方猪种83个，品质好、风味佳，但由于吃得多、长得慢、瘦肉率低，无法满足人民快速增长的瘦肉消费需求和现代化的生产方式，这导致养殖规模不断萎缩，资源群体缩减。自20世纪80年代开始，中国引进"杜长大"（杜洛克猪、长白猪和大白猪），实施本土化选育，特别是2009年启动全国生猪遗传改良计划，进一步加快了系统选育，保障了中国接近90%的生猪市场种源供给。

养猪业科技总体安全。近10年来，全国年均进口种猪不到1万头，占核心育种群更新比例不足10%，少量进口主要用于补充资源、更新血统和改善种猪性能。虽然猪育种技术进步很快，但系统选育的科技积累比国外晚了近50年，核心育种群的产仔数、饲料转化率等关键性状与发达国家还有10%~30%的差距。[①]

---

① 资料来源：国务院新闻办公室，http://www.scio.gov.cn/xwfbh/gbwxwfbh/xwfbh/nyb/Document/1703193/1703193.htm。

总之，中国虽然引进国外优质猪种资源已有40余年，但在改良猪品种、提高效益、降低肉料比等方面，仍然任重道远。此外，由于疫病、价格等因素的影响，猪肉价格波动较大，需要通过科技进一步实现高效、稳产、安全，养猪业技术也需要在品种、饲料、防病三大方向上共同攻关，进一步提高产业科技安全能力。

（三）肉牛品种高度依赖进口，科技弱安全

近年来，随着进口法制化进程的推进，种牛进口数量呈现下降趋势。中国海关数据显示，2022年中国共进口7.8万头种牛，同比增长43.1%，种牛进口来源国主要为澳大利亚和新西兰，分别进口3.38万头和1.92万头，占进口总量的43.3%和24.6%。2021年，来自澳大利亚的种牛数量为2.47万头，来自新西兰的种牛数量为2.93万头，乌拉圭、智利分别达到1.44万头、0.5万头。图12-1为2014—2021年中国种牛进口数量变化。

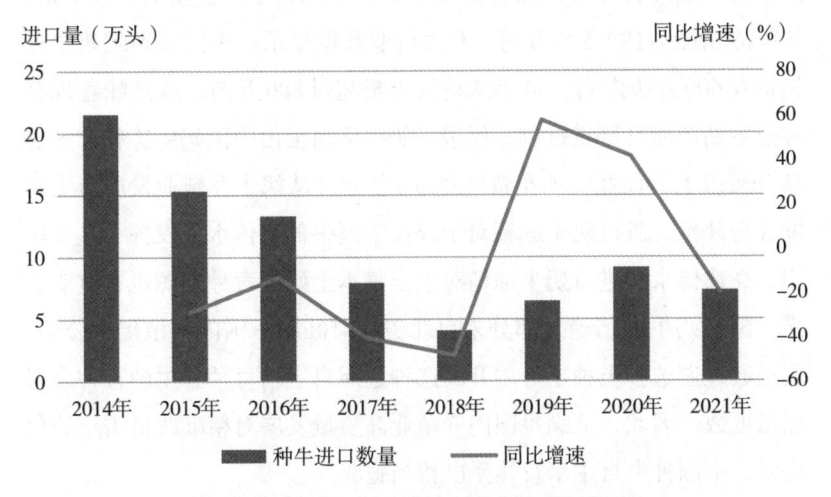

图12-1 2014—2021年中国种牛进口数量变化

资料来源：根据历年海关数据整理。

(四)奶牛品种高度依赖进口,科技弱安全

随着人民生活水平的提升,中国乳制品市场快速发展,对奶牛的进口需求也在增加。中国奶业协会数据显示,中国每年要进口10万头左右的奶牛,这一数值在2020年达到26.6万头,同比增幅达到33%。中国主要从新西兰、澳大利亚、乌拉圭以及智利进口奶牛。海关部门公布的数据显示,2020年,新西兰总计向中国出口超10万头奶牛,总价值2.6亿美元。2021年4月,新西兰决定在2023年开始禁止通过海运的方式将奶牛等活牲畜出口至海外。未来,中国将加强国产奶牛良种培育和自主繁育体系建设,争取提高国产奶牛供给保障能力。

中国奶牛育种技术已与奶业发达国家实现并跑,但在后代生产性能、基因检测芯片、性控专利技术、奶牛育种资源群等方面仍存在短板。中国进口的奶牛冻精主要来自美国、加拿大以及欧盟一些国家,从挪威、澳大利亚、新西兰也有少量进口。目前中国共遴选出16个国家奶牛核心育种场,拥有19家具备奶牛冻精生产资质的种公牛站,年产冻精能力达1 500万剂。有关行业数据显示,中国荷斯坦奶牛存栏量在600万头左右,每年冻精需求量超过800万剂,这意味着现有种公牛站产能已严重过剩。但进口奶牛冻精量占中国奶牛冻精市场份额60%以上,仅此一项花费就超过5亿元。从奶牛养殖业发展历史角度客观评价,进口奶牛冻精对于提高中国牛群遗传水平发挥了重要作用,高遗传水平进口奶牛冻精对于丰富本土奶牛育种资源也有重要意义。国产奶牛冻精绝大部分来自北美进口胚胎、国内移植出生公牛,真正通过遴选本土种子母牛开展选种选配自主培育种公牛的育种公司屈指可数。因此,从满足国内养殖业高质量发展对精准改良需求的角度看,中国种牛自主培育体系已相当脆弱。

目前,中国已初步建立奶牛种牛自主培育体系,即便进口奶牛冻精停供,国产奶牛冻精也能够自给自足。然而,国内奶牛种源生产性能与奶业发达国家相比依然存在差距。2021年,中国奶牛成母牛年

平均单产达到8.7吨，超过大洋洲水平，接近欧洲水平，但与北美水平相差约1.5吨。另外，在饲料转化率、奶牛健康与生产寿命、繁殖性能等方面也存在短板。由于冻精成本在奶牛养殖成本中占比很低，加之盲目认为"进口的好"，这在一定程度上导致国产奶牛冻精面临不利竞争局面。①

（五）禽蛋品种基本自主，科技安全

蛋鸡行业主要以生产鸡蛋为主要目标，遵循纯系、祖代、父母代、商品代完整、系统的代次繁育流程，形成了以蛋鸡育种企业为上游、种鸡扩繁企业为中游、鸡蛋生产企业及消费者为下游的金字塔结构，可以分为品种培育、种鸡扩繁和鸡蛋生产三大环节。

当前，中国蛋鸡育种行业主要存在以下几个问题：品种安全仍存在风险，生物安全体系薄弱，饲料品质影响品种遗传性能发挥，等等。由于蛋鸡育种具有高投入、高技术、高风险和回报周期长的特点，中国种禽企业的经营模式仍以引繁推为主，从事育繁推的企业不多。2019年国产品种的商品代蛋鸡存栏比例仅为36.98%，进口品种仍是市场主流，蛋鸡行业对进口品种的依赖程度仍然较高，面临品种安全风险。

20世纪80年代，随着白羽鸡进入中国，中国迅速成为世界最大的禽类消费国，但白羽鸡育种却长期被欧美企业垄断，中国人餐桌上的白羽鸡100%依靠进口的种鸡繁育。2019年，圣农集团研发出国内第一个拥有完全自主知识产权的白羽肉鸡配套系——"圣泽901"，实现祖代种鸡的国产替代，结束了中国白羽鸡种源全部依赖进口的被动局面。2022年，白羽鸡自主新品种市场占有率达到15%，核心种源问题得到缓解。

---

① 佚名.联合育种，中国奶业攻坚"牛芯片"[J].今日畜牧兽医：奶牛，2022（10）：34-35.

中国畜牧业协会禽业分会发布的《2022我国家禽产业生产现状及趋势分析》显示，2021年，中国祖代在产白羽肉种鸭平均存栏量约为61.03万套，比2020年增加15.04%。其中，国外引进品种（南特、枫叶、奥白星等）8.47万套，占祖代白羽肉种鸭存栏总量的13.88%；国内自有品种52.56万套（樱桃谷鸭、北京鸭、草原鸭、中新鸭、天府肉鸭等），占祖代白羽肉种鸭存栏总量的86.12%。

三、林业科技底子薄、产品进口多，科技弱安全

国家统计局发布的第三期森林资源核算成果显示，中国林地林木资产总价值25.05万亿元，森林生态服务价值15.88万亿元，森林文化价值3.1万亿元。根据国家林业和草原局政府网公布的信息，预计"十四五"期间，林草领域国家科技计划项目总经费达36亿元以上，比"十三五"期间总经费投入增长1倍以上。林草种质资源库收集保存资源13.7万份，这使中国成为全球四大林木育种研究中心之一，主要选育杨树、杉木、马尾松、油茶等造林树种、经济林树种的新品种，推广退化天然林恢复技术、"山水林田湖草沙"系统治理技术、生物多样性保护技术、湿地与森林公园建设技术等。

但是，林业科技还面临两个突出问题：一是科技还不能满足林业发展的需求，大量森林、树木遭遇病虫侵害；二是林业科技与世界先进水平还有较大差距。中国人均森林资源面积少，又处于城镇化快速增长期，经济发展、人民生活改善都需要大量木材资源。我们测算林业科技安全系数为92.3%，处于科技弱安全状态，主要原因是我国需要大量进口木材、纸浆等林产品，才能满足发展经济、改善生活、改良生态三大需求。

四、渔业产品出口多，科技强安全

中国渔业科技发展起步晚、积累不多，但进步较快。国家统计局的数据显示，2021年，全国水产品总产量6 690.29万吨，养殖产量5 394.41万吨，捕捞产量1 295.89万吨。据海关总署统计，2021年中国水产品进出口总量954.82万吨，进出口总额399.49亿美元。其中，出口量380.07万吨、出口额219.26亿美元，进口量574.74万吨、进口额180.23亿美元，贸易顺差39.03亿美元，渔业是大农业中唯一净出口的行业。

虽然中国渔业技术与世界先进水平仍然有一定差距，特别是鱼类品种培养、水产养殖、捕捞技术与装备等方面，但中国渔业产品为净出口，这说明现阶段中国渔业生产基本不受海外技术控制的影响，科技处于强安全水平。

五、农机灌溉装备实现国产化，但技术不领先

（一）农机领域仍然存在高端产品及核心零部件瓶颈

农业机械是农业机械化的物质基础，没有质量可靠、性能优越的农业机械就没有高水平的农业机械化。在需求快速增长和农机购置补贴等多方面因素的综合作用下，中国农机行业快速发展，农机装备产量快速增长。2021年，中国农机制造行业总产值在4 825.6亿元左右，农业机械总动力为10 8611万千瓦。2008—2016年，中国大中型拖拉机产量增长1倍，谷物和玉米收获机械产量增长1.6倍。此外，农业机械装备生产还从耕种收向收获后处理、从粮食作物向经济作物以及从种植业向养殖业等领域拓展。

尽管国产农机装备取得了令人瞩目的成就，但整体来看，农机工业大而不强，国产农机装备存在制造水平与发达国家差距明显、小型农机去产能与中高端产品依赖进口并存的供需结构性矛盾、装备可靠

性和适用性亟待提升等突出问题。尽快从农机制造大国转型为农机制造强国，是未来中国农业机械化进程中迫切需要解决的重大课题。①

在拖拉机和收获机这两类典型农机装备的设计和制造水平上，中国与以美国为代表的世界强国存在较大差距。在拖拉机方面，中国的换挡技术、拖拉机闭心式液压系统、大马力拖拉机制造等的水平分别比美国晚了44年、39年和35年；在收获机方面，中国的纵轴流谷物联合收割机、宽割幅大马力谷物联合收割机等的水平比美国晚35年左右。受此影响，中国中高端农机装备核心技术和关键零部件严重依赖进口，2016年进口农机商品产值高达121亿美元。

另外，国产农机装备供需结构性矛盾依然突出。从市场占有情况来看，国产农机装备企业基本上满足了小型农业机械的需求，但高端农机装备有效供给明显欠缺。国产农机装备还在作业环节、作物类型、农业部门和地形区域等诸多方面存在供需结构性矛盾。此外，国产农机装备的质量和可靠性也与世界强国存在较大差距。以拖拉机为例，2017年国产大型拖拉机平均故障间隔时间为330小时，仅相当于意大利在20世纪80年代的技术水平。②

目前，中国农机产品同质化的低端产品产能过剩与高端装备技术缺乏、产品有效供给不足的结构性矛盾依然突出。粮食作物耕种收机械及平原地区农业机械相对过剩，经济作物、收获后处理机械及丘陵山区机械供给不足，产品质量还不能完全满足中国现代农业的需要，特别是高性能的大马力拖拉机、大型谷物收获机、高端农机具、大型采棉机、甘蔗收获机、大型青饲料收获机及精准作业装备等高端产品技术还没有完全突破，关键零部件比如采棉头、打结器、轻简化农用

---

① 周晶，青平. 国产农机装备质量评价研究——基于华中地区农户调查数据的分析 [J]. 中国工程科学，2019，21（05）：60–66.
② 罗锡文. 对我国农机科技创新的思考 [J]. 现代农业装备，2018（6）：12–17.

柴油发动机、静液压驱动系统、总线及控制系统，还依赖进口。[①]

（二）灌溉技术和设备基本国产化，高端技术和产品尚需引进

中国是全球13个最缺水的国家之一，2017年中国农业用水量占总用水量的62.3%，而世界发达国家农业用水比例多在50%以下；中国灌溉水有效利用系数仅为0.548，远低于节水先进国家0.7~0.8的水平。以滴灌系统为代表的微灌技术是世界节水灌溉技术发展的主流和方向。有数据显示，中国农业节水灌溉面积仅占有效灌溉面积的45%，滴灌和喷灌等高效节水灌溉技术只占有效灌溉面积的13.5%，而美国应用喷灌和滴灌的耕种土地已超过60%，以色列则已经超过85%。[②]

自引入国外灌溉设备以来，其应用规模逐年扩大。然而，就各节水灌溉设备而言，目前仍存在许多问题。

在喷灌系统方面，对喷灌喷头基础理论缺乏系统性的深入研究，对喷头内部水流的流动理论研究较为薄弱，存在喷头的能源消耗大、工作压力相对较高，喷头喷洒均匀程度不高，以及喷头的智能化、自动化程度有待提高等问题。

在微灌系统方面，在微灌系统实施过程中普遍采用的是低端微灌设备，高端产品缺乏，对高端微灌设备的研发与生产远远达不到市场需求，过分依赖进口产品。灌水器的产品质量和性能需要进一步提高，微灌产品在系列化水平与配套性上有所欠缺。在采用膜下滴灌时，大量塑料膜导致的白色污染问题没有得到有效解决，且滴灌带使用寿命较短，仅能灌溉1~2季，使用成本相对较高。

在低压管道灌溉方面，管灌具有节水、节地、增产和高效等优

---

① 陈志，罗锡文，王锋德，等.从零基础到农机大国的发展之路——中国农机工业百年发展历程回顾［J］.农学学报，2018，8（01）：150-154.

② 姜庆飞，张营.我国农业节水灌溉现状及发展对策浅析［J］.海河水利，2022，（05）：1-4.

点,但低压管道仍存在遇含沙水源易产生淤积、输水工程的标准偏低、系列配套设备不完备、规划设计水平不高、投资较少和管道设备利用率低等问题。

六、农产品储藏加工业技术差距仍然较大

农产品加工横跨农业、工业和服务业三大领域,已成为中国国民经济与社会发展的基础性、战略性、支柱性产业,是调结构、转增长、惠民生、促内需,实现创新驱动、绿色发展、供给侧改革和乡村振兴的重要抓手。

当前,中国农产品加工领域的自主创新能力实现了由整体跟跑向"三跑"并存转变,科技对农产品加工业的贡献率达到63%,为农产品加工业长久稳定发展提供了强有力的支撑。2020年,中国农产品加工业营业收入超过23.2万亿元,与农业产值之比接近2.41,农产品加工转化率达到67.5%。①三产融合的新业态、新模式、新产业不断涌现,显著拓展了农民的增收空间。农产品加工与物流保鲜技术的突破,为以"安全、营养、美味"健康食品为主导的农产品加工业和现代流通业发展提供了有力的科技支撑。新一代工业革命技术在农产品加工业生产制造、流通消费等领域的应用,催生了一批农业观光、生态旅游、休闲娱乐、农事体验、创意创业、科普基地、特色小镇、民俗文化、乡风乡愁等第一、第二、第三产业融合发展的新业态、新产业、新模式。

虽然目前中国农产品加工业呈现稳步上升的发展趋势,但与发达

---

① 李晨.科技创新引领农产品加工业高质量发展[J].中国农村科技,2022,321(02):34-35.

国家相比尚有一些差距。①

农产品加工业仍然处于初级加工阶段，存在深加工产品少、副产物综合利用率不高、产业链较短等问题。突出表现为：一是在初加工产品中，盲目提高加工精度，片面追求高等级产品，甚至过度加工和包装；二是初加工产品多，深加工产品少，产品附加值低；三是具有国际影响力的民族品牌农产品较为匮乏，特色农产品加工有待进一步加强。

农产品加工业标准化程度不高。在错综复杂的国际关系下，随着农产品加工业的转型升级，标准体系引领支撑尤为重要。但中国存在小农户分散经营以及标准制定机制不健全等诸多问题，这导致农产品加工标准体系存在5个问题：一是缺乏系统性，目前农业标准以农业生产标准为主；二是缺乏整体性，从田园到餐桌的农产品全产业链标准亟须完善；三是先进技术标准、智能化生产方式等新业态标准、优质产品质量控制标准等高水平标准欠缺，不能满足当前农产品加工业转型升级的需求；四是缺乏特色农产品标准体系；五是国际标准化影响力不足，尤其在主导关键农业技术标准方面，缺少国际标准话语权。

中国农产品加工业与国际先进水平相比，还有较大差距，在部分高端加工领域存在被"卡脖子"的风险。一是关键酶制剂和配料依赖进口，而许多重要农产品加工环节均涉及酶的应用。当前，酶制剂市场主要集中在欧美地区，国内发展受制于人，不能满足高质量发展和市场多元化消费需求，供给严重不足。二是农产品加工装备自主创新能力不强，一些领域的国产关键设备性能有待提升，不少技术还停留在实验室阶段，未实现工业化，特别是在精准营养、智能制造等领域前瞻性不足。

---

① 刘欣雨，朱瑶，刘雅洁，王静，李贺贺，孙金沅，赵东瑞，孙啸涛，孙宝国，何亚荟.我国农产品加工业发展现状及对策［J］.中国农业科技导报，2022，24（10）：6–13.

第四节
农业科技安全面临的困难不容忽视

中国农业曾在长达13个世纪里处于国际领先地位，其中领先于世界的农业科技发挥了重要作用。历史上，中国农业科技既有高水平的理论探索，又有注重解决实际问题的传统，许多农学理论和先进的农业技术不仅解决了中国农业所面临的许多问题，还影响了周边国家及世界其他地区农业的发展。从当前来看，中国农业科技安全仍然面临诸多困难。

一、科技创新能力不适应农业强国的需求

建设农业强国，首先要成为农业科技强国，但中国与世界农业科技先进国家相比仍有很大差距，特别是在农业生物遗传学、基因组、代谢与营养、疾病与控制、动物育种等方面还存在明显差距。农业科技创新体系、创新能力、人才队伍、高端研发仪器与设备等与国外也存在很大差距，很难适应建设农业强国的需要。

原始创新尤其薄弱，技术、高端仪器、研究方法严重依赖引进。科研经费多了，创新成果也多了，但原始创新不足的问题始终没有得到很好的解决。"十五"到"十三五"期间，中国农业科技活动经费投入总额由2001年的48亿元增加到2018年的428.6亿元，年均增长率为13.74%。近年来，中国农业基础研究支出比例明显提高，从2014年的3.20%上升到2018年的4.33%，农业基础研究支出占比与同期全行业水平的差距也逐步缩小。尽管如此，农业科技在国家整体科技中仍呈现不断边缘化的趋势：农业科技投入在科技总投入中的占比由2001年的6.83%下降到2018年的4.5%。

农业基础研究投入不足导致重大前沿技术发展滞后，难以支撑重

大技术突破和产业变革，很难带动并催生颠覆性技术。中国农业对外技术依存度较高，技术短板明显，在动植物育种、农业机械化、农业信息化、农业绿色技术等领域存在明显的缺陷与不足，需要大量依赖进口，比如，畜禽遗传育种核心种源80%依赖国外进口，国外设施蔬菜在国内市场占有率高达60%，高精尖农机装备缺乏，农业绿色技术研发力度不够等问题制约着中国农业现代化的发展。[①]

二、研发与需求脱节制约农业科技安全

研非所用、"计算机种田"、"黑板上养猪"的问题仍然比较突出，没有真正像袁隆平先生那样"把论文写在大地上"，仍然存在"会什么就研究什么"，专家出题、专家解题、专家验收、专家评奖，始终处在"专家小循环"，企业出题、专家解题、政府扶持、社会支持的良好机制还没有完全形成。农业技术供给与生产需求脱节，是制约农业强国建设的最大问题之一。国家有关部门明确提出"破四唯"，在实际中如何落实？科技论文如何写在大地上？农业科技机构重论文、专利，轻成果转化的科技评价导向仍未得到根本转变，科技成果与生产需求脱节的老问题始终没有得到很好解决。

三、推广工作薄弱长期没有得到解决

农业技术推广是多年来困扰农业科技发展、农业与农村发展的难题。长期以来，农业技术推广工作都较为薄弱，原因是多方面的，既有一线农业科技人员太少的问题，有技术不对路、在生产中用不上的问题，也有经费不足、工作效率不高的问题。但最根本的问题是推广体制不适应市场机制，没有建立起多元化的推广体系，没有充分调动

---

① 毛世平．农业科技创新如何补短板强弱项［J］．开放导报，2021（04）：92-99．

科技人员、企业、中介机构和农民的积极性。

四、科技体制改革不到位，制约科技安全

农业科技体制改革相对滞后，既有客观困难，也有主观原因。客观上，农业科技机构布局不合理，机构设立行政化与农业生态地域性的矛盾比较突出。中国农业科技机构仍然按行政区设置，比如北京有两个农业科学院、两个农业大学，机构重叠、科技资源浪费严重。另外，农业科技地域性强、周期长、服务对象分散、可变因素多、物化程度低，改革确有一定难度。主观上，由于新中国成立以来农业科技几经周折，损失较重，一些同志对新的农业科技改革有顾虑，一些同志认为农业科研是纯公益性研究，完全应由国家包揽，因而农业科技体制改革始终没有迈开大步子。深化改革难度大，影响了农业科技自身的发展，进而制约了农业和农村经济的发展，适应农业科技强国的科技体制需要进一步调整。

五、国际科技合作面临新的困难与问题

"十三五"期间，中国农业科技国际合作已经形成了梯次明确的合作模式，一是向先进农业科技体的学习机制，二是与对等农业科技体的交流机制，三是对落后农业科技体的援助机制。农业科技国际合作的主体也从科研机构逐步扩散到更为多元的市场化主体，进一步丰富了主体构成。

全球政治经济环境的变化，特别是中美贸易摩擦带来的一系列连锁反应，对中国农业科技国际合作带来深刻影响，其中最主要的影响在于向先进农业科技体学习的空间将会受到压缩。受到美国政府单边主义、欧盟保守主义倾向的影响，高新技术领域对中国的封锁将会不断增强，农业生产经营自身涉及的科技水平并不高，但是农业关联产

业（特别是要素投入品）实际上都是资本和技术密集型的，例如生物工程、农药化学、机械工程等。目前来看，在相当数量的农业科技领域，中国与先进农业科技体仍然存在较大差距。"十四五"期间，在明显具有落差的农业科技领域，国际合作恐将变得困难。相比而言，农业科技合作的交流机制与援助机制将会得到进一步发展。尽管在先进领域受到一定约束，但是在总体上农业科技合作将得到提升，原因在于：第一，这是中国推动全方位对外开放的必然结果；第二，这符合农产品贸易和农业农村发展的内在要求；第三，这是世界多极化发展的自然趋势。

第十二章　第一产业科技总体安全，个别行业弱安全

第十三章
第二产业科技总体安全，一些行业不安全

经过70多年发展，我国工业已实现了从工业化初期到工业化后期的历史性飞跃，500多种主要工业品中有220多种产量位居全球第一，工业结构逐步优化，技术水平和创新能力稳步提升。除了"大飞机、小药片"，中国制造产品遍及全球。但也应该看到，我国工业发展仍存在不充分、不平衡等问题：集成创新优势明显，但部分核心技术严重受限；产业链中低端技术自给自主且部分技术出口，中高端技术的主体技术基本自给，核心技术需引进。一些高技术产品相关技术不安全，严重依赖技术与设备引进，顶尖人才缺乏的问题还比较突出。

第一节
中国已成为第一制造业大国

新中国成立之初,工业基础薄弱,很多生活必需品都是进口的,经过70多年的艰苦奋斗,中国不但摆脱了"洋货遍地"的局面,而且2010年后,中国还成了门类全、规模大、出口多、发展快的第一制造业大国。

一、制造业体系全球最全

工业体系是指由足够多的互相具有供需关系的工业部门组成的经济系统。中国工业体系的构建,经历了"一五"计划的"156项"工程、1958—1978年的农村工业化、1966—1980年的三线建设、1970—1975年"43"方案的扩张和更新,20世纪70年代末,中国工业体系已基本构建完整,工业门类基本齐全。[1]1980年,世界银行经济考察团首次对中国进行经济考察后就表示中国已建成了近乎完整的现代工业体系。[2]时至今日,中国已成为全世界唯一拥有联合国产业分类中全部工业门类的国家。

二、制造业规模全球最大

新中国成立后,国家积极推动工业发展,第一个五年计划就提出要建立国家社会主义工业化的初步基础,相比1949年,1958年工业生产就增长了8.3倍,尤其是在改革开放后,中国工业发展更快。国

---

[1] 郭年顺.工业体系和民营企业兴起——基于252家中国最大民营制造业企业的经验研究[J].南方经济,2019,38(12):15-32.

[2] 世界银行.中国:社会主义经济的发展[M].北京:中国财政经济出版社,1983.

家统计局的数据显示，中国已有500多种工业品，工业增加值已从1960年的265.1亿美元增加到2021年的69 918.5亿美元，整体增长了262.7倍；占全球工业增加值的比重已从1991年的2.1%增长到2021年的26.3%，远超排名第二的美国10.6个百分点，牢牢占据了全球第一的位置（见图13-1）。

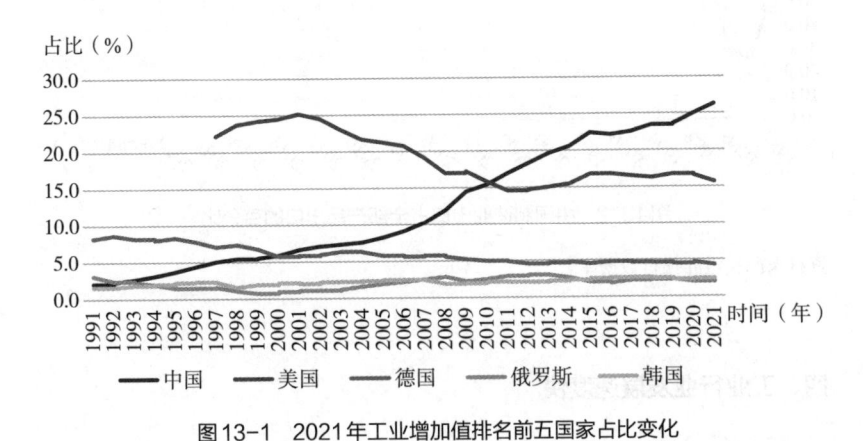

图13-1　2021年工业增加值排名前五国家占比变化

资料来源：世界银行数据库。

三、工业产品出口全球第一

新中国成立之初，洋货盛行，进口产品多而出口产品极少。新中国成立初期，中国出口产品以农副产品等初级产品为主；改革开放后，伴随"来料加工、来件装配、来样加工、补偿贸易"，即"三来一补"，中国以加工贸易为切入点参与国际分工，逐步打开了国际市场，成为举足轻重的"世界工厂"，"MADE IN CHINA"（中国制造）成为广为人知的中国符号。截至2021年，中国已连续多年稳居全球货物贸易第一大出口国地位，制造业出口占全部产品出口的比重也已从1984年的47.7%上升到2021年的93.6%（见图13-2），服装、鞋、玩具、五金产品、家电等轻工品在全球占有较高的市场份额，全球工业品市场因中国工业的发展及价廉物美产品的出口而极大丰富。

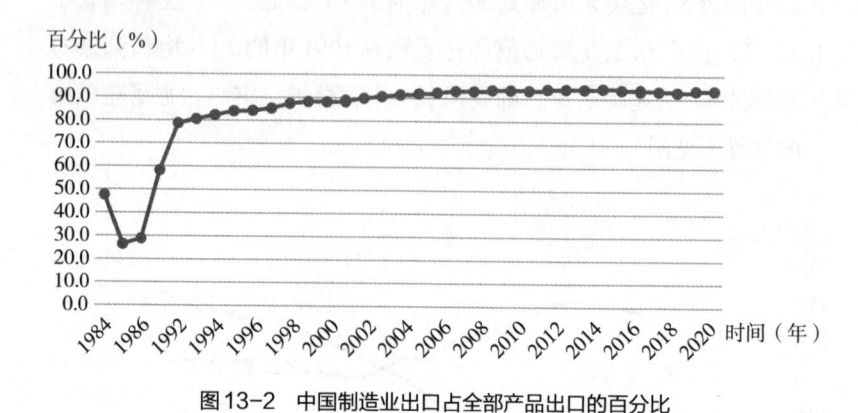

图13-2 中国制造业出口占全部产品出口的百分比

资料来源：世界银行数据库。

四、工业行业发展速度快

新中国成立以来，高度重视工业的发展，从第一个五年计划开始就把有限的资源重点投向了工业部门，为此后的工业化发展奠定了坚实的基础，促进了工业大发展。国家统计局按不变价格计算，中国工业增加值在1952—2018年增长970.6倍，年均增长11.0%。分阶段看，"一五"期间中国工业增加值保持了年均19.8%的增长速度；"二五"时期至改革开放以前（1958—1978年），中国工业增加值年均增长11.5%。改革开放以后，中国工业经济规模迅速扩大：1992年中国工业增加值突破1万亿元大关，2007年突破10万亿元大关，2012年突破20万亿元大关，2018年突破30万亿元大关；按不变价格计算，2018年比1978年增长56.4倍，年均增长10.7%；[1]《中国统计年

---

[1] 资料来源：国家统计局，http://www.stats.gov.cn/tjsj./zxfb/201907/t20190710_1675173.html。

鉴2021》也显示，2021年制造业增加值已增加到313 071.1亿元，是1978年的1 621.4亿元的193.1倍，是1991年的38.4倍，发展速度世界瞩目。

第二节
中国已成为第二产业创新大国

世界近代史显示：无工业不大国，工业不强则大国不兴，工业是大国崛起的根基。新中国成立后，在党和政府的领导下，中国工业产品从寡到多、从弱到强，科技水平由低到高，一步步成长为全球第一工业大国、科技创新大国。从20世纪80年代提出"科学技术是第一生产力"，到1996年颁布《中华人民共和国促进科技成果转化法》，到2006年全国科技大会提出自主创新、建设创新型国家战略，再到2016年实施创新驱动发展战略，中国工业化一路走来对自主创新的重视程度日益提高；尤其是2008年16个重大专项的推出，大大提高了中国制造业的创新速度，中国在很多方面都已经成为第二产业创新大国。

一、工程论文数量跃居世界第一

工程论文数量是衡量一个国家工程技术发展水平的重要指标。中国的工程论文数量从2007年跃居世界第一以来，一直保持着世界第一的位置。中国科学技术信息研究所在线公布的《2022年中国科技论文统计报告》显示，EI数据库2021年收录期刊论文总数为103.97万篇，其中中国论文为36.78万篇，占世界论文总数的35.4%；中国作为第一作者共计发表36.07万篇EI论文，占世界EI论文总数的

34.7%；在高水平国际期刊论文中，中国工程论文数是16 225篇，占世界工程论文总数的44.9%。

不仅如此，国内主办的杂志影响力也在稳步提升，科睿唯安2022年6月发布的期刊引证报告显示，中国工程院院刊 *Engineering*（《工程》）2021年影响因子达到12.834，排名跃居全球工程综合领域92种期刊之首。

二、发明专利数量居世界第一

发明专利是衡量一个国家技术创新的重要指标。截至2022年底，中国发明专利有效量为421.2万件，位居世界第一，其中高价值发明专利达132.4万件，每万人口高价值发明专利拥有量达到9.4件。中国拥有有效发明专利的企业达35.5万家，拥有有效发明专利232.4万件；其中高新技术企业、专精特新"小巨人"企业拥有有效发明专利151.2万件，占中国企业拥有总量的65.1%。[1]不仅如此，发明专利产业化收益也在逐步增加，收益金额在100万元/件以上和500万元/件以上的发明专利比例分别为56.4%和34.7%；企业发明专利产业化平均收益金额为799.2万元/件。[2]

三、PCT专利跃居世界第一

世界知识产权组织2022年2月发布的数据显示，2021年，中国申请人通过PCT途径提交的国际专利申请达6.95万件，连续3年位居申请量排行榜首位。其中，中国共有13家企业进入全球PCT国际

---

[1] 资料来源：国家知识产权局，https://www.cnipa.gov.cn/col/col3117/index.html 。
[2] 资料来源：国家知识产权局，https://www.cnipa.gov.cn/art/2022/12/28/art_88_181043.html?eqid=f3b89238002f022100000003645a413d 。

专利申请人排行榜前50位，华为以6 952件申请连续5年位居榜首，OPPO广东移动通信（2 208件）和京东方（1 980件）分列第6位和第7位。[①]

四、高技术产品出口居世界第一

从高技术产品出口来看，随着科技创新实力的增强，中国高技术产品出口逐渐增多。1990年，中国高技术产品出口仅占全球的0.6%；从2005年高技术产品出口首次超越美国后，中国就一直保持世界排名第一的位置，2021年的高技术产品出口额达到了9 795.8亿美元，是排名第二、第三、第四的德国、美国、日本3个国家出口总额的1.5倍（见图13-3）。中国已经成为世界高技术产品出口的大国。在2022年3月的一篇文章中，德国《焦点》称，中国已经不是几十年前的中国，中国制造业正在朝向"智造"发展，高科技产业水平已令世界瞩目。

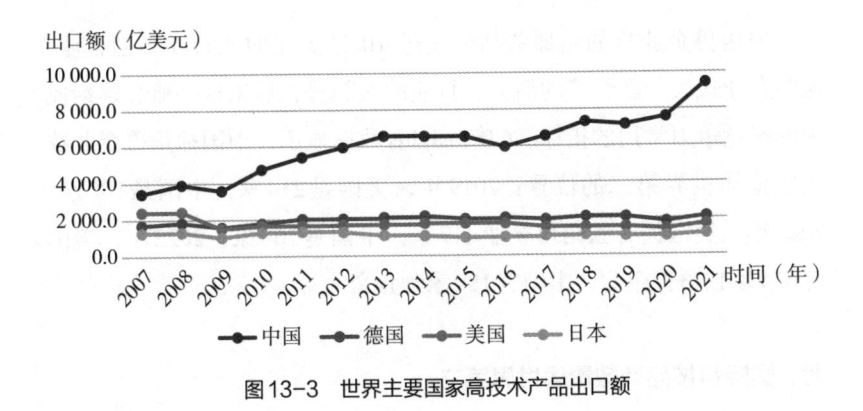

图13-3 世界主要国家高技术产品出口额

资料来源：世界银行数据库。

[①] 资料来源：国家知识产权局，https://www.cnipa.gov.cn/art/2022/2/10/art_53_173154.html。

五、世界500强企业数量居世界第一

世界500强榜单是衡量全球大型公司最著名、最权威的榜单。从1995年开始,《财富》杂志每年都会发布一份涵盖美国和其他各国企业的综合榜单,很多人用它来对企业、行业或国家历年的表现进行数据对比,从而了解一个国家或区域企业综合实力的变化。在1995年排行榜中,中国仅有3家入榜,美国有151家,日本有149家;2001年,中国也仅有11家入榜。此后,中国就进入了快速发展的轨道:2012年中国上榜企业数量追平日本达到68家;2013年超过日本达到了86家;2019年中国上榜企业数首次超过美国达到了129家;2020年,中国上榜企业数量达到121家,和美国相当;2021年中国上榜企业数量超过美国,达到了143家;2022年,美国有124家,中国达到了145家。

六、独角兽企业数量居世界第二

独角兽企业指的是那些估值超过10亿美元的私有或初创企业,这些企业代表着新经济的活力、行业的大趋势,后来这一概念逐渐成为国家竞争力常用的指标。CB Insights数据显示,中国独角兽企业数量已稳居世界第二的位置:2019年,美国是214家,中国是107家;2021年,美国拥有独角兽企业417家,中国是168家;2022年,美国有614家独角兽企业,中国有181家独角兽企业。

七、国际科技品牌数量居世界第二

品牌金融(Brand Finance)是英国著名咨询公司,也是世界领先的品牌价值评估公司,该公司从2015年起,每年都发布全球科技品牌价值100强榜单,已引起世界广泛关注。在2015年的榜单中,美国

占全球科技品牌总量的67.86%；排名第二的是日本，占8.45%；中国为第三，占8.19%。但在2016年的榜单中，中国的科技品牌数量超过了日本，排名第二，占比比日本多了4.55个百分点，但仅为美国的18.65%。"2022全球科技品牌价值100强"榜单显示，美国上榜品牌数量占总量的67.57%；中国上榜品牌数量仅次于美国，占比20.63%，中国不但牢牢占据第二的位置，而且增长速度远高于其他国家（见图13-4）。

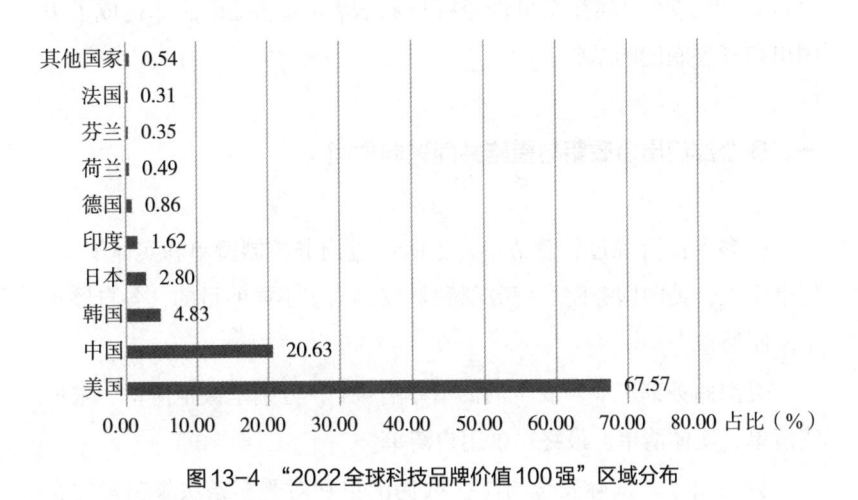

国家	占比（%）
其他国家	0.54
法国	0.31
芬兰	0.35
荷兰	0.49
德国	0.86
印度	1.62
日本	2.80
韩国	4.83
中国	20.63
美国	67.57

图13-4 "2022全球科技品牌价值100强"区域分布

第三节
美国遏制中国工业科技的主要手段

当前，美国将中国视为最大的战略竞争对手，拜登政府的对华科技策略已经从"小院高墙"转为大面积围堵，尤其是在高技术及其产业领域，通过立法、实施出口管制、构建"遏制联盟"、加强部门协同形成遏制打压合力、实施"长臂管辖"制裁等手段，对中国实行立体式、全方位围堵和包抄，试图遏制中国的发展。我们曾研究过美国遏制中国发展的系列措施，尤其是出口管制，这是美国常用的手段。美国出口管理制度是指美国政府对特定物品的贸易施加禁止性规定或特殊许可条件以进行限制的制度，主要包括关于民用以及军民两用物品管制的法律法规体系与关于国防物品和国防服务管制的法律法规体系，还包括约30个对外经济制裁项目。其中，《出口管理法》《武器出口管制法》《国际突发事件经济权利法》3部基础性法律构成了美国出口管理制度的基础。

一、多个部门出台政策与措施共同遏制中国

很多人都听说过管制清单，也听说过商务控制清单和实体清单，但事实上，美国国务院、商务部和财政部出于不同的目的，各自颁布了限制清单。

美国商务部工业与安全局的清单有4个，分别是被拒清单、未核实清单、实体清单、最终军事用户清单。

美国国务院国际安全与防扩散局清单针对受多条法规制裁的企业，但《联邦公告》是防扩散制裁决议唯一的官方完整清单。

美国国务院国防贸易管制局的武器出口禁运清单，禁止直接或间接从事包括技术资料与国防服务在内的国防用品出口的实体及个人。

美国财政部海外资产管控办公室的清单有6个，分别是特别指定清单、外国逃避制裁者清单、行业制裁识别清单、代理通汇账户制裁清单、非特指菜单式制裁清单、非特指中国军工复合企业清单。

美国这些清单可以通过网站查询，网址为https://www.trade.gov/data-visualization/csl-search。截至2023年2月11日，中国被美国列入各种清单的机构、企业等达到了1 159家。

二、通过商务控制清单限制技术与产品出口

美国商务部遏制中国的主要手段是通过发布所谓的商务控制清单对出口进行管制,其法律依据是《出口管制条例》。商务控制清单可在美国的联邦法规电子代码[①]上查询,涉及的内容非常详细,正文多达200多页,分技术类型、主要内容、审查程序、审查条目等5个部分。

三、用所谓实体清单限制中国机构技术引进

实体清单是美国最为频繁使用的管制清单,涵盖很多国家的企业、研究机构、政府、民间组织、个人等。实体清单来自美国《出口管制条例》,由美国商务部下属工业与安全局负责管理,上榜企业被认定为影响美国国家安全和外交利益。进入实体清单后,除非得到特别批准,否则任何至企业参与其交易行为,甚至提供服务(如货运、物流等)都将违反美国《出口管制条例》。

从历史上看,美国实体清单的发展历程可以追溯到1979年的《美国实体清单法》,其目的是针对实体进行经济制裁,以限制特定国家的进出口活动,阻止实体参与非法活动,比如犯罪、恐怖主义和政治迫害。后来,随着政治环境的变化,美国分别在1997年、2003年、2009年、2016年对实体清单法进行修改,以改善实体清单的实施程序,并增加对实体的监督和控制。

实体清单的制定和管理非常复杂。实体清单由美国商务部、国务院、国防部、能源部及财政部的代表组成的最终用户审查委员会负责,美国商务部担任委员会主席;最终用户审查委员会任何成员机构

---

① 联邦法规电子代码网址为https://www.ecfr.gov/current/title-15/subtitle-B/chapter-VII/subchapter-C/part-738。

可向委员会主席提交建议，对清单进行修改，最终以多数票表决的方式增加条目，以全票通过的方式移除或修改条目。①

中国是实体清单中的重点，截至2023年2月24日，中国被列入实体清单的实体是534个。当然，实体清单也会进行增补。我们对中国的534个实体做了初步分析，如图13-5所示：高校和科研院所实体共53个，涉及哈尔滨工业大学、南京航空航天大学等属于原国防科工委的学校，军事医学科学院下属机构，以及中科院部分机构和其他涉及前沿技术的研究机构与高校；政府机构有20个，主要位于新疆、内蒙古等地区；企业共394个，涉及行业最多的是信息通信和电子行业，有248个，其次是航空航天产业，有47个。

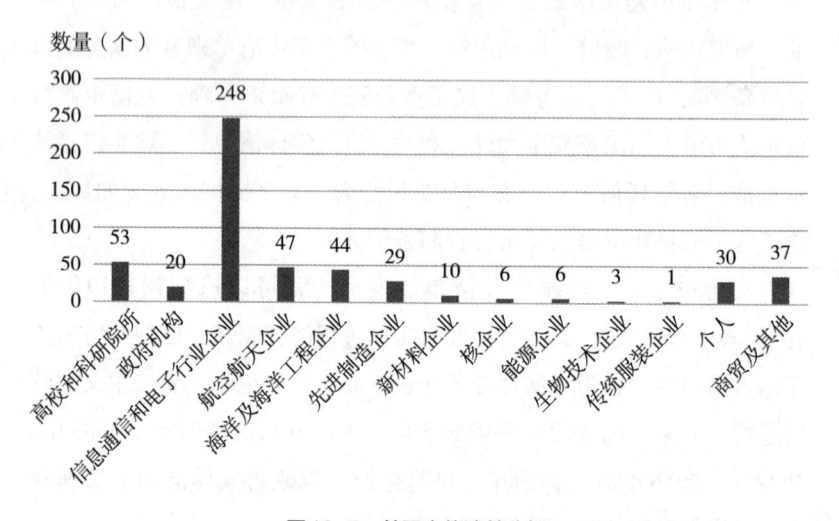

图13-5　美国实体清单分析

资料来源：根据美国商务部发布的实体清单整理，截止时间是2023年2月24日。

进一步分析显示，这些清单涉及华为、中国船舶、中国航天、中

---

① 资料来源：中国出口管制信息网，http://exportcontrol.mofcom.gov.cn/article/zjsj/202111/519.html。

国电子的较多。初步统计显示，涉及华为及其下属企业和分支的有53个，涉及中国船舶的有31个、中国航天的有29个、中国电子的有24个。

四、美国技术管制由信息扩大到生物等领域

为了进一步遏制中国高科技产业的发展，确保美国科技的领先与霸权地位，美国修改种类管制清单，目前限制出口的技术与产品正在由数字经济领域扩展到生物技术、先进制造、量子科学领域。

2018年11月19日，美国商务部工业与安全局提出"审查某些新兴技术的控制措施"提案，并联合商务部对14类新兴技术进出口征求意见。这14类新兴技术包括：生物科技，人工智能，定位、导航和授时技术，微处理器技术，先进的计算技术，数据分析技术，量子信息与传感技术，物流技术，增材制造，机器人技术，脑机接口技术，高超音速技术，先进材料，先进的监视技术。

从以上14类新兴技术清单不难看出，美国对中国科技的遏制正在由信息领域转向包括生物、材料、航空、制造等在内的多个领域，试图全面遏制中国高科技及其产业的发展。

第四节
中国工业科技总体安全，少数行业不安全

对于中国工业科技安全，国内外有许多不同结论，甚至相反的评估结果。国内外都有研究报告认为中国工业科技创新远远超过美国，还给出了不同技术维度的中美比较；有的报告则认为中国工业科技仍然以中低端技术为主，高端技术、核心零部件仍然需要引进。我们对

不同工业行业的对外技术依存度、技术进出口、产品进出口、主营业务收入等指标进行分析，得出的基本结论是中国工业科技取得了巨大的进步，论文、专利、产品出口等数量指标均居世界第一位，但许多核心技术、零部件仍依赖进口，中国还不是制造业强国，仅一些行业进入强国行列。

一、国外机构对中国科技的评估结果存在严重偏差

中国制造业技术是否安全已成为国际社会关注的重点问题，尤其是美国联合盟友打压华为公司，华为公司仍然能够持续发展，这让西方政府与智库对中国科技产生了许多不同的认识，一些机构与学者纷纷开始对中国高科技及其产业发展进行评估与评价。兰德公司等国外智库每年会发布许多关于中国科技发展的研究报告。

但是，外国人往往不了解中国科技发展的真实情况，知其然，不知其所以然，有的研究报告存在严重偏差，明显是在制造"中国威胁论"。例如，澳大利亚智库战略政策研究所2023年3月发布的《全球关键及新兴技术追踪报告》的结论基本是错误的，该报告分析了先进材料与制造等7大领域、44项技术，并指出中国有37项技术处于领先地位，美国有7项技术处于领先地位（见表13-2）。中国领先的技术中有8项是技术垄断风险高，而美国领先的技术中没有一项技术垄断风险高，这样的结论与实际情况存在严重的偏差。例如，中国合成生物学领先美国，而且技术垄断风险高，殊不知中国合成生物学的概念、研发设备、方法甚至人才均来自美国，又怎么会领先美国？因此，广大读者在看到国外评价中国科技的报告时，需要认真分析，用数据、事实说话。

表13-2 领先国家及技术垄断风险

技术领域及关键技术	领先国家	技术垄断风险
先进材料与制造		
1. 纳米材料与制造	中国	高
2. 涂层	中国	高
3. 机敏材料	中国	中
4. 先进复合材料	中国	中
5. 新型材料	中国	中
6. 高精密加工	中国	中
7. 先进弹药与含能材料	中国	中
8. 关键矿产开采及加工	中国	低
9. 高级磁铁及超导体	中国	低
10. 高级防护	中国	低
11. 连续流/化学合成	中国	低
12. 增材制造（包括3D打印）	中国	低
人工智能、计算与通信工程		
13. 先进射频通信（包括5G、6G技术）	中国	高
14. 先进光通信	中国	中
15. 人工智能、算法及硬件加速器	中国	中
16. 分布式账本	中国	中
17. 高级数据分析	中国	中
18. 机器学习（包括神经网络与深度学习）	中国	低
19. 网络安全防护	中国	低
20. 高性能计算	美国	低
21. 高级集成电路设计与制造	美国	低
22. 自然语言处理（包括语音、文本的识别与分析）	美国	低
能源与环境		
23. 氢能、氨能发电	中国	高
24. 超级电容器	中国	高

第十三章 第二产业科技总体安全，一些行业不安全

（续表）

技术领域及关键技术	领先国家	技术垄断风险
25. 电池	中国	高
26. 太阳能光伏	中国	中
27. 核废料管理与回收	中国	中
28. 定向能	中国	中
29. 生物燃料	中国	低
30. 核能	中国	低
量子		
31. 量子计算	美国	中
32. 后量子密码	中国	低
33. 量子通信（包括量子密钥分发）	中国	低
34. 量子传感器	中国	低
生物技术、基因技术及疫苗		
35. 合成生物学	中国	高
36. 生物制造	中国	中
37. 疫苗及医疗对策	美国	中
传感、授时与导航		
38. 光子传感器	中国	高
防御、太空、机器人与运输		
39. 先进航空发动机（包括高超音速技术）	中国	中
40. 无人机、蜂群及协作机器人	中国	中
41. 小型卫星	美国	低
42. 自主系统运行	中国	低
43. 先进机器人	中国	低
44. 空间发射系统	美国	低

资料来源：澳大利亚智库战略政策研究所，《全球关键及新兴技术追踪报告》，2023年3月。

当然，科学研究鼓励不同的研究方法与结论，允许一家之言，但只有依靠事实与数据，才能经得起研究与推敲。

二、国内机构对中国"卡脖子"技术的分析

研究中美科技战，要在了解国外对中国科技评价的同时，立足国内，积极研究"卡脖子"问题和清单。当然，出于国家安全等多种原因，这些清单不能公布或不宜公布，但如何深入研究是值得思考的问题。在研究工业科技安全的过程中，我们跟踪、总结了《科技日报》和中国科学院在这方面的研究。

（一）《科技日报》列出的"卡脖子"技术

《科技日报》是唯一国家级科技媒体，是中国科技界面向社会、连接世界的窗口。《科技日报》2018年列出了制约中国工业发展的35项"卡脖子"技术：光刻机、芯片、操作系统、航空发动机短舱、触觉传感器、真空蒸镀机、手机射频器件、iCLIP技术、重型燃气轮机、激光雷达、适航标准、高端电容电阻、核心工业软件、ITO靶材、核心算法、航空钢材、铣刀、高端轴承钢、高压柱塞泵、航空设计软件、光刻胶、高压共轨系统、透射式电镜、掘进机主轴承、微球、水下连接器、燃料电池关键材料、高端焊接电源、锂电池隔膜、医学影像设备元器件、超精密抛光工艺、环氧树脂、高强度不锈钢、数据库管理系统、扫描电镜。

（二）中国科学院正在攻关的"卡脖子"清单

中国科学院针对中国"卡脖子"技术，启动了"攻克卡脖子技术专项"，通过研究所、企业、地方三方联合的攻关模式，解决"卡脖

子"问题。①2018年中国科学院启动了国产安全可控先进计算系统研制、网络安全、潜航器3个专项；2019年启动了处理器芯片与基础软件、高精度电磁测量核心技术装备、仿生合成橡胶、高端轴承自主可控制造、多语音多语种技术，目前至少有9个专项正在研发之中。从中科院已经启动的"卡脖子"技术专项看，其主要涉及信息、先进制造、生物等领域。

（三）商务部关于禁止出口的清单

商务部关于禁止出口的清单，是中国有技术、资源优势，需要从经济安全、国家安全角度考虑限制出口的清单。2020年8月28日，商务部和科技部提出要根据《中华人民共和国对外贸易法》和《中华人民共和国技术进出口管理条例》，对《中国禁止出口限制出口技术目录》内容做部分调整。事实上，中国在2008年就发布了《中国禁止出口限制出口技术目录》，只不过原来中美之间的竞争没那么激烈，该目录并没有引起大家的过多关注。

相比2020年的目录，2022年12月的修订拟删除技术条目32项，修改36项，新增7项，修订后的《中国禁止出口限制出口技术目录》共139项，其中禁止出口技术24项，限制出口技术115项。②

我们将其和美国的出口管制清单进行比较，发现在中国禁止或限制出口技术清单中，具有中国特色的项目较多，有不少是出于对传统技艺、特色资源等的保护；相比美国对中国禁止或限制出口的技术清单，涉及的高新和前沿技术少了些（见表13-3）。

---

① 资料来源：中国科学院院级科技专项信息管理服务平台，https://prp.cas.cn/#/specialIntroduction?activeId=d3821b4ca3604754a36a90d560208530。
② 资料来源：服务贸易和商贸服务业司，http://fms.mofcom.gov.cn/article/zqwww/ 202212/20221203376695.shtml。

表13-3 中国禁止或限制出口技术目录中的部分行业领域和技术名称

行业领域	技术名称
畜牧业	畜牧品种的繁育技术
	蚕类品种、繁育和蚕茧采集加工利用技术
渔业	水产品种的繁育技术
造纸及纸制品业	造纸技术
化学原料及化学制品制造业	焰火、爆竹生产技术
医药制造业	中药材资源及生产技术
	中药饮片炮制技术
	中国珍贵濒危植物药用成分提取加工技术
非金属矿物制品业	非晶无机非金属材料生产技术
	低维无机非金属材料生产技术
有色金属冶炼及压延加工业	稀土的提炼、加工、利用技术
交通运输设备制造业	航天器测控技术
	航空器设计与制造技术
通信设备、计算机及其他电子设备制造业	集成电路制造技术
	机器人制造技术
仪器仪表及文化、办公用机械制造业	地图制图技术
工艺品及其他制造业	书画墨、八宝印泥制造技术
建筑装饰业	中国传统建筑技术
电信和其他信息传输服务业	计算机网络技术
	空间数据传输技术
	卫星应用技术
研究和试验发展	用于人的细胞克隆和基因编辑技术
专业技术服务业	大地测量技术
卫生	中医医疗技术

资料来源：根据《中国禁止出口限制出口技术目录》整理。

2020年10月，中国颁布《中华人民共和国出口管制法》，对出口管制体制、管制措施以及国际合作等做出明确规定，统一确立出口管制、管制清单、临时管制、管控名单以及监督管理等方面的基本制度框架和规则。在未来的清单制定中，我们建议从科技竞争力、对外技术依存度、行业科技安全保障、国际上其他国家对中国科技的评价，以及美国遏制等多个维度，定性、定量分析不同行业的科技安全系数，一是为下一次清单的修改提供依据，二是筛选出保障中国行业科技安全的技术重点，针对性地开展工作，为行业的健康稳定发展提供及时、准确的分析资料。

三、不同工业行业的对外技术依存度

国内外通常用对外技术依存度来研究、判断科技安全的程度。一般来讲，对外技术依存度低的行业，科技安全程度高，反之，科技弱安全或不安全。为此，我们对不同工业行业、主要高技术产品的对外技术依存度进行测算。

（一）工业行业的对外技术依存度

在《中国科技统计年鉴2021》统计的40个工业行业中，仅33个行业有技术引进费用，其中，石油和天然气开采业、黑色金属矿采选业、有色金属矿采选业、非金属矿采选业、开采专业及辅助性活动、其他采矿业与水的生产和供应业7个行业没有技术引进费用，说明这7个行业的发展不依赖或不需要引进海外技术，科技安全程度高。

统计年鉴的数据显示，中国2020年的技术引进费用是459.95亿元，而同期工业领域的研发经费支出为15 271.29亿元，这表明工业行业的对外技术依存度是3.0%。

依存度高于3.0%的行业有3个，分别是汽车制造业，计算机、通信和其他电子设备制造业，铁路、船舶、航空航天和其他运输设备制造业，依存度分别是14.1%、5.5%、4.0%。对外技术依存度高，说

明这3个行业需要大量引进海外技术或零配件。

依存度处于2.0~3.0%的行业有2个，分别是食品制造业2.7%，石油、煤炭及其他燃料加工业2.3%。

依存度处于1.0~2.0%的行业有5个，分别是通用设备制造业1.8%，橡胶和塑料制品业1.8%，烟草制品业1.6%，煤炭开采和洗选业1.4%，黑色金属冶炼和压延加工业1.1%。

依存度低于1.0%的行业有23个，其中，5个高于0.5%，分别是专用设备制造业0.9%，医药制造业0.8%，电气机械和器材制造业0.8%，化学原料和化学制品制造业0.7%，电力、热力生产和供应业0.5%，其他低于0.5%。

从行业计算的结果来看，我国对外技术依存度高的行业和美国限制的行业基本相同，主要集中在信息、先进制造、汽车等领域。

（二）高技术产品的对外技术依存度

《中国高技术产业统计年鉴》将高技术产品分为了5类。按照收集的数据计算后，我们发现，在这5类中，电子及通信设备制造业的对外技术依存度最高，是5.54%；其次是医疗仪器设备及仪器仪表制造业，是1.55%；医药制造业的对外技术依存度排名第三，是0.85%；计算机及办公设备制造业和信息化学品制造业分别排名第四、第五，分别是0.40%和0.38%。

通过进一步细分，我们发现，对外技术依存度最高的是通信设备、雷达及配套设备制造（13.59%）下的"通信终端设备制造"，高达18.52%；其次是"医疗仪器设备及器械制造"（3.56%）下的"医疗诊断、监护及治疗设备制造"，是7.05%；排名第三的是集成电路制造，对外技术依存度是4.81%。

当然，相比其他产品，高技术产品的对外技术依存度普遍较高，其中电子通信类产品、医疗设备制造的对外技术依存度较高，符合中国的实际。但由于缺乏数据支撑，特别缺乏技术引进费用的数据，我们不能对高技术产品的对外技术依存度进行逐一分析。

四、不同工业行业科技安全系数

利用对外技术依存度来衡量、评估科技安全存在一些缺陷：一是对外技术依存度局限在技术领域，不能定量分析引进技术对经济社会发展的作用与影响；二是对外技术依存度往往会出现一些偏差，比如没有进行技术引进的行业或企业，不一定是技术水平很高、不需要引进技术的行业或企业，而是买不到甚至买不起所需的技术；三是许多行业没有技术引进费用统计数据，导致无法测算对外技术依存度；四是国内科研经费多，会导致行业对外技术依存度低，比如计算机制造业研发费用高，技术引进费用相对较少，其对外技术依存度低于汽车制造业。为了解决上述问题，我们利用科技安全系数算法，对40个工业行业的科技安全系数进行了测算，并根据科技安全系数将工业行业分为科技强安全、基本安全、弱安全、不安全4类。

（一）科技强安全的行业

科技安全系数高于100%（不含100%）的行业为科技强安全的行业。科技强安全的行业有16个，其中科技安全系数最高的3个行业是纺织服装服饰业、家具制造业和其他制造业，较低的3个行业是食品制造业、黑色金属冶炼和压延加工业，以及电力、热力生产和供应业（见表13-3）。从科技强安全的行业特点来看，一方面，中国在这些行业科技创新能力强、生产规模大，无须引进海外技术或技术引进费用很少；另一方面，发达国家对这些处于成熟、稳定的行业支持很少，主要依靠企业力量推动行业发展。

科技强安全的16个行业主营业务收入占工业主营业务收入的41.7%，达到了448 255.97亿元。但从技术含量来看，强安全行业主要是量大面广、相对成熟的资源和人力依赖性行业。

表13-3 科技强安全的行业

行业	技术引进费用（亿元）	产品进口费（亿元）	产品出口费（亿元）	主营业务收入（亿元）	科技安全系数（%）
纺织服装服饰业	0.12	1 070.5	12 450.5	13 868.58	182.1
家具制造业	0.04	156.1	4 777.2	7 069.83	165.4
其他制造业	0.00	131.6	1 278.3	2 427.70	147.2
纺织业	0.82	1 487.2	10 905.2	23 473.81	140.1
化学纤维制造业	0.23	265.8	1 955.2	7 991.05	121.1
金属制品业	2.08	996.5	7 413.1	39 034.35	116.4
通用设备制造业	17.68	5 063.6	11 549.4	41 166.75	115.7
专用设备制造业	9.06	5 458.7	10 667.7	33 853.37	115.4
印刷和记录媒介复制业	0.17	351.2	1 280.9	6 638.28	114.0
文教、工美、体育和娱乐用品制造业	0.42	1 240.1	2 638.9	12 300.17	111.4
铁路、船舶、航空航天和其他运输设备制造业	19.62	5 993.7	7 624.2	15 511.30	110.4
橡胶和塑料制品业	7.85	6 031.6	8 229.5	25 580.33	108.6
非金属矿物制品业	0.87	1 282.4	3 355.3	58 018.13	103.6
食品制造业	4.25	1 114.5	1 735.9	19 311.92	103.2
黑色金属冶炼和压延加工业	8.42	2 705.8	3 220.7	73 054.90	100.7
电力、热力生产和供应业	0.81	12.3	104.5	68 955.50	100.1

注：由于水的生产和供应业没有数据，不参与计算。

（二）科技基本安全的行业

科技基本安全的行业指的是科技安全系数为95%～100%（不含95%）的行业。科技基本安全的行业有14个（见表13-4），主营业务收入为236 593.25亿元，占工业主营业务收入的22.0%。科技基本安全的行业主要集中在采掘和矿产、食品以及化工领域，这些行业在欧美并不具有优势。另外，由于近年中国汽车行业发展迅速，已逐步进入欧美市场,汽车制造业整体已经处于基本安全的状态。

表13-4 科技基本安全的行业

行业	技术引进费用（亿元）	产品进口费（亿元）	产品出口费（亿元）	主营业务收入（亿元）	科技安全系数（%）
石油和天然气开采业	—	—	—	6 656.93	100.0
黑色金属矿采选业	—	—	—	4 159.96	100.0
有色金属矿采选业	—	—	—	2 748.74	100.0
非金属矿采选业	—	—	—	3 662.35	100.0
开采专业及辅助性活动	—	—	—	2 106.54	100.0
其他采矿业	—	—	—	11.09	100.0
金属制品、机械和设备修理业	0.01	—	—	1 456.55	100.0
煤炭开采和洗选业	1.71	—	—	20 821.60	100.0
烟草制品业	0.46	81.2	54.0	11 380.59	99.8
皮革、毛皮、羽毛及其制品和制鞋业	0.00	228.2	137.5	10 129.01	99.1
汽车制造业	192.19	5 907.7	5 222.8	81 703.92	98.9
酒、饮料和精制茶制造业	0.21	348.2	117.9	14 790.53	98.4
造纸和纸制品业	0.31	1 666.1	1 402.7	13 155.65	98.0
化学原料和化学制品制造业	5.45	14 771.2	11 722.1	63 809.79	95.2

(三) 科技弱安全的行业

科技弱安全的行业指的是科技安全系数为85%~95%（不含85%）的行业,主要有6个:木材加工和木、竹、藤、棕、草制品业,有色金属冶炼和压延加工业,医药制造业,计算机、通信和其他电子设备制造业,电气机械和器材制造业,农副食品加工业（见表

13-5）。这6个行业的主营业务收入达到了329 873.39亿元，占全部主营业务收入的30.7%。

表13-5 科技弱安全的行业

行业	技术引进费用（亿元）	产品进口费（亿元）	产品出口费（亿元）	主营业务收入（亿元）	科技安全系数（%）
木材加工和木、竹、藤、棕、草制品业	0.01	1 401.5	940.0	8 668.70	94.7
有色金属冶炼和压延加工业	1.47	4 580.7	1 647.7	54 229.81	94.6
医药制造业	6.66	2 422.2	912.1	25 053.57	93.9
计算机、通信和其他电子设备制造业	161.13	29 836.76	22 419.83	123 807.96	93.9
电气机械和器材制造业	11.97	32 977.2	27 376.6	69 306.55	91.9
农副食品加工业	0.31	9 758.70	4 188.13	48 806.80	88.6

这些行业科技弱安全的原因有3点：一是由于国内资源缺乏，需要大量进口产品，比如农副食品加工业；二是技术密集型的高技术行业的核心技术依赖进口，比如计算机、通信和其他电子设备制造业；三是传统弱势行业，比如医药制造业，由于长期投入不够，行业处于弱安全状态。

（四）科技不安全的行业

科技不安全的行业指的是科技安全系数低于85%的行业，主要有3个，分别为仪器仪表制造业、燃气生产和供应业，以及石油、煤炭及其他燃料加工业（见表13-6）。这3个行业的主营业务收入占工业主营业务收入的5.5%。

表13-6 科技不安全的行业

行业	技术引进费用（亿元）	产品进口费（亿元）	产品出口费（亿元）	主营业务收入（亿元）	科技安全系数（%）
仪器仪表制造业	1.29	8 046.4	6 095.2	8 188.40	76.2
燃气生产和供应业	0.00	2 911.6	141.3	9 340.50	70.3
石油、煤炭及其他燃料加工业	4.28	15 616.9	1 986.0	41 976.56	67.5

科技不安全行业面临的问题分两类：一是仪器仪表制造业，属于技术依赖类行业，中国相关技术与产品高度依赖进口；二是燃气生产和供应业与石油、煤炭及其他燃料加工业，中国资源缺口大，严重依赖产品进口，技术不能弥补资源短缺的矛盾，行业发展严重受国外制约，因此科技处于不安全的状态，需要引起高度重视，加速科技进步，开发新能源，改变资源短缺、行业发展受制于人的局面。

第二产业的40个行业（不含水的生产和供应业）的科技安全系数分析表明：中国第二产业科技总体安全，科技强安全的16个行业，占工业行业的40.0%，主营业务收入占工业行业的41.7%；科技基本安全的14个行业，占工业行业的35.0%，主营业务收入占工业行业的22.0%；科技弱安全的6个行业，占工业行业的15.0%，主营业务收入占工业行业的30.7%；科技不安全的3个行业，占工业行业的7.5%，主营业务收入占工业行业的5.5%。

研究表明，中国工业科技总体是安全可控的，国外技术的影响有限。但我们要特别注重加强资源短缺行业的科技安全，用技术进步弥补资源不足，在研制高端芯片的同时，特别重视石油、天然气、木材等事关国计民生的行业的科技进步。

第十四章
第三产业科技总体安全，少数行业不安全

第三产业一词，最早起源于英国经济学家、新西兰奥塔哥大学教授费希尔1935年出版的《安全与进步的冲突》一书。直到1940年，英国经济学家、统计学家科林·克拉克在《经济进步的条件》[①]中提出"随着人均国民收入数值的提高，劳动就会从第一产业转向第二产业，进而向第三产业转移"后，第三产业才被广泛关注。目前，第三产业（也就是我们常说的"服务业"）已成为发达国家经济的主体，通常占GDP总量的70%~80%。中国第三产业发展相对滞后，2012年第三产业GDP仅占GDP总量的46%，相当于美国1970年的水平，2022年上升到53%，接近印度的水平。不仅如此，相比第二产业，中国第三产业的科技发展处于相对滞后的状态，科技体系尚未完善，

---

① [英] 科林·克拉克. 经济进步的条件 [M]. 张旭昆，夏晴，等译. 北京：中国人民大学出版社，2020.

创新能力不强，部分细分行业科技安全不能得到很好的保障。

第一节
第三产业占GDP比重较低

一、第三产业是发达国家的经济支柱

英国经济学家配第、克拉克和费希尔等人的研究显示：在人类社会经济发展进程中，国民生产总值的最大占比将从第一产业转向第二产业，进而转向第三产业。[①]数据显示，1522年英国的农业增加值占GDP比重为39.7%，超过工业的38.7%和服务业的21.6%。随后，服务业占比持续增加，尤其是在英国进入工业化后期后，服务业的优势更加凸显（见图14-1）。

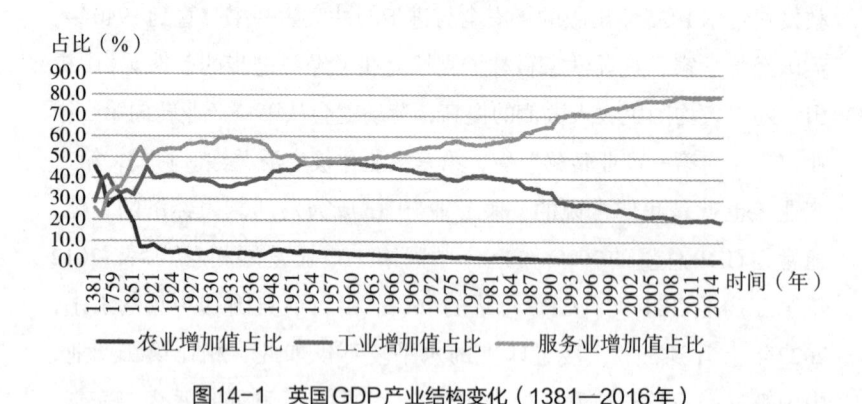

图14-1 英国GDP产业结构变化（1381—2016年）

资料来源：英格兰银行。

---

① 陈自芳.经济增长与第三产业瓶颈[J].经济学家，2001，3（3）：27-32.

还有研究显示,当人均GDP达到400美元时,大部分国家(地区)的第二产业增加值会超过该国(地区)的第一产业增加值,实现从初级产品生产向工业化阶段转变的跨越。当某国(地区)的人均GDP达到2 100美元后,该国(地区)第二产业对经济增长的贡献率会超过第一产业和第三产业,从而成为贡献率最高的产业。当某国(地区)的人均GDP达到4 000美元时,第三产业对经济增长的贡献率最大,第二产业的贡献率次之,该国(地区)社会基础设施建设对人均GDP的增长贡献率也会超过其第二产业。①

统计数据显示,目前,世界上大多数国家服务业增加值的占比都高于工业。其中,30多个国家的服务业增加值占比都超过了50%,美国甚至高达80.1%(见图14-2)。

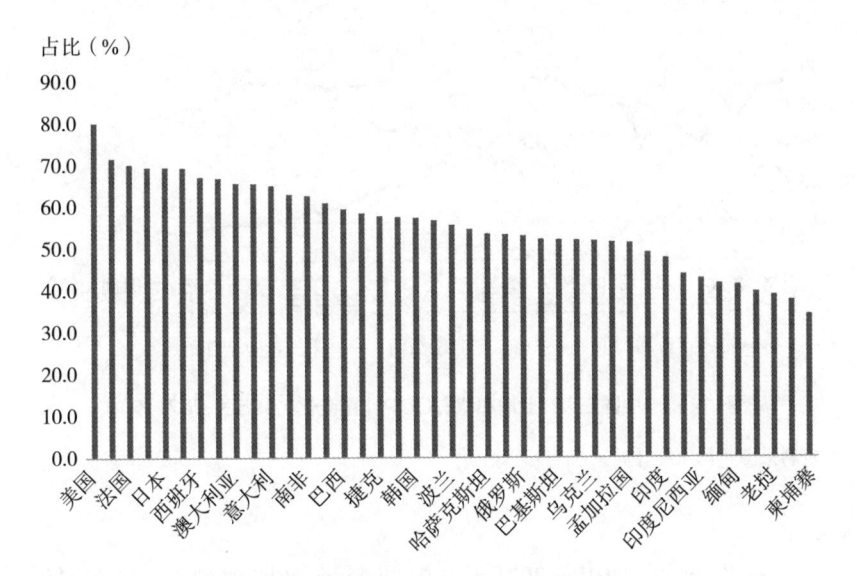

图14-2 部分国家服务业增加值占GDP比重

资料来源:《中国统计年鉴2022》。

---

① 李涵.美国第三产业结构演变及增长潜力研究[D].长春:吉林大学,2019.

二、中国第三产业潜力巨大

（一）第三产业已成为最大的产业

新中国成立初期，是以农业为主的国家，1952年第一产业、第二产业、第三产业增加值占GDP的份额分别为50.5%、20.8%和28.7%；到1958年，中国第二产业增加值超过第一产业；1960年，中国第一产业、第二产业、第三产业增加值占GDP比重分别为23.2%、44.4%和32.4%；2013年，中国第三产业增加值首次超过第二产业，达到47.2%，此后，第三产业增加值占比稳步上升，2021年达到53.3%（见图14-3）。

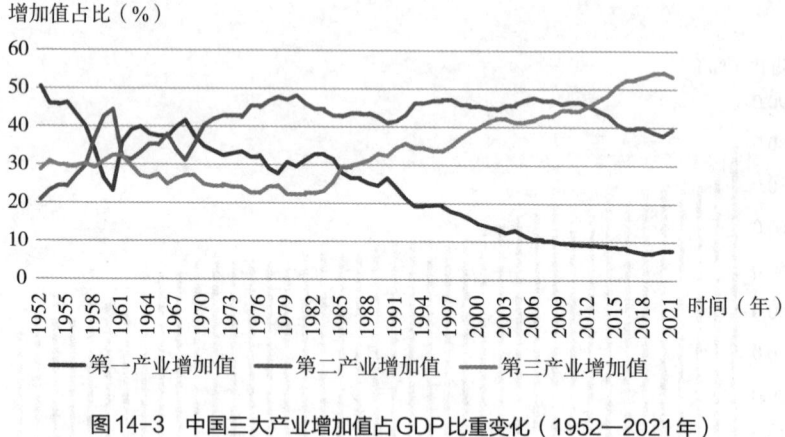

图14-3 中国三大产业增加值占GDP比重变化（1952—2021年）

资料来源：国家统计局。

数据显示，2012—2021年，中国服务业增加值从244 856亿元增加至609 680亿元，按不变价格计算，2013—2021年年均增长7.4%，分别比GDP和第二产业增加值年均增速高0.8和1.4个百分点；2013—2021年，服务业就业人员累计增加8 375万人，年均增长3.0%，平均每年增加就业人员931万人。2021年，服务业就业人员为

35 868万人,占全国就业人员总数的48.0%,比2012年提高了11.9个百分点。①

(二)第三产业发展潜力依然巨大

第三产业已经成为很多国家的经济支柱,但相比而言,中国服务业占GDP的比重依然偏低。2013年,我们曾组织开展了"中国重点产业科技竞争力与发展潜力研究"这一课题研究,对60个行业、7个战略性新兴产业、31个省区市以及美国等6个国家的经济发展趋势进行了研究;在横向比较中,我们发现,2013年中国人均GDP相当于美国40年前的水平,而第三产业占GDP的比重仅相当于美国70年前的水平。

因此,基于对世界和中国第三产业的研究分析,我们提出了中国第三产业拥有20万亿元左右潜力的观点,②被国务院研究室纳入《决策参考》报送领导。在《填平"第二经济大国陷阱"的战略与对策》③一文中,我们再次提出了"如果大力发展第三产业,中国有望跃居世界经济第一位"的观点,因为中国第一产业增加值是美国的4倍,第二产业增加值是美国的1.2倍,而第三产业增加值仅为美国的24%,第三产业人均增加值仅为美国的5.59%。

国际货币基金组织的数据显示,2020年,中国人均GDP为10 582美元,美国为63 051.4美元,中国人均GDP是美国的16.8%。中国国家统计局、美国经济分析局的数据显示,2020年,中国第一产业、第二产业、第三产业增加值分别为美国同期的6.3倍、2.2倍和46%,第三产业人均增加值仅为美国的10.8%。对中美第三产业14个行业的增加值的比较结果显示,中国只有教育,水利、环境和公共设

---

① 资料来源:人民网,http://finance.people.com.cn/GB/n1/2022/0921/c1004-32530857.html。
② 王宏广,张俊祥,李文兰,等.依靠第三产业及城市基础建设经济仍能保持10~15年快速增长[J].今日国土,2014(010):18-21.
③ 王宏广,张俊祥,尹志欣,由雷,朱姝.填平"第二经济大国陷阱"的战略与对策[J].科技中国,2018(04):1-6.

施管理业，交通运输、仓储和邮政业，金融业4个行业的人均增加值达到或超过了美国的15%，分别是54.4%、31.3%、22.8%和15.0%，而其他10个行业的人均增加值不足美国的15%（见表14-1）。可见，中国第三产业发展仍然拥有60%以上的潜力。

表14-1　2020年中国和美国第三产业增加值比较　　　　（单位：10亿美元）

行业	中国	美国	总量比较	人均比较
批发和零售业	1 393.0	23 019	6.1%	1.4%
交通运输、仓储和邮政业	588.4	600.3	98.0%	22.8%
住宿和餐饮业	221.6	545.6	40.6%	9.4%
信息传输、软件和信息技术服务业	554.5	1 214.1	45.7%	10.6%
金融业	1 212.3	1 880.1	64.5%	15.0%
房地产业	1 064.5	2 579.4	41.3%	9.6%
租赁和商务服务业	470.7	1 278.1	36.8%	8.6%
科学研究和技术服务业	350.4	1 709.8	20.5%	4.8%
水利、环境和公共设施管理业	85.0	63.1	134.7%	31.3%
居民服务、修理和其他服务业	237.1	443.9	53.4%	12.4%
教育	581.2	248.2	234.2%	54.4%
卫生和社会工作	353.7	1 710.1	20.7%	4.8%
文化、体育和娱乐业	101.2	715.5	14.1%	3.3%
公共管理、社会保障和社会组织	714.2	2 724.9	26.2%	6.1%

资料来源：根据美国经济分析局数据和《中国统计年鉴2020》整理。

中美经济的差距主要是第三产业的差距，而第三产业对高科技依赖相对较少，美国通过技术封锁对中国经济发展产生的负面作用完全可以通过大力发展第三产业进行有效对冲。[①]

[①] 王宏广，张俊祥，尹志欣，由雷，朱姝．填平"第二经济大国陷阱"的战略与对策[J]．科技中国，2018（04）：1-6．

第二节
第三产业科技创新体系尚不完善

中国第三产业存在滞后于人民需求、落后于发达国家的双重问题，既有经济政策对第三产业重视不够的问题，又有科技对第三产业支撑和保障不足的问题。

一、科技创新体系不完善

目前，第三产业增加值已占据了GDP的"半壁江山"，但这改变不了中国服务业起步相对较晚的现实。虽然在第三产业的细分领域，中国已经有不少高校和企业建立了研发机构，但相对第一产业和第二产业的创新体系，以及发达国家第三产业的创新体系，中国第三产业依然存在科技创新体系不完善、创新设备相对落后、创新能力不强、研发经费保障不足等问题，创新支撑能力与正处于规模扩张阶段的产业发展不适应，整体科技安全水平较低，呈现弱安全状态。再加上很多人认为服务业技术含量低，所以针对第三产业进行的系统研究较少。

造成第三产业科技发展滞后的原因有很多，但国家政策措施支持不足是主要原因。从国家规划方面来看，第一个五年经济发展计划重点支持农业科技和工业科技，农业和工业都形成了完善的科技创新体系，但由于行业差距较大，第三产业至今没有形成完善的科技创新体系，一些部门和地方的科技管理机构甚至不知道第三产业的科技重点是什么。

进入21世纪以后，中国开始重视服务业的发展。2001年，国务院办公厅转发国家计委关于《"十五"期间加快发展服务业若干政策措施的意见》。截至2023年2月，以"服务业"为关键词，在中华人民共和国中央人民政府网查询到国务院部门文件36份，有关内容涉及成立全国服务业发展领导小组、建立服务业发展部际联席会议、加快发展服务业，以及促进和加快高技术服务业、养老服务业、健康服务业、现代保险服务业等的发展。关于第三产业的科技发展，科技部也发布了《现代服务业科技发展"十二五"专项规划》《"十三五"现代服务业科技创新专项规划》等指导意见。但是与服务业科技规划相配套的实施意见、政策措施、法律法规、项目经费支持较少，针对性不强。

二、科技安全创新能力弱

中国第三产业科技安全主要存在三大方面的问题。

（一）基础设施保障不强

基础设施是第三产业发展的核心要素，但在部分领域，中国基础设施严重落后，不但导致技术水平和服务能力不足，部分服务难以推行，而且安全也得不到保障。比如，在网络安全行业，中国一直采用的是以"局部整改"为主的安全建设模式，致使网络安全体系化缺失、碎片化严重，网络安全防御能力与数字化业务运营的保障要求严重不匹配，一旦遭受网络攻击，就不只是经济损失，还可能对物理环境与人身安全造成威胁；在信息服务业，随着各行各业的数字化、网络化、智能化程度越来越高，各类经济活动产出大量有价值的数据，存储在各个数据中心，对信息基础设施的依赖不断加深，一旦软硬件出现安全问题，将会给经济社会带来巨大困扰。

（二）信息安全保障不够

现代服务业是建立在大量数据基础上的新型产业，数据的安全性必须要得到足够重视。在数据保护方面，中国信息安全保护技术距国际先进水平依然有很大的差距。数据显示，中国芯片、元器件、网络设备、通用协议和标准90%依赖进口；防火墙、加密机等10类信息安全产品65%来自进口；操作系统、数据库、服务器、存储设备自主率仅为2.75%、4.94%、13.8%、16.2%。我国的数据挖掘、关联分析等大数据关键技术多来自国外，缺乏对大数据技术研发的整体设计框架；与数据安全相关的产品和服务还存在缺口；漏洞修复和危机应对反应能力全球排名仅居102位，网络安全系统在预测、反应、防范和恢复能力方面存在许多薄弱环节，防护能力排在印度、韩国之后；更为重要的是，中国大数据安全专业人才也不足。[1]以高技术服务业为例，工业母机、高端芯片、基础软硬件、开发平台、基本算法、基础元器件、基础材料等瓶颈突出，"缺核少芯"问题严重。

（三）创新能力严重不足

无论是生产性服务业，还是生活性服务业以及高技术服务业，中国第三产业相关技术创新能力明显不足，严重制约了第三产业的发展。比如，健康服务业中不同疾病的临床路径、诊断方案与发达国家差距很大，老百姓"看病糊涂"，不知道如何确定症状，也不知道吃什么药。建筑领域的智能建造标准体系有待健全，缺乏完善的智能建造应用生态，无法形成面向项目全生命周期的智能化集成应用，相关研发缺少基础数据标准，市场适应性和服务能力有待提高。

三、行业标准体系不健全

第三产业科技安全相对薄弱的重要标志之一是对标准研究不足，标准体系不健全或不完善。行业发展、企业发展缺乏标准体系，严重制约了第三产业的高质量和高标准发展。以生产性服务业为例，中国

---

[1] 张博卿.我国大数据安全现状、问题及对策建议[J].网络空间安全，2018，9（8）：45-47.

现在已经发布的生产性服务业国家标准和行业标准还存在技术指标有待提高、技术应用场景不能满足现阶段的应用需求等问题。另外，还有很大一部分细分领域缺乏国家标准，甚至行业标准也很缺乏。比如，在物流行业，与智慧托盘等现代信息化技术相关的智慧物流标准仍然偏少；针对农产品物流、医药物流、快消品物流、冷链物流等的标准专业性、适应性严重不足。[①]科技服务机构的认定标准、从业人员的资格认定标准、核心技术标准都非常匮乏。住宿业也是如此，酒店建设标准不一、服务质量千差万别，经济效益低下。健康产业更是如此，医院管理仍然处于与国际接轨的过程中，缺乏与国际接轨的疾病诊治方案或临床路径，缺乏严格、细致的管理体系。

第三节
第三产业部分行业科技弱安全

第三产业科技领域体系庞大，重点包括生产性服务业、新兴服务业、科技服务业、健康服务业、体育服务业等，还包括标准、检验、监测、预测、预警、安全等。为了研究第三产业的科技安全，我们构建了第三产业科技安全体系，计算了第三产业科技安全系数。中国第三产业的14个行业有2个行业科技弱安全、1个行业科技不安全。金融业虽然基本安全，但仍然面临5个风险。

一、第三产业科技安全系数

我们用本书第一章提出的科技安全系数计算方法，对第三产业的

[①] 钱志锋.生产性服务业标准体系发展研究［J］.品牌与标准化，2022（6）：3.

科技安全系数进行了测算,结果表明,第三产业科技总体安全,但少数行业对国外技术与设备高度依赖,甚至离开国外技术与设备就无法正常开展工作,存在科技弱安全、不安全的问题,需要引起高度重视。

(一)不同行业科技安全系数测算

第三产业的科技安全是指科技供给能满足第三产业发展对技术的需求,或者科技创新能够弥补生产要素不足对产业发展造成的影响。基于以上定义,我们选择了技术引进费用、净进口和增加值作为指标,衡量第三产业不同行业发展对国外技术与产品的依赖程度,计算了第三产业科技安全系数(见表14-2)。

表14-2 中国第三产业科技安全系数

行业	技术引进费用(亿元)	出口额(亿元)	进口额(亿元)	净进口额(亿元)	增加值(亿元)	科技安全系数(%)
租赁和商务服务业	13.7	1 733.6	562.2	-1 171.4	32 467.6	103.6
居民服务、修理和其他服务业	5.5	528.6	231.6	-297.0	16 353.2	101.8
教育	0.3	—	—	—	40 091.9	100.0
住宿和餐饮业	0.6	—	—	—	15 285.4	100.0
批发和零售业	14.3	—	—	—	96 086.1	100.0
水利、环境和公共设施管理业	1.4	—	—	—	5 863.1	100.0
房地产业	20.3	—	—	—	73 425.1	100.0
公共管理、社会保障和社会组织	0.0	172.9	245.6	72.7	49 261.9	99.9
金融业	0.6	659.6	1 070.4	410.8	83 617.7	99.5
文化、体育和娱乐业	1.0	90.7	207.5	116.8	6 981.2	98.3

（续表）

行业	技术引进费用（亿元）	出口额（亿元）	进口额（亿元）	净进口额（亿元）	增加值（亿元）	科技安全系数（%）
交通运输、仓储和邮政业	12.3	11 528.3	12 524.4	996.1	40 582.9	97.5
卫生和社会工作	0.7	912.1	2 422.2	1 510.1	24 396.1	93.8
科学研究和技术服务业	71.5	4 949.9	7 846.6	2 896.7	24 166.2	87.7
信息传输、软件和信息技术服务业	177.6	22 419.8	29 836.8	7 417.0	38 244.1	80.1

资料来源：中国贸易统计年鉴、中国统计年鉴、中国科技统计年鉴，以及海关总署的月度统计表。

（二）不同行业科技安全可分4级

依据表14-2中的科技安全系数，第三产业科技安全可分为4级。

第一级是科技强安全的行业。科技安全系数大于100%，主要是"租赁和商务服务业""居民服务、修理和其他服务业"两个行业，这两个行业增加值是48 820.8亿元，占第三产业增加值的8.9%。第三产业科技强安全行业的共同特点有两个：一是行业科技水平、行业标准虽然不如发达国家，但自主知识产权技术能够支撑行业发展；二是行业出口额大于进口额，行业发展基本不需要引进海外技术、产品与服务，行业发展有技术保障。

第二级是科技基本安全的行业。科技安全系数为96%~100%，包括9个行业，行业增加值为411 195.5亿元，占第三产业增加值的75.2%。第三产业科技基本安全行业的共同特点有3个：一是行业科技水平、行业标准与发达国家差距不明显，行业发展基本依靠自主知识产权技术支撑；二是行业发展需要引进海外技术、产品与服务，进口额大于出口额，但进口额低于行业增加值的5%；三是需要进口的技术、产品与服务到目前为止买得到、买得起，行业科技基本安全，但不排除随着美国对中国科技战的升级，存在买不到的风险。

第三级是科技弱安全的行业。科技安全系数介于86%~95%，主要是"卫生和社会工作""科学研究和技术服务业"。这两个行业的增加值是48 562.3亿元，占第三产业增加值的8.9%。这两个行业的共同特点有：一是行业发展严重依赖引进国外技术与产业，90%以上的高端医疗器械和高端科学仪器都依赖从美国或欧盟进口，我国短期内很难开发出拥有自主知识产权的替代产品；二是行业发展需要引进海外技术、产品与服务，进口额大于出口额；三是受《瓦森纳协定》制约，国外一直限制中国进口国际一流的科研仪器，虽然目前能够买得到二流的科研仪器，但随着美国发动科技战的不断升级，未来存在买不到的风险。因此，健康服务业、科技服务业属于科技弱安全的行业。

第四级是科技不安全的行业。中国第三产业中目前只有"信息传输、软件和信息技术服务业"科技不安全，科技安全系数为80.1%，行业增加值是38 244.1亿元，占第三产业增加值的7%。该行业相关技术、产品净进口额高达7 417.0亿元，技术、软件、标准等都严重依赖引进，存在明显的技术风险，并且风险还存在进一步升级的可能。

总之，截至2020年，第三产业科技总体安全，科技强安全、基本安全的行业共11个，增加值占第三产业增加值的84.1%，净进口额仅127.9亿元，引进技术与产品对行业发展影响不大，科技安全有保障。科技弱安全、不安全的行业共3个，增加值占第三产业增加值的15.9%，净进口额高达11 823.8亿元，占增加值的13.6%。

二、部分行业科技安全研究

（一）科技服务业是弱安全

科技服务业是中国潜力最大、对经济社会发展支撑作用最强的服务业之一。2014年10月，国务院印发《关于加快科技服务业发展的若干意见》，对科技服务业发展做出战略部署，明确提出"科技服务业产业规模达到8万亿元"的发展目标。虽然由于多种因素，中国没有实现这一目标，但科技服务业已进入了发展快车道，服务内容不断丰富，服务模式不断创新，新型科技服务组织和服务业态不断涌现，服务质量和能力稳步提升。总体上讲，中国科技服务业仍然处于发展初期，潜力远远没有挖掘出来，既有科技成果质量不高、不能转化为生产力的问题，也有科技服务业体系不完善、服务能力有限的问题，还有缺乏知名品牌、缺乏复合型人才、市场认可度较低等问题。

1. 科技服务业存在的主要问题

当前，科技服务业还不能满足经济建设、生态建设、国防建设以及人民生活改善对科技的需求，存在的主要困难与问题有4个。

一是服务体系不够发达，尚未形成从研发试验到消费者全过程的、发达的科技服务业产业链，一些环节薄弱，有些环节甚至缺失。例如，能够承担国外委托研究的药品安全评价中心和临床评价中心数量不多、质量不高，严重制约着中国新药与医疗器械的研发工作。又如，猎头公司、天使基金在许多省区还处于空白状态。

二是服务内容不系统，规模较小、内容单一、核心竞争力不强，不能提供全过程、一站式的服务。例如成果鉴定、技术评估、专利服务、技术交易、金融服务、检验检测等分散在不同机构，科技人员转让一项成果需要跑多个服务机构。在研发设计、检验检测、知识产权、大数据、人力资源等领域缺少国际一流的大型专业科技服务机构，特别是标志性的、引领性的龙头科技服务企业和有较强影响力的自主品牌。

三是服务人才不够专业。中国缺乏从事科技服务的中高端人才，特别是科技服务专业人才、知识产权管理保护人才、高水平技术交易人才、风险投资人才、大数据人才、科普人才等复合型专业人才，以及技术评估作价、科技金融、技术拍卖等方面的专门人才。

四是服务市场不够规范，科技服务业行业标准不完善。不少服务工作缺乏标准与规范：一是缺乏科技服务机构认定标准，各类机构良莠不齐，制约了科技服务业的规范化、规模化发展；二是缺乏科技服务业从业人员资格认定标准和相关管理办法；三是缺乏规范的服务流程和服务标准，易出现收费不合理、经营行为不规范等现象，不利于行业发展；四是缺乏技术标准，科技服务平台集成、科技资源数据都缺乏规范，无法统一标准，实现科技资源的共建共享。

2. 科技服务业处于科技弱安全状态

我们对中国科技服务业及其科技安全的总体判断是：科技服务业起步晚、发展快、潜力大，处于发展初期，科技安全系数是87.7%，处于弱安全状态。主要原因如下：

第一，高端科学仪器、研究方法高度依赖进口。海关总署的数据显示，2021年中国仅专业、科学及控制用仪器和装置进口总额达5 367.0亿元；[①] 中国进口高端芯片受美国及盟友限制，智能操作系统的90%以上依赖引进；生物技术90%以上的根技术来自国外，大型医院的高端医疗器械80%来自国外。高端科学仪器缺乏、开发创新能力弱、科学方法高度依赖国外是中国科技服务业科技弱安全的最根本原因，一旦美国及其盟友限制对中国出口高端科学仪器，将会导致中国科技服务业发展减速或规模萎缩。

第二，科技成果转化率低。中国十分重视科技成果转化，但由于多种因素，科技成果转化率不高一直是困扰科技和经济发展的难题。有的专家认为中国科技成果转化率仅有10%~30%，而发达国家科技成果转化率在60%以上。造成科技成果转化率低的原因是多方面的，既有市场主体发育不健全、企业对技术需求不迫切的问题，也有科技

---

① 资料来源：海关总署，http://www.customs.gov.cn/customs/302249/zfxxgk/2799825/302274/302277/302276/4127609/index.html。

服务机构专业化程度不高、服务水平有限，科技成果成熟率不高，发明专利不能转化为产品等问题。

第三，科技研究积累少、创新能力低。中国科技服务业创新能力较低，缺乏高端服务业、知名品牌。例如，科技保险、科技评估、科技担保、科技咨询、科技规划等许多领域研究积累不足，缺乏行业标准、企业标准与服务规范，还处于探索阶段。科技保险、科技担保的市场潜力远远没有挖掘出来，科技咨询、科技规划工作缺乏标准与规范，一些科技咨询机构工作不够规范，严重影响了科技服务业的健康发展。

（二）健康服务业是弱安全

科技服务业事关经济发展的质量与速度，而健康服务业事关人民健康与寿命。但由于健康相关科技长期以来投入少、顶尖人才少等，中国健康服务业还不能满足人民生命健康与健康产业的需求，至少还有1倍的市场潜力没有挖掘出来。

1. 健康服务业发展迅速

2013年，我们研究提出到2020年健康服务业拥有8万亿元的市场潜力，得到政府文件的采纳。同年，国务院印发《关于促进健康服务业发展的若干意见》，明确提出"力争到2020年，基本建立覆盖全生命周期、内涵丰富、结构合理的健康服务业体系，健康服务业总规模达到8万亿元以上"。

一是医疗公共服务水平逐步提高。2021年，城镇地区有87.5%的户所在社区有卫生站，农村地区有94.8%的户所在自然村有卫生站，分别比2013年提高了7.8和13.2个百分点，城乡居民享有的医疗公共服务水平逐步提高。

二是健康相关科技取得显著成绩。自主创新药物、自研医疗器械、自创先进疗法不断取得新突破。截至2020年，"重大新药创制"

科技重大专项累计支持了 3 000 多个课题，中央财政投入超过 230 亿元，带动社会投入近 1 000 亿元，累计产出了 60 多个 I 类新药；传染病、重大慢病领域防控能力大幅度提升，在防控新冠肺炎疫情中发挥了重要作用。

三是健康状况持续改善。2021 年人均预期寿命达到 78.2 岁，比 2010 年提高 3.4 岁。孕产妇死亡率和婴儿死亡率均大幅度下降，分别从 2012 年的 24.5/10 万和 10.3‰ 下降至 2021 年的 16.1/10 万和 5.0‰，新生儿死亡率从 2012 年的 6.9‰ 下降至 2021 年的 3.1‰。健康老年人口比重上升，2020 年，在 60 岁及以上老年人口中，健康老年人口比重达到 54.6%，比 2010 年提高 10.8 个百分点。

四是养老服务体系不断健全。"十三五"期间，全国各类养老服务机构和设施从 11.6 万个增加到 32.9 万个，床位数从 672.7 万张增加到 821 万张。2020 年，全国两证齐全（具备医疗卫生机构资质并进行养老机构备案）的医养结合机构达 5 857 家，床位数达到 158 万张。

2. 健康服务业仍处于科技弱安全状态

与人民健康对健康服务业的需求相比，与发达国家的健康服务水平、科技水平相比，中国健康服务业的服务能力、科技水平都有巨大的差距，科技安全系数仅 93.8%，处于弱安全状态。

一是医药科技原始创新能力不足。中国生物技术 90% 以上的根技术依赖进口，化学药品 90% 以上是仿制药，疾病诊疗方案、临床路径多数参照或引用国外标准。

二是健康养老科技保障落后。中国老年人口呈现规模大、老龄化速度快等特点，老龄事业和养老服务、老龄医学发展不平衡、不充分、不标准、不规范等问题比较突出。多数基层养老机构基本上沦为老人招待所，以提供食宿为主，国家切实需要制定养老机构的服务标准与规范，加强健康管理、养老监护、慢性病控制、远程智慧医养等方面的服务与研发。

（三）数字经济少数产品科技不安全

2022年10月发布的《国务院关于数字经济发展情况的报告》指出，"我国数字经济取得了举世瞩目的发展成就，总体规模连续多年位居世界第二"，但数字经济科技严重受限，高端芯片及制造设备进口受到美国及其盟友严格限制，计算机与网络系统软件、工业软件严重依赖进口，信息服务业许多标准、市场准入规则受制于人。

目前，中国仍然是技术与产品的应用者，远远不是信息化科技革命、产业革命的引领者。中国信息服务业的科技安全依然脆弱，信息传输、软件和信息技术服务业的科技安全系数仅为80.1%，处于不安全状态。没有信息化就没有现代化，中国要全面建成社会主义现代化强国，必须形成一套有自主知识产权的信息服务业技术体系、标准体系、产业体系、法规体系。

（四）金融领域整体科技安全

金融业是经济、科技发展的支柱，而科技是金融现代化的支撑。没有发达的金融支持，没有风险资金的支持，科学家就不敢大胆地探索，科技创新就失去动力。同样，现代金融也离不开现代科技的有力支撑。没有货币数字化，银行需要多印很多货币。没有网上银行，银行将人满为患。没有互联网，政府将无法监管资金流向，防范金融风险就会少了一个重要手段。现代科技不断加速金融现代化，但同时使金融业更加依赖科技，金融业的科技安全问题需要防患于未然。

1. 金融业发展出现新的变化

在传统认知中，金融业发展主要依赖规则，对技术的依赖不多。但在社会实践中，科技金融和金融科技同步发展，科技发展离不开金融的支持，而金融发展也离不开科技的支撑。尽管还有一些人搞不清楚金融科技与科技金融的区别，但金融科技已经支撑金融业呈现出五大发展趋势。

一是数字化,数字货币逐步替代实体货币,引发纸质货币之后的又一次货币革命。大数据、区块链等技术推动数字货币替代实体纸币、电子账本替代纸质账本,综合信息(经营、信誉、生活、社交、健康)逐步替代资质评级的过程。在无人商店出现之后,有专家预测会出现无现金社区,甚至无现金社会。

二是网络化,网上银行进一步替代实体银行。运用新一代网络、区块链、物联网等技术,实现分布式记账、无线支付、网上借贷、消费留痕、金融搜索等金融活动,网上银行将进一步替代实体银行。

三是智能化,通过云计算、人工智能、智能机器人等技术,实现投资分析、信用评级、风险评级、智能获客、智能投顾、投资报告自动生成等金融活动。

四是微利化,利用现代信息技术使金融活动逐步标准化、透明化、程序化、科学化,防止出现暴利,有效打击金融欺诈,防止恶性收购,促进金融与实业的有机结合、协同发展。股票注册制的全面实施,将进一步推动金融与科技的融合,暴利减少、薄利增多。

五是标准化,通过区块链、客户预警、欺诈识别、智能监测、多网互联(银行、证券、保险、信托、消费、公安、通信等)技术,提升金融监管能力与效率,促进金融活动程序化、科学化、信息化,让每一类金融活动成为一个标准化的模块,防范金融风险,反假账、反流失、反洗钱、反腐败,大幅度提高金融工作效率,保障金融安全。

综上分析,未来金融业发展会呈现"四少一多"的明显趋势,即纸币少了,实体银行少了,金融职工少了,暴利少了,监管多了。

2. 金融业依然面临五大风险

我们利用国家统计局的相关数据测算金融业科技安全系数,结果显示,金融业的科技安全系数是99.5%,说明从科技的角度看,金融业所使用的技术是有保障的,研得出、买得到、买得起、用得好。但是,我们要看到金融科技仍然存在一些风险与问题,必须及早防范。

一是网上银行存在网络安全风险，一旦受到网络攻击，会引发数字货币无法正常使用等一系列问题，导致金融企业混乱、社会动荡等重大风险。二是一些犯罪分子利用网络进行远程欺诈。数字货币出现以后，抢钱的少了，骗钱的多了，网上诈骗形式不断翻新，从境内转向境外，从网络入侵变诱导上当，这增加了银行监管的难度，跨境金融诈骗打击难度大、成本高。三是大数据替代实体账本，一旦网络、数据库受到攻击，就会导致金融秩序混乱。四是金融监管的进步赶不上金融创新的速度，往往会出现监管真空或监管滞后。五是引发失业风险，部分金融业员工的工作必然会被机器人替代，导致失业问题。

第五篇

战略与对策

找准问题才能解决问题。高端芯片及其制造设备被卡是当前中国人民讨论最热的科技安全问题，但不是最大的科技安全问题。再次与新科技革命失之交臂，建设科技强国、实现中华民族伟大复兴进程被延缓或中断才是中国科技安全面临的最大、最难解决的问题。问题的严重性还在于，这一问题并没有引起足够的重视。

打赢芯片反击战，力争引领新科技革命，推进第三次绿色革命，建成制造业强国，保障第三产业科技安全，突破制约原始创新的瓶颈，建设创新高地，使中华民族在生物经济时代重回先进民族之林。

第十五章
保障科技安全、建设科技强国的目标

　　保障科技安全是全世界许多国家面临的共同课题,一些国家曾面临科技人员被杀害、科技成果被窃取、科技设施被破坏、科技企业被收购等不同的科技安全问题。中国成为第二大经济体之后,美国及其盟友千方百计遏制中国科技发展,进而遏制中国经济发展,给中国科技安全、经济安全造成了巨大的问题与困难。因此,中国亟待寻求保障科技安全,进而保障经济安全、国家安全的战略与对策,打赢科技保卫战。

第一节
科技安全及科技强国的总体目标

当今世界正在经历百年巨变，中华民族伟大复兴既有难得的历史机遇，又面临空前挑战。中国经济社会高质量发展对科技产生巨大需求，美国及其盟友对中国实施越来越严密的技术封锁，中国科技面临科技需求激增、原始创新不足、技术引进受阻的严峻形势，科技安全面临改革开放以来最繁重的压力。

一、中国科技发展已到十字路口

未来10~15年，世界科技格局进入深度调整期，中国科技创新进入10年关键时期，到了十字路口。顶住美国及其盟友的技术封锁与遏制，打赢科技战，中国不仅能够保障科技安全、加速建设科技强国，还会成为继美国、欧盟之后的世界创新第三极，成为新的世界科技创新中心之一。

反之，如果科技战失利，中国的创新能力会停滞甚至下降，导致少数产品停产、经济发展减速，更为严重的是中国可能再次与新科技革命失之交臂，失去第二经济大国地位，建设科技强国、实现中华民族伟大复兴的进程可能被延缓甚至中断。因此，未来10年，是中国科技创新最关键的10年，逆水行舟，不进则退，科技工作容不得半点失误或延误，科技安全是保障经济安全、国家安全的关键，影响科技强国建设和民族复兴进程。我们没有任何理由、任何资本再次与新科技革命失之交臂，科技战只能打赢，不能失利。

二、保障科技安全的总体目标

我们研究认为，未来10~20年，中国保障科技安全的总体目标是：深入实施科教兴国战略、人才强国战略、创新驱动战略，切实保障核心技术供应链安全、科技人员安全、科技成果安全、科技设施安全、高科技研发机构安全，加速建设科技强国，促进中华民族伟大复兴。

保障科技安全的具体目标是：

一是打赢芯片反击战，突破高端芯片及其制造设备的封锁，大幅度提升芯片自给率，支持数字经济持续发展，力争引领信息科技革命后半程。

二是实施反实体清单计划。对美国列出的所谓"实体清单"中的相关机构、企业、个人，从科技创新、人才、税收、投入等方面进行定向支持，把"实体清单"造成的损失降低到最小，不能仅仅停留在外交抗议上。与此同时，对美国提出相应的反制措施，维持正常国际科技合作秩序。

三是保障重点行业及企业的科技安全。支撑与引领工业化、信息化、城镇化、农业现代化建设，支撑与服务经济发展、民生改善、生态建设与国防建设，大幅度提高综合国力和国际竞争力。具体任务是：

（1）支撑引领经济发展，避免陷入中等收入陷阱。2030年科技对经济增长的贡献率达到75%，GDP达到200万亿元以上，力争成为世界第一大经济体，综合国力显著提升。

- 原始创新能力大幅度提升，科学论文、国际专利、高技术产品出口、世界500强企业、独角兽企业数量等创新指标居世界前两位，国家创新指数跃居世界前5位左右。
- 保障农业科技安全，加速农业强国建设。基本满足保障粮食安全、食品安全的技术需求，粮食产量达到7亿吨/年左右，粮食自给率达98%以上，食物自给率达75%左右，肉类总产超过8 000万吨/年。

- 保障绝大多数工业行业科技安全，保持制造业规模世界第一。高端芯片等核心技术与零部件的"卡脖子"问题得到有效缓解，制造业科技弱安全、不安全行业数量明显减少，加速建设制造业强国。
- 第三产业科技实现跨越式发展，支撑与引领第三产业实现跨越式发展。健康服务业、科技服务业、金融科技、电子商务等行业的科技安全系数明显提高，加速由服务业大国向服务业强国转变。
- 战略性新兴产业的科技安全系数显著提升，高技术产品出口额保持世界第一。节能环保、信息、生物医药、新能源、先进制造、新材料、电动汽车、海洋等战略性新兴产业的相关技术水平达到国际一流，战略性新兴产业实现从技术积累阶段向产业崛起阶段的根本性转变。

（2）保障民生领域科技安全，提高人民生活水平，延长人均预期寿命。

- 完善从田间到餐桌的食品安全技术体系，食品生产、加工、贮存、运输、检测等技术水平达到发达国家水平，为食品安全提供技术保障。
- 大力开发现代医学、药品、医疗器械、保健食品等健康产业相关技术，促进人均预期寿命达到80岁左右。
- 大力推动生态低碳住宅，改善人民居住环境。
- 形成多元化养老体系，确保老有所养。
- 发展网络教育、电视教育，促进教育公平。
- 发展高速铁路、智能交通、电动汽车，改善人民交通条件。

（3）改善生态环境，打破经济发展必然破坏环境的怪圈。

- 水土流失、土地沙化问题得到基本遏制。
- 河流、湖泊等水体污染治理取得明显进展。
- 耕地污染得到有效治理。
- 空气污染得到有效治理。

（4）使中国成为世界重要的科技创新中心。

- 建立国际一流的知识创新体系，科学论文数量、工程技术论文数量保持世界第一位。
- 建立与第二大经济体相适应的技术创新体系，力争发明专利授权量、新产品开发数量、高新技术产业出口额达到并保持世界前两位，每万人发明专利达到3件以上。
- 建立国际一流的行业创新体系，力争主要行业科技安全系数达到85%以上，农业、制造业、纺织业、高速铁路、航天等主要行业竞争力达到国际先进水平，高技术产品出口额保持世界第一位。
- 建立能够支撑区域经济发展的区域创新体系，支撑区域经济协调、可持续发展，同时建立一批国际一流的高科技产业基地与园区，带动全国经济全面升级，并不断改善生态环境。
- 建立多元化、高效率的科技投融资体系，研发经费投入强度超过3%，科技经费总量达到世界第二位，科技经费使用效率进入国际领先行列。
- 努力打造数量世界第一、水平国际一流的人才创新体系，加速中国由人口大国向人才资源大国的历史性转变。
- 建立与科技强国地位相适应的科技服务与支撑体系，加速发展科技服务业。

三、建设科技强国的总体目标

什么是科技强国，国内外对此还没有一个统一、公认的标准。我们研究认为，科技强国是指科技创新能力位居世界前列，核心技术自主可控，任何时候核心技术供给都能够保障国家发展对技术的需求，科技与经济融合发展，经济进入创新驱动、高质量发展阶段，科技进入领跑为主的阶段，科技创新支撑与引领国家发展能力强的国家。关于科技强国的具体指标则显著高于创新型国家的指标。

2006年，《国家中长期科学和技术发展规划纲要（2006—2020年）》确立了2020年建成创新型国家的指标：全社会研究开发投入占国内生产总值的比重提高到2.5%以上，力争科技进步贡献率达到60%以上，对外技术依存度降低到30%以下，本国人发明专利年度授权量和国际科学论文被引用数均进入世界前5位。

2016年中共中央、国务院印发《国家创新驱动发展战略纲要》，提出"分三步走"建设世界科技创新强国的战略目标：第一步，到2020年进入创新型国家行列，基本建成中国特色国家创新体系，有力支撑全面建成小康社会目标的实现；第二步，到2030年跻身创新型国家前列，发展驱动力实现根本转换，经济社会发展水平和国际竞争力大幅提升，为建成经济强国和共同富裕社会奠定坚实基础；第三步，到2050年建成世界科技创新强国，成为世界主要科学中心和创新高地，为我国建成富强民主文明和谐的社会主义现代化国家、实现中华民族伟大复兴的中国梦提供强大支撑。

我们研究认为，科技强国的具体指标应为：科技创新实现由跟跑、并跑为主向领跑为主的根本性转变，科技创新指数进入世界前5位，全社会研究开发投入占国内生产总值的比重提高到3.5%左右，科技进步贡献率达到75%以上，对外技术依存度降低到20%以下，本国人发明专利年度授权量和国际科学论文被引用数保持世界前2位。

科技强国的基本特征是创新体系强、人才队伍强、仪器设备强、研发投入强、国际合作强、创新生态强、科技成果强"七强"。

第一，创新体系强。拥有数量足、质量高、结构合理的强大且高效的国家创新体系，包括强大创新体系、成果转化体系、科技投入体系、科技管理体系、国际合作体系，以及政府、企业、社会共同支撑的创新保障体系。政府负责基础研究、公益性研究和重大科学工程，企业主要负责技术创新。拥有军民融合、寓军于民的军民互为支撑的技术创新体系。

第二，人才队伍强。拥有数量足、学科分布合理、后备人才充足的国际一流人才队伍。任何技术都是人创造的，特别是顶尖人才创造的，没有顶尖人才，就没有国际一流创新成果。中国科技人员数量已超过美国，但美国顶尖人才数量曾是中国的9倍，调整顶尖人才评价的指标体系后，美国顶尖人才数量仍然是中国的3倍。培养世界顶尖人才应成为中国建设科技强国的首要任务之一。

第三，仪器设备强。原始创新来自独创的仪器、设备，甚至重大科学工程，没有独创的仪器、设备就很难建成世界科技强国。由于《瓦森纳协定》限制向中国出口先进科技仪器、设备，但中国不可能使用二流或三流仪器、设备建成世界科技强国，因此中国必然要有自己独创的仪器与设备。

第四，研发投入强。研发投入多、使用效率高是科技强国的基本保障，科技强国首先是科技投入的大国、科技创新高效的国家。建立健全多元化、强大、稳定的科技投入体系，同时建立符合科学规律、国际惯例、中国国情的科技经费管理与考核体系，既要杜绝科技经费的浪费，又要防止有钱不能花的现象。科学研究特别是原始创新风险大、成功后回报率高，迫切需要科技金融强有力的支持。没有风险投资支持的科技投入体系，是一个不完善的科技投入体系。

第五，国际合作强。世界上的顶尖实验室通常都是由多民族的顶尖人才联合组建的。只有广泛的国际合作，才能吸引全球最优秀的人才,科技强国一定是建立广泛国际合作,吸引、联合全球顶尖人才共同创新的国家。

第六,创新生态强。只有拥有人才辈出的良好生态,顶尖人才才能育得出、引得来、留得住、用得好。不论资排辈,鼓励原始创新,宽容创造失败。打造顶尖人才高地,让有重大贡献的科技人员进入先富起来的行列,进而吸引全球顶尖人才来中国创新创业。

第七,科技成果强。科技强国必须拥有一批国际领先的科技成果,不但能够支撑、引领本国经济社会发展,而且对世界科技、经济发展具有强大的带动与引领作用。原始创新强是实现科技成果强的根本途径,因此,科技成果强首先要求原始创新强,原始创新强必然要求创新方法、仪器强,创新方法、仪器强则必然要求人才强,可见,人才强是科技强国的根本。

中国需要尽快确立科技强国的指标体系,逐一对照国际科技先进国家,寻找差距,制定科技强国的路线图、施工图,制订"新科技革命专项规划",加速推进科技强国建设。也就是说,中国要进一步明确:什么技术将引领科技革命?核心技术在哪些国家、哪些机构、哪些专家手中?中国有何优势与不足?

人类发展的历史表明:世界经济中心、文化中心,总是随着科技中心的转移而转移。创新是民族进步的灵魂,是推动现代文明的核心动力。中国经济发展正在进入由中高速发展转向高质量发展的新阶段,由要素、资本驱动转向创新驱动的新阶段,建设科技强国是经济持续发展、民族振兴的根本出路。当前,新科技革命正在加速来临,能否引领新科技革命,事关国家前途、民族命运。因此,中国必须将保障科技安全、建设科技强国放在国家发展的核心位置。

第二节

科技安全及科技强国的指导思想

中华民族曾创造了经济总量长期占世界经济总量25%左右的辉煌历史。然而，1840年鸦片战争之后，中国沦为半殖民地半封建社会，开始了百年屈辱的历史，从此多少中华儿女梦想实现民族伟大复兴。孙中山先生曾提出"振兴中华"的口号并为之努力，但是没有找到出路。习近平总书记在第十四届全国人民代表大会第一次会议上的讲话指出，"中国共产党成立之后，紧紧团结带领全国各族人民，经过百年奋斗，洗雪民族耻辱，中国人民成为自己命运的主人，中华民族迎来了从站起来、富起来到强起来的伟大飞跃，中华民族伟大复兴进入了不可逆转的历史进程"。[①]

习近平总书记2012年提出实现中华民族伟大复兴的中国梦，这是全世界华人的共同心声、共同愿景、共同意志，是凝聚全党和全国人民的最大共识。2023年3月13日，在十四届全国人大一次会议上，习近平总书记说："从现在起到本世纪中叶，全面建成社会主义现代化强国、全面推进中华民族伟大复兴，是全党全国人民的中心任务。"[②]美国为了阻止中国追赶，疯狂制造新的"第二经济大国陷阱"，中华民族伟大复兴迎来最接近、最关键的时刻。

中国经济发展到了最需要科技的时候，而科技的发展到了最需要正确的科技方针指引的时候。新中国成立以来，科技发展的指导思想与方针不断升华，指引中国科技工作不断取得新的成就。中国科技发展的指导思想与方针大致分重点突破、全面追赶、整体跨越3个阶段。

---

① 资料来源：中华人民共和国司法部，http://www.moj.gov.cn/pub/sfbgw/zwgkztzl/2023zt/2023qglh20230223/tt20230223/202303/t20230313_474286.html。

② 资料来源：光明网，https://baijiahao.baidu.com/s?id=1762144395196421348&wfr=spider&for=pc。

重点突破阶段。新中国成立初期，科技基础薄弱、科技投入少，科技工作只能实施举国体制，集中力量在重点领域取得重大突破。1956年中共中央提出"向科学进军"的号召，《1956—1967年科学技术发展远景规划》提出"重点发展，迎头赶上"，《1963—1972年科学技术发展规划》提出"自力更生，迎头赶上"，这一阶段取得了"两弹一星"、青蒿素等一系列重大成果，实践证明，科技发展方针是正确的、高效的。

全面追赶阶段。改革开放后，随着科技实力的不断提升，中国科技发展方针逐步调整为全面追赶、重点突破，加速产业化。这个时期提出的科技发展方针主要有：《1978—1985年全国科学技术发展规划纲要》提出"全面安排，突出重点"；《1986—2000年科学技术发展规划》提出"科学技术必须面向经济建设，经济建设必须依靠科学技术"；《1991—2000年科学技术发展十年规划和"八五"计划纲要》提出"经济建设必须依靠科学技术，科学技术工作必须面向经济建设，努力攀登科学技术高峰"（简称"面向、依靠、攀高峰"）。1995年，《中共中央、国务院关于加速科学技术进步的决定》提出"坚持科学技术是第一生产力的思想"，并重申了"面向、依靠、攀高峰"。这一阶段，针对基础研究、高科技发展、农业、工业、能源等领域出台了一系列科技计划，科技创新能力全面提升，科技带动经济社会发展的能力也全面提升。

整体跨越阶段。进入21世纪，中国科技经过20多年的快速发展，已经有了很好的基础，国家对科技发展方针也做出了相应的调整。《国民经济和社会发展第十个五年计划科技教育发展专项规划（科技发展规划）》提出"有所为、有所不为，总体跟进、重点突破，发展高科技、实现产业化，提高科技持续创新能力、实现技术跨越式发展"，《国家中长期科学和技术发展规划纲要（2006—2020年）》提出"自主创新，重点跨越，支撑发展，引领未来"，《国家创新驱动发展战略纲要》确立了建设科技强国的宏伟目标，中国科技发展进入了整体跨越的新阶段。2020年，习近平总书记在科学家座谈会上明确"四个面向"的科技发展方针，即"面向世界科技前沿、面向经济主战场、面向国家重大需求、面向人民生命健康"。[①]党的二十大报告明确提出，到2035年我国要实现"高水平科技自立自强，进入创新型国家前列"的总体目标。

我们认为当前中国保障科技安全、建设科技强国应以邓小平理论、"三个代表"重要思想、科学发展观、习近平新时代中国特色社会主义思想为指导，实施科教兴国、人才强国和创新驱动三大战略，坚持"四个面向"，落实"两个一百年"总体目标。把建设科技强国、促进民族复兴作为总目标，把保障科技安全、支撑引领经济社会发展作为科技工作的首要任务，把造就顶尖人才队伍、提高原始创新能力作为保障科技安全的突破口，以创新体系建设、体制改革为保障，大幅提升科技创新能力和科技安全保障能力，支撑与引领经济社会发展，为实现中华民族伟大复兴提供强大动力。

第三节
科技安全及科技强国的基本原则

中国科技发展的原则经历了不断优化、完善的过程，大致可以分为三个阶段：任务带学科，重点突破，问题导向、扩大开放。

任务带学科阶段。《1956—1967年科学技术发展远景规划》提出"以任务带学科"的原则。《1963—1972年科学技术发展规划》确立了"集中力量打歼灭战"，"全面安排、充实基础"，"学习国外成就和

---

① 资料来源：人民日报，https://baijiahao.baidu.com/s?id=1677550344705864704&wfr=spider&for=pc。

开展创造性研究相结合","专业研究和群众性科学实验活动相结合"的原则。

重点突破阶段。《1978—1985年全国科学技术发展规划纲要》提出"全面安排，突出重点",《1986—2000年科学技术发展规划》提出"突出重点，不搞面面俱到","强调实事求是，不片面追求'赶超'"。《全国科技发展"九五"计划和到2010年远景目标纲要》提出了"科技发展要体现国家产业政策","科技发展要坚持有限目标，突出重点","坚持自主研发开发与引进国外先进技术相结合","坚持长远目标和近期目标相结合","加强国防科技的预先研究"。《国民经济和社会发展第十个五年计划科技教育发展专项规划（科技发展规划）》确立了"突出国家目标""坚持市场导向""实现技术跨越""强化自主创新""加强军民结合""体现以人为本""促进区域科技协调发展"的原则。

问题导向、扩大开放阶段。《国家中长期科学和技术发展规划纲要（2006—2020年）》确立了立足国情，以人为本，深化改革，扩大开放的科技发展原则。2016年，中共中央、国务院印发《国家创新驱动发展战略纲要》，确立了紧扣发展、深化改革、强化激励、扩大开放的科技发展原则。

我们研究认为，保障科技安全、建设科技强国需要坚持如下基本原则：

（1）问题导向。面向世界科技前沿、面向经济主战场、面向国家重大需求、面向人民生命健康，针对制约经济建设、国防建设、生态建设、社会发展的重大技术问题开展科技攻关，确保科技安全。针对总体国家安全观中提出的政治安全、国土安全、军事安全、经济安全、文化安全、社会安全、科技安全、网络安全、生态安全、资源安全、核安全、海外利益安全、生物安全、太空安全、极地安全和深海安全等重大领域，逐一分析技术需求，为每一类安全技术问题部署一支战略科技力量，确保科技安全。

（2）人才优先。创新是第一动力，人才是第一资源。人才强国是科技强国的根基，科技强国首先必须是人才强国。人才是一切科技成果的源头，坚持人才优先发展战略，把打造国际一流人才队伍作为保障科技安全、建设科技强国的首要任务来抓。既要保障人才的数量，更要提升人才的质量，既要造就顶尖人才，又要注重培养工匠。打造由科学人才、企业人才、管理人才、战略人才组成的水平一流、结构合理、数量充足的人才队伍。

（3）原创带动。面向世界科技前沿，加强原始创新，抢占新科技革命制高点。原始创新是科技进步、科技革命的源头。允许失败、不允许重复，坚持把原始创新作为科学研究的最终目标。创新研究方法、开发科学仪器、制定科学标准，把提高原始创新能力作为保障科技安全、建设科技强国的突破口与战略目标来抓。

（4）体制保障。推进新一轮经济体制、科技体制改革，营造国际一流的创新环境，加速科技与经济融合、国防科技与民用科技融合。深化经济体制改革，把创新驱动放在国家战略的优先位置，深化科技体制改革，把支撑与引领经济发展作为科技工作的首要任务，加速科技与经济融合发展、协同进步。重大科技攻关实施新型举国体制，统一规划、分别实施，调动全球科技要素推进科技创新。发挥市场机制的作用，加速企业成为技术创新主体。推进新一轮科技体制改革，促进军民融合。

第十六章
保障科技安全、建设科技强国的重点

保障科技安全,不仅需要打赢芯片反击战,保障农业、工业、服务业科技安全,还要围绕建设科技强国、实现中华民族伟大复兴的长远需求部署科技工作。

第一节
打赢芯片反击战,引领信息科技革命后半程

当今世界,信息技术引领的科技革命、数字经济引领的产业革命方兴未艾,谁拥有高端芯片,谁就拥有数字经济的主导权,能够引领全球数字经济发展。全球信息科技革命、数字经济发展都进入了中期,即数字化阶段已经完成,网络化阶段基本完成,正在进入物联网

阶段，智能化还处在研发阶段，而芯片与算法是物联网、智能化的核心技术。因此，芯片反击战已经成为当前中美科技竞争、经济竞争，乃至综合国力竞争的分水岭，中美经济和科技的竞争都处在十字路口，围绕高端芯片的竞争将日趋激烈。

一、打赢芯片反击战是保障科技安全的关键

进入21世纪，美国先后推出国家信息高速公路（互联网）、智能手机、无线网络、人工智能、电动汽车、区块链、元宇宙、ChatGPT等新兴技术与产品，牢牢控制了世界科技中心和经济中心的地位。随着中国科技创新实力不断提升，中国制造业从全球产业链的中低端向高端攀升，美国把限制高端芯片及其制造设备出口作为遏制中国科技和经济发展的主要手段。

《2021年数字经济报告》显示，中国数字经济总规模达到45.5万亿元，占GDP的39.9%。计算机与通信设备制造业增加值多年居工业行业首位，信息服务广泛渗透到国民经济的各个领域，数字经济对推动中国经济社会发展具有不可替代的作用。要保持经济持续增长，中国必然要打赢芯片反击战。为了打赢芯片反击战，国家有关部门、地方政府、企业已投入9 000多亿元，取得了重要进展，但必须看到，包括美国在内，世界上还没有一个国家拥有高端芯片的全产业链，所以中国要实现高端芯片完全自主创制确实面临巨大的困难。

打赢芯片反击战，中国就能在信息化后半程参与引领信息科技革命，加速成为世界第一大经济体，促进科技强国建设，实现民族复兴。相反，如果没有打赢芯片反击战，信息化后半程的红利仍将属于美国，中国建设科技强国、实现民族伟大复兴的进程可能延缓。可见，打赢芯片反击战已经成为保障科技安全、建设科技强国的关键。

二、加速芯片产业由中低端向高端发展

客观地讲,中国芯片及半导体产业发展喜忧参半。喜的是中国工业硅、多晶硅产业占国际主导地位,并在光伏级硅片方面具有明显优势,中低端芯片国产化率不断提升;忧的是中国半导体硅片技术与美国差距较大,短期内实现高端芯片自主创制难度很大。

展望未来,高端芯片被卡造成的困难会被逐个克服:一方面,高端芯片及相关产品占数字经济比重较小,发展其他产品能弥补高端产品的损失;另一方面,中国通过自主创新、换道超车等办法有望找到替代产品或出路。

(一)巩固多晶硅产业主导地位

在全球芯片原材料工业硅供给中,中国的产能和产量均占主导地位。2021年,中国工业硅产量在全球的占比达到78%,居世界第一;巴西占5%,位居第二,美国排行第三,仅占3%(见图16-1)。

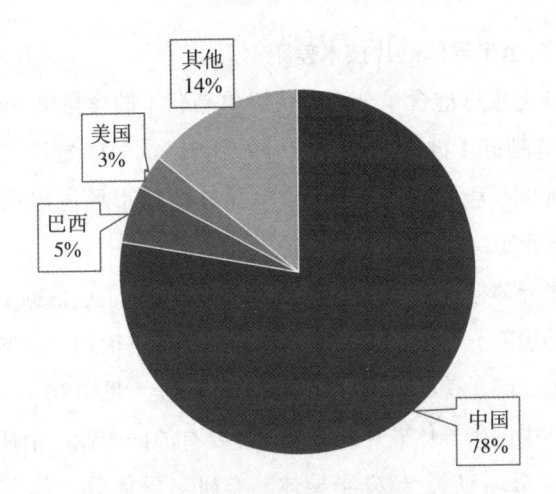

图16-1　2021年全球工业硅产量占比

资料来源:华经产业研究院。

中国多晶硅对全球多晶硅市场的贡献持续增长。2015年，全球多晶硅产量为34.50万吨，中国产量占47.5%；2021年，全球多晶硅产量为67.10万吨，中国产量占到75.3%（见图16-2）。

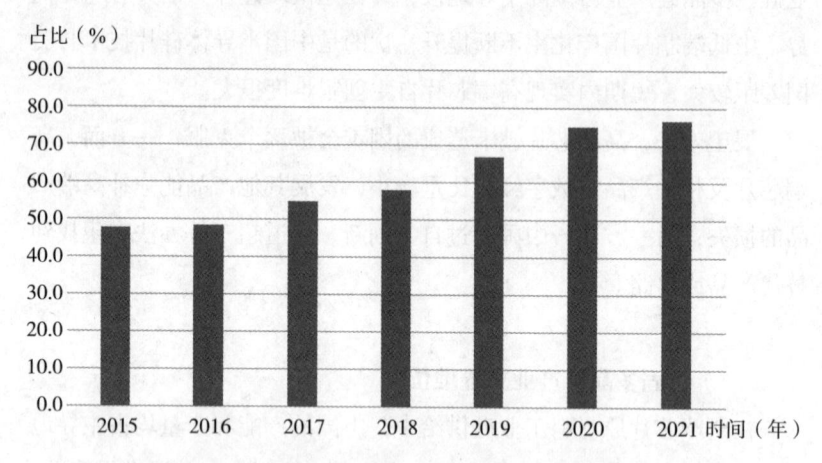

图16-2　2015—2021年中国多晶硅产量占全球比重

资料来源：华经产业研究院。

（二）缩小半导体硅片技术差距

单晶硅可根据硅含量分为光伏级单晶硅（硅含量99.999 9%）和半导体级单晶硅（硅含量99.999 999 999%）。全球光伏产业市场规模约为1 000亿美元，中国光伏级单晶硅全球市场占比从2017年的36.0%提升至2021年的94.50%，稳居世界第一。

全球半导体硅片市场集中度较高，少数龙头企业占据了全球90%以上的市场份额。其中，排名前五的分别是日本信越、日本胜高、中国台湾环球晶圆、德国世创、韩国鲜京矽特隆（见图16-3）。

目前，中国半导体硅片制造公司主要有沪硅产业、中环股份、立昂微电子（金瑞泓）、超硅半导体、有研半导体等，其中沪硅产业2018年仅占全球市场的2.2%，位列全球第8位。

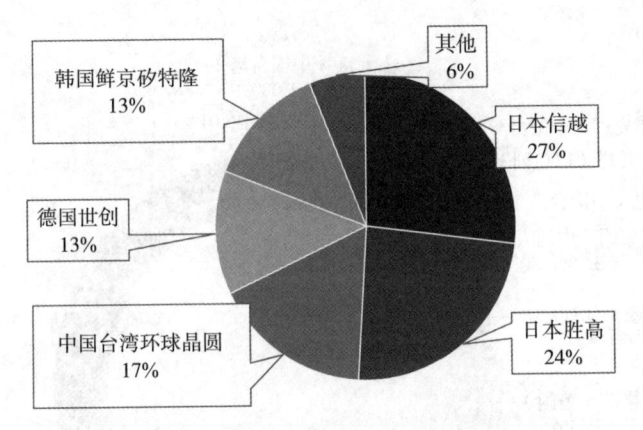

图16-3　2021年全球半导体硅片市场占比

资料来源：华经产业研究院。

（三）力争突破硅片"卡脖子"技术

2021年，全球晶圆市场规模已达到约1 101亿美元，中国大陆晶圆市场仅占全球晶圆市场的8.50%。在2021年全球晶圆市场占有率排名前10的企业中，中国台湾有5家企业，市场占有率达到惊人的75.04%。中国大陆共有2家企业进入前10名，即中芯国际和华虹集团分别占据第四和第五的位置（见图16-4）。

当前，中国实现晶圆国产化面临三大"卡脖子"问题。第一，光刻机依赖进口。中国的光刻机处于低端水平，上海微电子突破90纳米制程光刻机，中国科学院光电研究所研发出22纳米制程光刻机。但荷兰阿斯麦公司拥有7纳米制程光刻机，并开始研制和推出5纳米制程光刻机。第二，芯片生产车间建设技术依赖进口。芯片生产环境普遍不可低于ISO3级，关键制程需要ISO2级甚至更高。中国达到ISO4级以上的洁净车间还不多，其中核心部件风机过滤机组依赖日本和美国。第三，光刻工艺设备依赖引进。例如，涂胶烘焙显影一体机基本被日本的迪恩士和东京电子（市占率超过90%）所垄断，沈阳芯源微市占率只有4%。

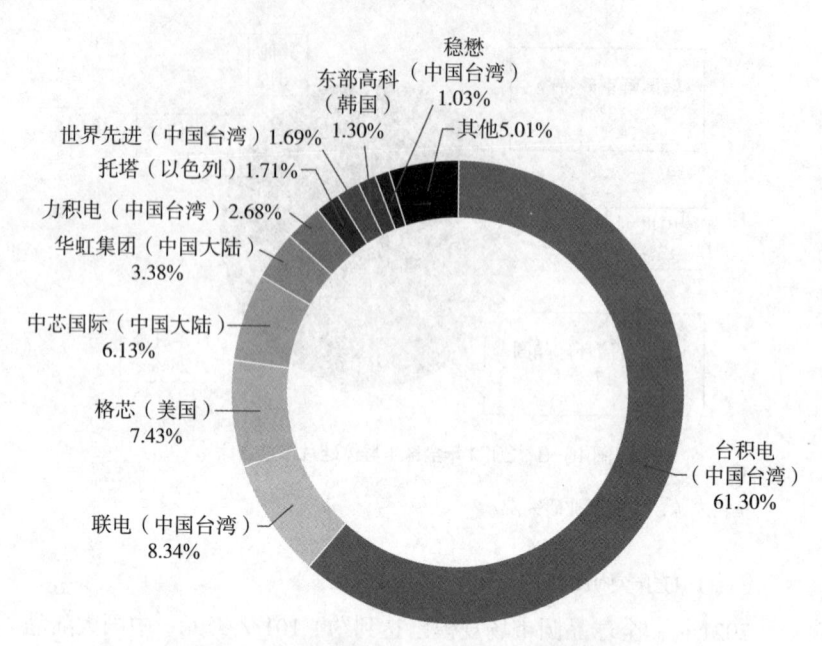

图16-4 2021年全球前10晶圆代工企业市场占有率

资料来源：智研咨询。

三、多管齐下解决高端芯片受限问题

2021年，全球28纳米以上制程芯片占据了75%的份额，而较为先进的28纳米以下制程芯片仅占25%。现在常用的汽车芯片、工控芯片、物联网芯片以及各种电子产品所使用的芯片大多都为28纳米、40纳米、65纳米，中国均能自主制造。我们认为高端芯片有两种方式可以替代，即多个芯片堆叠和刻蚀替代光刻。

（一）多个芯片堆叠

2022年华为公司公布了一项名为"一种芯片堆叠封装及终端设备"的专利，提出可以通过堆叠多个芯片达到1+1>2的效果，从而提高芯片的性能并且降低成本。同时，苹果公司将两颗M1芯片堆叠，使用封装技术实现对接，也生产出了更高性能的 M1 Ultar 芯片。从现有成功案例来看，使用堆叠的方式来提高芯片性能是可行的，从而达到替代高端芯片的效果。

（二）刻蚀替代光刻

光刻机是中国高端芯片发展的"卡脖子"问题。光刻是将设定好的图案通过激光印在晶圆上，刻蚀则是通过化学腐蚀的办法来去掉无图案的部分。中国刻蚀技术相对领先，中微半导体的介质刻蚀机、硅通孔刻蚀机位于全球前三，其中介质刻蚀机已经进入台积电 7 纳米和 10 纳米的生产线，刻蚀机制造工艺达到了 5 纳米，已经通过了台积电的验证。中国大陆晶圆代工企业中芯国际 50% 以上的刻蚀机采用了中微半导体的。目前，化学刻蚀的精度和光刻相比还存在较大差距，但是未来我国可以用化学刻蚀的方法替代光刻，从而绕开美国制裁的光刻机，实现高端芯片的国产化。

第二节

发展生物技术，力争引领新科技革命

当今世界，信息技术引领的科技革命、数字经济引领的产业革命方兴未艾，新能源、新材料、人工智能、量子科学将会取得重大突破。展望未来，信息科技革命之后的科技革命将是什么？当前世界上许多国家政府、科学家、企业家都认为生物技术将引领信息技术之后的新科技革命。

一、国际生物经济竞争日趋激烈

通过连续20年对生物经济的跟踪研究，特别是近期对30个国家和地区生物技术、生物经济发展的比较研究，我们发现，生物技术已经成为许多国家研发的重点，生物产业已经成为国际高科技竞争的焦点，生物经济正在成为新的经济增长点，生物安全将成为国家安全的关键。生物化正在成为继机械化、电气化、信息化、智能化之后的又一个科技革命的里程碑，生物经济正在催生继农业经济、工业经济、数字经济之后的第四次产业浪潮。

（一）生物技术已成为研发重点

20世纪80年代以来，生物技术与医药已成为全球科学家研究的重点，也是许多国家政府研发经费支持的重点。

全球有17个国家生物与医学论文数量占本国论文总量的50%以上。《美国科学与工程指标2020》的数据显示，全球生物与医学论文数量占自然科学论文总量的50.8%，且处于持续上升态势。全球超过26个国家或地区的生物与医学论文数量占本国或本地区自然科学论文总量的50%以上，荷兰、丹麦、美国、土耳其、澳大利亚的生物与医药论文占比超过60%，中国的占比近年来不断上升，但仍然仅为39.2%，与发达国家有十分明显的差距。

在连续10年被引数最高的论文中，生物与医药领域论文占58.0%。我们通过检索科学引文数据库，在2006—2015年每年1 500多万篇科学论文中找出每年被引数最高的20篇论文，共200篇高被引论文，按领域分析，生物为62篇、医药为54篇，占58.0%。

一些国家生物与医学专利占全部专利的30%。《世界知识产权指标2021》显示，在2017—2019年全球专利申请量排名前10的国家中，瑞士和荷兰的生物与医学专利申请量已经占到本国全部专利的36.8%和30.2%，俄罗斯、英国、美国和法国超过20%，中国为

16.7%。

从研发经费看,美国等国的生物与医药研发经费支出占50%左右。美国卫生健康部门的研发经费已占联邦民用研发经费的50%以上。2010年,英国医学理事会和生物技术与生物科学研究理事会的研发经费占七大理事会总研发经费的39%。

(二)生物产业是高科技竞争的焦点

全球生物医药、生物农业、生物制造、生物能源、生物安全、生物资源、生物服务等生物产业正在迅速崛起。发达国家医疗卫生支出都超过了10%,美国医疗卫生支出已经占GDP的18%,加上生物农业、生物能源等产业,生物产业已经占GDP比重的20%以上。为加速生物技术、生物经济发展,许多国家领导人、政府首脑亲自担任生物有关技术研发与产业化机构的负责人。2004年,中国成立"国家生物技术研究开发与促进产业化领导小组",国务委员兼任组长。美国前总统小布什明确提出"美国要领导未来世界,必须依靠生物技术",在任期内把国立健康研究院的研发经费增加了50%。日本政府提出"生物产业立国"战略,前首相小泉纯一郎在任时兼任生物产业战略研究会主任。德国在西方国家中率先发布《国家生物经济战略报告》。韩国总统提出要"举全国之力发展生物技术"。印度早在1983年就成立了生物技术局。

(三)生物经济已成为新的经济增长点

生物经济是建立在生物资源、生物技术基础之上,以生物技术产品和服务的生产、流通、使用为基础的经济,是继农业经济、工业经济、数字经济之后的第四种经济形态,也称第四次产业浪潮。生物经济主要包括生物医药、生物农业、生物制造、生物能源、生物材料、生物资源、生物安全、生物服务等子领域。

全球60多个国家或地区已经制订了生物经济的规划与政策,美国、德国等国家及欧盟等地区已多次发布生物经济蓝图或规划，把生物经济作为未来经济的增长点。我们测算，生物经济的规模将是数字经济的10倍以上。解决未来20亿~30亿人口的吃饭问题、100亿人口的健康问题、日趋严重的生物安全问题和生态环境问题，都需要生物技术。信息技术加速了信息流，是经济活动、社会活动的润滑剂，极大地提高了经济社会运行的效率。而生物经济则是物质流，是经济社会活动的永动机，增加食品、药品、能源等物质的供给，有望使人类永远告别饥饿，且使人均预期寿命延长10岁左右。

（四）生物安全将成为国家安全的关键

生物安全问题主要是指现代生物技术从研发到产业化过程中的安全问题。与核武器、化学武器相比，生物武器不易检测与防控，容易传染与扩散，可能成为未来战争的主要武器。2018年美国发布《国家生物防御战略》，明确提出"生物威胁是美国面临的最为严重的威胁"，并认为生物威胁具有持久性、多样性、无边界性等特点。新冠肺炎疫情敲响了世界生物安全的警钟，许多国家都把生物安全作为国家安全的重中之重。

二、生物经济给中国崛起带来新机遇

生物技术引领的新科技革命与机械化、电气化、信息化有明显不同，给生物资源丰富、技术相对落后的发展中国家带来了难得的追赶机遇。

（一）推动科技革命的基础学科不同，生命科学成为主导学科

推动科技革命的基础学科将由物理学转向生命科学，这是新科技革命最根本、最本质的特征。推动机械化、电气化、信息化及智能化的基础性、引领性学科是物理学、数学、化学等学科，而生物技术引

领的新科技革命的基础学科是生命科学，材料、数学、信息等学科仍将发挥重要的支撑作用。推动前几次科技革命的技术基本上是单一技术，而生物技术引领的新科技革命可能涉及多项技术，是一次综合性的科技革命。

（二）推动社会与经济发展的方式不同，从替代体力和脑力转为延长寿命

机械化、电气化、自动化推动人类社会与经济发展的主要方式是通过机械替代部分人类体力劳动，减轻体力劳动强度，进而提高劳动生产率；信息化、智能化的主要作用方式则是通过增强人类脑力，替代部分脑力劳动，提高资源配置效率，进而提高劳动生产率。而生物技术引领的新科技革命将通过延长人类健康工作的时间，进而大幅度提高劳动生产率，改善人类生命质量，促进人类自身与人类社会的共同进步。

（三）研究重点与对象不同，从死的物质转向活的生物

前几次科技革命，特别是工业科技革命的研究重点是死的物质，而新科技革命的研究重点将转向活的生物。也就是说，未来科学研究的重点将由研究物质运动规律，转向研究生命运动规律，研究生物生长、发育规律与调控机理。自工业科技革命以来，科学研究的主要对象是没有生命的，如钢铁、机器、飞机等，即研究"死的东西"多了，研究"活的东西"少了，研究人类身体之外的东西多了，研究人类自身少了。

（四）研究目标不同，从认识和改变自然转向改变人类自身

前几次科技革命的研究目标主要是认识和改造物质世界，而新科技革命的研究目标主要是认识生命规律、调控生物世界、服务人类健康。也就是说，研究目标由认识世界、改变世界，转向认识生命规律

与改变人类自身。新科技革命对人类自身、生态改善、社会伦理、国家安全等的影响将远远超过前几次科技革命，不仅会改变自然世界，更重要的是将改变人类自身，延长人类寿命。

（五）市场潜力不同，生物经济的潜力可能是信息产业的10倍

生物经济涉及生物医药、生物农业、生物制造、生物能源、生物材料、生物资源、生物安全、生物服务等10个领域，初步测算，生物经济的市场潜力将是信息产业的10倍以上，必将催生继农业强国、工业强国、信息强国之后的科技强国、经济强国。

（六）商业模式不同，"赢者通吃"的商业规则有所改变

生物经济与工业经济、数字经济比较，具有几个明显的特点：一是资源依赖性强，生物能源、生物农业、生物制造等领域都依赖生物资源，这就为生物资源丰富的国家提供了机遇；二是技术垄断性强、市场垄断性差，"赢者通吃"的商业规则将有所改变。信息产业的商业规则是"赢者通吃"，芯片等硬件被英特尔、高通等公司高度垄断，系统操作软件等基础软件则被微软垄断。一台电脑只能用一种芯片、一类操作系统，而一种疾病则可采用不同的临床方案和药品。生物经济在一定程度上会改变"赢者通吃"的商业规则，为技术落后的后发国家留有一定的市场空间。

三、努力打造40万亿元生物经济

2022年，国家发展改革委印发《"十四五"生物经济发展规划》，明确了生物医药、生物农业、生物质替代、生物安全4个重点发展领域，提出了2025年和2035年的生物经济发展目标，即到2025年生物经济总量规模迈上新台阶，到2035年生物经济综合实力稳居国际前列，但没有明确生物经济的规模。

新形势下，有3个主要因素正在加速中国生物经济崛起。一是经济社会发展对生物经济的需求不断加大。防御重大疾病与传染病，防御生物恐怖，需要生物技术；应对老龄化社会，需要健康产业和养老产业。此外，中国有1/3的粮食、2/3的石油需要进口，人民生命安全、粮食安全、能源安全、生态安全都对生物经济产生了巨大的需求。经济发展仅仅依靠数字经济推动是远远不够的，我国需要培育新的经济增长点。二是生物技术不断取得重大突破，将培育大批生物高科技产品。基因编辑将培育出新一代农业生物品种，粮食产量有望增长15%以上，合成生物将直接合成药品、食品、保健品、生物燃料、生物塑料等高科技产品。三是中美生物技术与产业竞争将进一步加剧。美国2022年发布《国家生物技术与生物制造计划》，2023年3月又发布《生物技术和生物制造的明确目标》，提出21个主题、49项具体目标。美国是世界上生物技术与生物经济最先进、最发达的国家，其生物技术发展目标将进一步拉大与中国的差距，中国需要尽快制订相应的规划。

笔者在2010年出版的《中国的生物经济》一书中曾建议制定中国发展生物经济的总体目标：建成生物技术强国、生物经济强国，使中华民族在生物经济时代实现伟大复兴。实现这一目标需要三步走：

第一步是率先成为生物产业大国。目前这一目标基本实现，生物医药、生物农业、生物制造水平虽然不高，但规模均已经进入国际前列。

第二步是建成生物技术强国。目前这一目标距离实现还有很大差距：一是缺乏顶尖人才，大量生物领域顶尖人才仍然留在海外；二是缺乏先进的科研与生产设备，高端仪器、设备仍然依赖进口，用别人卖给我们的仪器，肯定做不出超过别人的成果。

第三步是建成生物经济强国，引领或共同引领生物技术新科技革命、生物经济新产业革命。目前这一目标落空的可能性很大。一是生物技术引领新科技革命这一观点并没有在国内形成共识，大家对生物技术的重视不够，例如全球26个国家或地区的生物与医药论文占本国自然科学论文的50%以上，但中国并不在此列。二是回国的生物领域顶尖人才面临许多困难，导致其他顶尖人才不敢下决心回国，中国不能成为生物人才强国，就不可能成生物技术强国、生物经济强国。三是回国的生物领域顶尖人才使用国外搬来的仪器、方法较多，有的甚至连办公用品都是使用国外的，没有独创的科学思想、理论、方法与仪器设备，就很难超过别人，很难换道超车，但这些问题至今没有引起重视。部分中国科研人员仍然陶醉在购买高端仪器设备，发表高水平论文的"自嗨"之中，没有意识到科学思想、理论、方法、仪器设备的创新才是引领性的创新，用别人的方法、设备多数是跟踪性的创新。从低水平跟踪到高水平跟踪，再到引领科技发展，我们还有很长的路要走。中国创新人员数量世界第一、研发经费数量世界第二，我们没有任何理由也没有任何资本再次与新科技革命失之交臂。

到2035年，中国生物经济规模有望达到40万亿元左右，是潜力最大、发展最持久的产业。中国生物经济要重点发展10个领域，突破100项核心技术，开发100个能够进入国际市场的高端产品。其中，生物医药与健康产业的潜力在25万亿元以上，生物农业4万亿元，生物制造业5万亿元，生物资源开发1.6万亿元，生物环保1万亿元，生物服务1万亿元，养老产业2万亿元以上。

到2050年，中国生物经济占GDP的比重将达到20%以上。其中，生物医药与健康产业使人均预期寿命延长10岁左右；生物农业使粮食年产量达到8亿吨以上，合成生物生产的食品占食物总量的10%左右；生物技术生产的生物能源相当于两个大庆的能源当量；生物资源开发使中国生物资源优势转化为生物经济优势，生物能源、生物环保、保健品等产业规模进一步扩大。

第一，生物医药，力争使人均预期寿命增加10岁。这要从7个方面重点突破：一是新药开发，重大新药创制要进一步集中力量在国际竞争的前沿，即癌症疫苗、抗体药物开发、药靶和合成药物方面取得新的突破；二是重大疾病防治与慢病控制，在艾滋病与病毒性肝炎重大传染病防治的基础上，增加肿瘤、心血管病等重大疾病的防治技术，在"十四五"时期将传染病重大专项扩展为"重大疾病防治重大专项"，重点解决防治传染病、重大疾病、慢病急需的重大技术与产品；三是加速医疗器械的国产化，高端医疗器械90%以上依赖进口的局面不能再持续；四是加速推进中医药现代化，2021年美国人均医疗支出已经超过11 000美元，同期中国仅有800美元，人均相差超过1万美元，很显然我们不能走美国高投入的健康模式，必须创出中西医结合的中国特色健康模式，推动以"中医理念、现代技术、未来医学"为核心的中医药现代化工程；五是加速人体器官生产、再生研究进入临床应用阶段；六是在生物医药相关的基因组、干细胞、代谢组方面取得重大突破，在基因诊断、基因治疗、干细胞与组织工程、代谢工程和现代健康管理方面取得一批重大成果并实现产业化，切实使中国在现代医学领域进入世界并跑行列；七是在衰老控制与长寿研究方面实现历史性突破，使具有长寿功能的保健品与药品进入临床应用阶段。

第二，生物农业，力争使粮食年产量达到8亿吨以上。一是推进第三次绿色革命，加速基因编辑、合成生物技术在农业中的应用，力争使合成食品占食物总量的10%左右；二是重点加强转基因动植物品种重大专项实施，特别是针对10亿亩旱地和5亿亩盐碱地，培育抗盐碱、抗旱植物新品种；三是发展生物肥料、生物农药；四是加强动物疫苗与药物研发，大幅度降低家畜家禽的病死率，提高畜牧业效率；五是开发一批植物、动物生长激素；六是降低20%的农业甲烷排放。

第三，生物制造，加速中国由生物制造大国向生物制造强国转变。一是突破5 000吨发酵罐制造与智能化控制技术，奠定大规模生物制造的工业基础；二是重点突破发酵菌种改良技术，使细胞成为新型工厂，生产生物抗体、药品、保健品等高端生物产品；三是实现发酵过程标准化、智能化；四是大力开发生物材料代用品，开发医药材料代用品、服装与装饰材料代用品、化学材料代用品、金属材料代用品等，力争使生物材料代用品替代50%的化学品、20%的金属产品；五是加速酒、酱油、醋等传统产品的升级换代，推动我国由发酵工业大国向发酵工业强国的根本性转变。

第四，生物能源，生产两个大庆的能源当量。这需要重点发展5类技术：一是充分利用7亿吨农作物秸秆，生产燃料乙醇，替代部分石油产品；二是利用南方10亿亩草山草坡发展生物能源植物，开发生物乙醇、生物柴油；三是研发农作物秸秆、生物废料发电技术；四是开发生物制氢技术；五是加速沼气等生物燃气技术与装备的升级换代。

第五，生物资源，把中国生物资源优势转化为生物经济优势。一是培育具有特殊用途的植物新品种，如能源植物、纤维植物、油脂植物、芳香植物等，为能源、化工等提供重要的原料和制剂；二是大规模筛选和提取微生物活性物质，研制抗肿瘤、抗真菌的药物，开发新型生物肥料、生物农药；三是发展海洋生物产业，开发一批海洋食物、药物及保健品，开发海洋生物材料、海洋生物酶等新产品；四是对100万种微生物进行测序，并利用丰富的生物资源发现或合成功能基因。

第六，生物环保，不断改善生态环境。一是应用抗旱、抗盐碱植物新品种，发展防风固沙植物，使旱地、盐碱地变为良田，土地荒漠化的趋势得到遏制；二是发挥微生物降解作用，处理有机废物与垃圾；三是利用生物技术提高污水处理效率。

第七，生物安全，保障人民生命安全、环境安全。把生物安全作为国家安全的重点，重点抓好9类技术开发与设施建设：一是像修防空洞一样建"防疫站"，建好生物安全基础设施，建成能够防御500万人感染的生命安全保障体系；二是保障转基因生物安全，保障食品安全、环境安全；三是建设国门生物安全的"新长城"，防御有害生物入侵；四是保障生物实验室安全，防止生物技术滥用误用；五是保护并利用人类遗传资源；六是切实加强国防生物安全，针对150多种可能改造成生物武器的病原生物研发疫苗与药物，打击生物恐怖，打赢生物战；七是尽快突破"60天疫苗"、通用疫苗、特效药物、广谱药物、空气中病原物监测等核心技术；八是研制负压车、船、飞机等运载工具，以及呼吸机、高端防护服、负压病床（病房）等防疫设备；九是改建一批体育场、教学楼、办公楼、展览馆等基础设施，使其具有综合防疫功能。

第八，生物服务，使中国成为生物服务大国。一是为临床医学研究服务，发挥人口多、疾病类型多、志愿者多等优势，建立世界上最大的临床医学中心，使世界药物研发的后期搬来中国；二是建立规模大、水平高、服务效率高的药品安全评价中心；三是建立食品安全评价与检验中心；四是大力发展高端药物与医疗器械代工中心，建立健全世界一流的生物服务业。

第九，生命科学基础研究跃居世界前列，抢占新科技革命制高点。一是人类、动植物、微生物基因组学走在世界前列，基因测序技术与规模达到并保持世界领先水平；二是蛋白质组学、代谢组学、免疫学等学科及与其相关的新理论、新方法取得重大突破，进入国际前列；三是人类重大疾病、重要动植物病（虫）害防控相关生物技术取得重大突破，病原物感染机理、抗体产生机理、癌症转移机理、糖逆代谢等基础研究取得重大突破；四是脑科学与类脑、细胞凋亡与衰老机制、基因编辑、表观遗传等研究进入国际领先行列。

第十，催生交叉学科，推进下一轮科技革命。生物技术、生命学科与其他学科结合将产生大量交叉学科，推进新一轮科技革命：一是与信息学科交叉形成脑机结合；二是与系统学科结合形成系统生物学；三是与纳米学科结合形成纳米生物技术；四是与化学结合形成合成生物学；五是与制造业结合形成仿生学；等等。

第三节

推进第三次绿色革命,建成农业强国

党的二十大报告明确提出加快建设农业强国。《中共中央 国务院关于做好2023年全面推进乡村振兴重点工作的意见》强调,"要立足国情农情,体现中国特色,建设供给保障强、科技装备强、经营体系强、产业韧性强、竞争能力强的农业强国",指明了建设农业强国的方向、重点与目标。未来农业科技工作的首要任务是保障农业科技安全,促进农业强国建设。

一、"八管齐下"保障种植业科技安全

农业强国"五强"目标的第一个就是"供给保障强",这是种植业科技的首要任务。我们研究认为,供给保障强是指任何时候都能够保障粮食安全和食品安全,粮食与食品供应数量充足、结构合理、价格合理、自主可控,把饭碗端在自己手中。

(一)农业供给保障强的4个特点与标准

供给保障强可以用4个指标来衡量:一是生产能力强,口粮自给率达到98%以上,食物自给率达75%左右,粮食产能达7.5亿吨以上,产量为7亿吨左右,正常年景产量波动在1.5%以下;二是加工能力强,农产品深加工率达到70%左右,加工增值2倍以上;三是供给能力强,供应体系完善、市场调控能力强、价格基本稳定,储备粮保障1年食用量,质量好、存得进、调得出,粮价波动在5%以下,肉价波动在20%以下;四是海外基地强,建立海外粮食与食物生产基地,建立国际粮食安全共同体,形成1亿吨粮食供应能力,粮食进口价格波动在20%左右。

供给保障强，通俗地讲就是"吃饱、吃好有保障"。联合国粮农组织建议"吃饱"的标准是人均每年400千克粮食占有量，对于"吃好"还没有标准，根据我们对发达国家粮食消费的研究，绝大多数国家人均粮食消费在800千克左右，我们暂定人均粮食消费800千克为"吃好"的标准。2022年，中国人均粮食消费为486千克，比温饱线高出21.5%，吃饱没问题，但离吃好还差314千克，差39.3%。基于中国人多地少的基本国情，我们建议适当调低"吃好"的标准，在人均收入水平高时，粮食消费为中下等水平，即人均粮食消费为650千克左右。按此标准，把饭碗牢牢端在自己手中，口粮绝对自给，平时能吃好，战时能吃饱。

（二）保障种植业科技安全需要"八管齐下"

我们测算，到2030年，我国需力争粮食单产提高15%，总产达到7.8亿吨左右，人均粮食产量达550千克；力争建立多元、长期、稳定的海外粮食与食物生产基地，形成1亿吨粮食供应能力，人均进口粮食控制在70千克左右。保障种植业科技安全需要"八管齐下"：

第一，"要粮于技"，推进第三次绿色革命。在推进第二次绿色革命的基础上，着手推进第三次绿色革命，把合成食物、基因编辑、配方食物等列入农业研发重点，力争粮食增产500亿~800亿千克。

第二，"藏粮于地"，保住两个18亿亩红线。一是开发土地整治技术，在工业化、城镇化占地的同时，保留18亿亩耕地；二是发展复种、复垦技术，确保粮食播种面积不低于18亿亩。另外，力争增加0.8亿亩播种面积，新增粮食160亿千克。

第三，"生粮于海"，提高300万平方千米海洋利用率。加速海洋养殖与捕捞技术、装备升级换代，增加海洋渔业产量250万吨。每平方千米远海捕捞量由0.8吨增加到1.6吨，相当于新增100亿千克粮食。

第四，"产粮于山"，利用大国土，发展大粮食。充分利用南方10亿亩草山草坡、北方30亿亩草原，种植优质牧草、木本粮食，新增100亿千克粮食。

第五,"取粮于改",加强农业经济体制机制创新,推进新一轮农村体制改革。力争用政策调动农民积极性,新增1亿亩播种面积。推进三产融合,使粮食生产、加工、销售、进出口"四位一体",提高粮食综合效益。

第六,"储粮于友",打造1亿吨粮食海外供应链。通过技术合作、土地租用、期货等多种途径,建立多元、长期、稳定的海外粮食供应链,确保10亿亩耕地或1.5亿吨粮食的海外供应。

第七,"节粮于用",推广配方食品,人均粮食消费控制在650千克左右。一是着力推进"四个一点",即储藏省一点、加工省一点、饲料省一点、餐桌省一点;二是保障食品安全,建立从田间到餐桌的农产品安全技术体系,形成农产品生产、加工、流通、储藏、监测等一系列技术和相关设备的开发体系;三是逐步改变饮食文化,提倡配方食品,研究不同人群的膳食标准,保障营养、减少肥胖,大幅度减少粮食消费。

第八,"稳粮于共同体",联合国际力量共同保障粮食安全。建立"国际粮食安全联合研究院",研究保障粮食安全的政策与技术,探索建设人类粮食安全共同体的途径与办法,加强农业国际合作,建立稳定的粮食供应链,保障人类粮食安全。

二、"四管齐下"保障畜牧业科技安全

针对畜牧业科技安全面临的问题,未来10~15年中国畜牧业要重点推进四大科技行动,推动畜牧业高速度、高质量发展。

(一)畜禽品种改良行动

针对当前畜牧业科技现状,中国迫切需要实施畜禽品种改良行动,重点做好以下工作:

第一，引领国际优质畜禽种质资源。像大量收集国内外植物种质资源一样，建立"国家动物种质资源库"，大量收集肉牛、奶牛、猪、细毛羊、肉鸡等优质种质资源，加强动物种质资源的收集、保存和利用。

第二，开发基因编辑等新一代育种技术。在综合运用杂交育种、分子育种、转基因育种、胚胎移植等技术的基础上，进一步开发基因编辑、分子筛选等新一代育种技术。

（二）饲养与饲料技术提升行动

从20世纪90年代起，中国就开始进行畜禽规模化养殖技术的研究与开发，现在需要进一步以健康、安全、高效为目标，加速推进养殖技术迈上新台阶。一是开发标准化、规模化、智能化养殖技术，研究畜禽生长发育等生理调控机理与措施，研发畜禽生理和健康状况动态监测与预测技术。二是开发新型饲料添加剂、新型饲料配方、新型饲料资源，减少饲料粮用量，研究饲料养分精准供给技术。

（三）畜禽疾病防控行动

加强动物重大疫病、人畜共患病防控技术与产品的研究。一是针对非洲猪瘟、禽流感、布鲁氏菌病等重点疾病，开展流行病学、致病机理、免疫机制的研究；二是研发畜禽疾病预防技术、诊断试剂、疫苗、药品等，特别是研究广谱性疫苗与药物；三是建立健全动物重大疫病监测预警体系。

（四）大厦养殖科技行动

大厦养猪已经不再是梦，国内已经有企业用几十万平方米大楼来养猪。针对人均土地资源少、人口密度大、面源污染治理难度大等问题，中国需要大力研究大厦规模化、智能化畜牧养殖技术，提高畜牧业规模化、现代化水平。

三、保障林业科技安全急需3类技术

针对中国人均森林资源少、木材资源缺乏、林业产品大量进口等问题，保障林业科技安全需要抓好3类技术。

一是开展林草种质资源库的保存与开发。加强造林树种、经济林树种、生态林树种的新品种改种，利用组织培养、转基因、基因编辑等技术选育新一代林业品种。

二是加强林业保护与退化天然林的恢复技术研究。研究并推广"山水林田湖草沙"系统治理技术、生物多样性保护技术、湿地与森林公园建设技术等，支撑林业与草原产业高质量发展。

三是开发进口林业产品的替代产品。研究进口木材、纸浆等林业产品的替代产品，降低林业产品进口压力，提高林业科技安全系数。

四、保障渔业科技安全的三大支柱

中国渔业科技安全系数相对较高，渔业产品的出口量已经大于进口量，但我们应当看到中国渔业水平与先进国家还有很大差距，未来需要从三个方面着手提升。

一是补上渔业品种资源的短板。大力引进与收集国内外水产资源，丰富渔业种质资源库。开展渔业苗种繁育与培育研究，培育高效多抗的渔业品种。

二是研发和推广规模化的高效养殖技术。开发淡水、近海、远海养殖技术，推广生态渔业等水产绿色健康养殖模式。

三是研发远洋渔业捕捞技术与装备。中国拥有300万平方千米的海洋，大幅度提高海洋捕捞量，迫切需要研发先进的捕捞技术与装备。

五、加强原始创新，建设农业科技强国

农业基础研究薄弱是中国农业创新能力弱的根本原因，需要从研究方法创新、仪器设备创新等方面，突破农业原始创新不足的瓶颈。而这需要重点在光合作用机制、遗传与发育规律、基因编辑、重大病虫害成灾机理、生物逆境生理等农业科技思想、理论、方法、机理方面取得原创性成果，支撑与引领农业科技强国建设。

六、为乡村振兴提供三大技术支撑

中国近50%的人口生活、工作在农村，必须加强乡村振兴相关技术的研究与推广工作。一是农村经济相关技术，大力推进农业高新园区建设和农业高科技企业培育等工作，三产融合，千方百计把农村经济搞上去，否则农村缺乏产业，难以养活如此庞大的人口；二是乡村规划与建设技术，加强农村土地整治，解决2亿农民进城之后宅基地的土地整理和新增耕地问题，建设适合国情、符合未来发展的新农村；三是农村生态建设技术，彻底改变农村脏、乱、差、堵的现状，重点解决好5 000万亩被污染农田恢复农业使用的问题。

第四节
保障第二产业科技安全，建成制造业强国

中国工业正在进入由产业链中低端向高端攀升的关键时期，加强自主创新、保障科技安全是工业高质量发展的根本出路。对于发达国家已经不重点发展的产业，我国基本不存在"卡脖子"的问题，但科技创新促进高质量发展的任务仍然很重。一些高科技支撑行业会受到

美国越来越严格的技术控制，我国必须采取新型举国体制，集中力量攻关，把制约工业高质量发展的核心技术掌握在自己手中，争取更多的技术知识产权、产品定价权、市场话语权。

一、把握制造业及其技术发展的五大趋势

全球未来制造业及其技术发展呈现智能化、绿色化、标准化、个性化、专业化五大趋势，我国工业发展要始终把握这五大趋势。

第一，智能化。智能化就是加速制造业智能化转型，加速制造业与人工智能等现代信息技术融合，大幅度提升制造业产品的智能化、自动化水平。一是提高制造业产品的智能化水平，发展自动驾驶汽车、高铁，以及智能家电、手机等智能产品。二是发展智能制造，推进工业4.0，提高制造业设计、生产、流通、使用全过程的智能化水平，加速制造业的自动化、智能化和高度集成化。现阶段包括汽车、地铁、飞机等在内的工业产品的智能化水平都在提高，下一步将是家电领域，洗衣机、微波炉、电冰箱都将向智能化方向发展。

第二，绿色化。绿色化是指推进制造业绿色化转型。一是减少制造业对能源、水资源、材料等生产资料的消耗；二是发展生物材料以替代钢铁等传统工业材料；三是严格控制工业污染，保护并改善生态环境。

第三，标准化。标准化是工业化的基本需求，但近年来出现了逆标准化趋势。例如，许多手机生产企业为了推广自己的产品，生产不同标准的电池、充电器等产品，导致大量非标准产品的流通，造成了巨大的浪费。

第四，个性化。随着后工业化时代的来临，人们对产品的追求将不再是千篇一律的大众化产品，取而代之的是多种多样、个性化的优质产品。许多消费者还追求定制产品，个性化设计、个性化生产、柔性制造、增材制造将成为未来制造业技术发展的新方向。

第五，专业化。随着人民生活水平的不断提高，专业化成为制造业的新方向，扫地机器人、运输机器人、做饭机器人等专业化产品将不断涌现。科技创新需要按照工业经济发展规律，创造人民需要的技术与产品，把论文写到大地上。

二、制造业科技要三箭齐发

作为中国的经济支柱，工业目前已经进入了产能相对过剩的阶段，很多行业处于产业拐点这一关键时期。中国工业化起步晚、基础薄弱，制造业科技不安全，有的是基础材料不过关的问题，如钢材杂质多、性能低，只能大量进口优质钢，有的是工艺的问题，更多的是技术、研发仪器与装备依赖进口的问题。因此，制造业科技要面向工业2.0、3.0、4.0三箭齐发。

工业2.0的重点是要补上工业材料不足的短板，开发高端、新型工业材料，比如超级钢、长寿水泥、材料基因组、生物材料、纳米材料、超导材料等。工业3.0是提高制造业工艺水平。工业4.0是提高制造业的计算设计与制造能力。

三、四大类科技安全行业需要对症下药

对科技强安全、基本安全、弱安全、不安全四类不同行业，保障科技安全需要采取不同的政策与措施。

对于科技强安全的行业，一是要持续提高科技创新能力和国际市场竞争力，支撑、引领本行业世界科技与产业发展；二是要把品牌创新、文化创新作为创新重点，争取世界产品标准的制定权以及产品定价权，持续提高行业的国际竞争力与市场占有率。

对于科技基本安全的行业，一是要精准找出行业技术的短板，列入国家、部门、地方有关科技计划，调动全社会力量尽快实现核心技

术自主可控；二是要加大品牌创新、文化创新力度，争取引领或参与国家产品标准制定和产品定价；三是开展进口技术与产品的替代研发，加速产品的国产化，力争进入科技强安全的行列。

对于科技弱安全的行业，要建立健全行业研发机构，培育领军企业，面向全球招聘顶尖人才，"三管齐下"组织重大攻关，切实改变科技弱安全的现状。

对于科技不安全的行业，要列入国家重点科技规划或重大科技专项，采取新型举国体制开展技术攻关。特别是石油、天然气等行业的科技发展，要从科学思想、科学理论入手探索替代传统能源的新技术、新途径，彻底摆脱对传统能源的依赖，走出一条能源发展的新路子，改变科技不安全的现状。对于仪器仪表行业，要从设计、材料、制造、流通、使用等不同环节多管齐下，突破技术瓶颈。

四、大力开发9类产品，加速制造业升级

未来制造业科技发展的重点有两个：一是要千方百计突破制造业整体升级换代的技术瓶颈；二是把优势产品进一步做大、做强，加速中国制造、中国创造向中国智造、中国品牌的根本性转变。为了加速建设制造业强国，我国应率先开发9类产品。

第一，研制光刻机、高档数控机床等制造设备，支撑制造业技术升级换代。重点创制光刻机、蚀刻机、五轴以上高档数控机床等高端制造设备，为高端制造奠定基础。

第二，研制大型科学仪器与设备，突破原始创新不足的瓶颈。创新科学理论与方法，重点研发物理、化学、生物、材料、能源等学科的新方法、新仪器、新设备，切实改变大型科学仪器与设备依赖进口的被动局面。

第三，研制大飞机发动机、燃气轮机、汽车发动机，全面提升航空、轮船、汽车工业技术水平，力争达到国际并跑的水平。

第四，研发时速600千米以上的高速列车，保持中国在高速列车领域的领跑地位，加速开发国际市场。

第五，加速电动汽车国际化，早日实现汽车工业换道超车。欧洲国家已经提出在2040—2050年不再销售燃油汽车，中国电动汽车产销量已达到世界第一位，要进一步提高电池密度和自动驾驶水平，加速电动汽车进入发达国家市场，实现换道超车。

第六，发展高端医疗器械，夺回已经失去的医疗器械市场。加速实现核磁、PET-CT（正电子发射计算机断层显像）、数字X光、大型生化设备、穿戴设备的国产化，替代进口产品，同时开展手术机器人、护理机器人等智能设备的开发。

第七，发展智能机器人，加强智能机器人研究，达到国际领跑水平，开发智商相当于3~5岁人类的智能机器人。在机器学习、脑机接口、意识控制机器等方面达到国际领先水平。

第八，开发一批新型材料，重点是3层以下石墨烯的制备与应用、1 600MPa超级钢、70年以上长寿水泥，以及超导、超强、超轻、超纯等新型功能材料的开发。

第九，突破数字经济技术与产品。高端通用芯片、工业芯片和专业芯片逐步替代国外产品；7-14纳米集成电路逐步实现国产化；国产系统软件进入应用阶段；开发基于中文的系统软件、工业软件和专业软件，特别是在文字、数字、图像、语音等领域开发出一批具有自主知识产权的软件并实现产业化；物联网技术与产业进入国际前列；开发100亿亿次计算机，力争用20年左右时间推动量子通信和量子计算机进入实质应用阶段。

第五节

保障第三产业科技安全，建成第一经济大国

保障第三产业科技安全需要对症下药，科技服务业、健康服务业均是我国潜力最大、对外技术依存度高、科技安全系数低的行业，主要对策是加强具有自主知识产权的科学仪器、医疗器械开发，不断提高国产化率，减少对国外产品的依赖。此外，要健全第三产业科技创新体系，全面提升第三产业科技创新能力，同时要加大第三产业科技服务体系的建设。由于第三产业涉及行业多，本节重点讨论发展潜力大的科技服务业与健康服务业的科技安全问题。

一、建立健全第三产业技术体系

发掘第三产业潜力，推动服务业高质量发展，不仅需要开拓新应用领域，还要发展新商业模式，利用科技拓展服务业发展空间，打破产业发展滞后于经济社会发展需求、落后于发达国家、不能满足人民不断增长的生活需要的窘境。另外，从国家层面来看，中国要积极补上第三产业发展滞后的"课"，这需要根据第三产业发展的技术需求，尽快构建政府引导、市场主导、立足国内、面向全球的第三产业技术体系，特别是在金融、保险、医疗、教育、文化、知识产权保护与应用等方面，构建国际一流的科技创新体系。

到2030年，建成专业化、社会化、现代化、国际化的科技服务业产业体系，科技服务业技术水平与产业规模进入国际前列，力争使科技成果转化率达90%，科技服务业市场规模达到8万亿元，大幅度提升创新能力及其对经济发展的支撑能力，促进创新型国家建设。

具体目标是：

- 力争使全社会研发经费投入占GDP比重达到3.0%，研发经费总量达到5万亿元以上，其中企业投入占75%左右，政府投入占20%左右，其他投入占5%左右。科技服务业投入占全社会研发经费投入的10%左右，其中90%来自企业与社会资金。
- 科技服务业从业人员达到1 000万人，其中专业技术人员300万人，培养50万名从事技术咨询、评估、鉴定、认证、交易的高级技术人才。
- 建立健全从实验室到消费者的体系完善、业务精良、市场规范、保障有力的科技服务业产业体系。科技服务业营业收入达到6万亿元左右，增加值达到3万亿元左右，占全国服务业增加值的8%左右。
- 建立一批国际一流的共用技术研发平台、委托研发公司，持续不断地提供新技术、新产品、新服务，委托研究总体规模进入国际前列。
- 建立专业化、现代化、国际化的科技成果转化服务体系，力争使科技成果转化率达到90%。
- 建立健全服务社会化、队伍多元化、机制市场化的科技推广与转化体系，大幅度提高先进适用技术的普及率，力争使科技贡献率达到60%以上。
- 形成保障科技服务业快速发展的政策体系、创新环境与文化氛围。

二、实施科技服务业八大行动

紧紧围绕科技创新、经济社会发展对科技服务业的需求，重点推进研发服务、成果转化、技术服务、技术推广等八大科技行动，实施好45项科技服务业重大工程。

（一）实施研发服务行动，提高科技服务水平

（1）国家安全科技服务工程。紧紧围绕保障国民安全、领土安全、经济安全、文化安全、科技安全、生态安全、信息安全，以及能源安全、粮食安全、食品安全、药品安全、生产安全、水安全等对技术、人才、知识、信息的重大需求，建立一批国际一流的研究所、国家实验室、工程技术中心等专门研发机构，集成国内外最优秀的科技资源，开展专门化、系统化、一站式、点对点的科技服务工作。

（2）工业化科技服务工程。充分发挥市场对科技资源配置的决定性作用，针对41个工业行业对技术、人才、信息、新产品的不同需求，建立一批共性技术创新体系或平台，为工业化提供持续不断的技术、人才与信息支持，加速推进工业化。

（3）信息化科技服务工程。针对信息化对技术、人才、研发设施的重大需求，加强新一代网络技术、大数据、云计算等技术的研发与应用，大力发展现代物流、电子商务、网络金融、远程医疗、远程教育等服务业新业态，加速信息化进程。

（4）城镇化科技服务工程。针对城镇化对技术、人才、新产业、新策略的重大需求，重点在城镇规划设计、现代建筑技术、现代城市发展模式、产业布局、文化建设、生态环境建设等方面，集成国内外科技资源，为城镇化提供系统、全面、持续的科技支撑与服务。

（5）农业现代化科技服务工程。针对农业现代化对技术、人才、信息、发展策略的重大需求，集成国内外科技资源，提供系统、高效的农业技术服务。重点做好第二次绿色革命、食品安全、生态修复、新农村建设等方面的科技服务工作，加速推进农业现代化。

（6）第三产业科技服务工程。针对第三产业快速崛起对技术、人才、知识、信息、发展策略的迫切需求，集成运用现代服务新理念、新技术、新业态，提供系统、集成、高效的科技支撑服务。

（7）战略性新兴产业科技服务工程。针对节能环保、信息、生物医药、新能源、新材料、先进制造、电动汽车7个战略性新兴产业，

以及海洋产业对技术、人才、新产品、新业态、新策略的巨大需求，集成国内外科技资源，提供全方位、国际化的科技服务，力争使战略性新兴产业技术水平进入国际先进行列。

（8）共性技术研究工程。针对国民经济发展不同行业、不同产业对共同性、关键性、基础性技术的迫切需求，支持转制科技机构、产学研联盟、大型企业等机构建立健全共性技术研究机构或平台，形成与产业体系相适应的共性技术创新体系，支撑产业升级、行业发展对新技术、新工艺、新产品的需求。

（9）研发型小微企业培育工程。支持高校毕业生、留学人员等创建各类从事科技服务业的小微企业，形成一支强大的科技服务业队伍。

（二）实施科技成果转化行动，提高成果转化效率

（1）技术承包服务工程。鼓励和支持高校、科研院所、企业以及学术团体从事技术承包、技术服务、技术咨询等工作。

（2）科技企业孵化工程。在政府创办的各种科技企业孵化机构的基础上，广泛动员社会力量，针对不同行业、不同专业的特殊需求，建立各种技术孵化机构，形成设计、研发、专利申报、技术转让、科技金融等一体化的综合性科技服务体系。

（3）技术评估服务工程。建立一批技术评估、鉴定、认证、作价、抵押类中介机构或企业，切实加强技术成果评估与转化工作。

（4）专利管理服务工程。支持社会力量创办一批专利服务公司，提供专门化的专利代理、专利技术评估、转让许可、维权援助，以及投融资服务等全过程专利服务。

（5）技术市场建设工程。运用现代信息技术、现代金融模式，进一步提升技术市场的规模与水平，提供集技术、产品、人才、资金、土地、厂房等为一体的集成化、规模化、动态化技术服务体系，使技术市场迈上一个新台阶，鼓励有条件的地区建设新技术、新产品拍卖市场。

（6）技术质押服务工程。建立一批专业从事专利收购和技术质押、抵押的服务公司或中介机构，加快科技成果的转化。

（7）技术贸易服务工程。支持和鼓励企业针对市场需求收购国外技术专利、新产品，从事技术贸易和转让等服务工作。

（三）实施专业技术服务行动，促进社会事业发展

（1）科技服务机构健全工程。扶持一批集技术设计、委托开发、检测检验、鉴定认定、评估作价、转让许可、金融支持、升级改造为一体的综合性技术服务机构或公司，开展科技服务工作。

（2）委托研究服务工程。针对国际研发外包的新趋势，建立一批国际一流的委托研究公司或研发平台，承接国内外委托研究工作。在医药健康领域，建立国际一流的药品、医疗器械安全检测中心和临床安全评价中心，大幅度提高中国产业共性技术的创新能力。

（3）科学仪器共享工程。在进一步对社会开放重点实验室、工程技术（研究）中心等政府支持的研发机构的同时，支持企业及社会力量创办专业实验室、科学测试平台、科学器材研制与供应中心、科学仪器租赁中心等科技服务机构。

（4）科技信息服务工程。建立政府科技信息公布制度，对政府资金支持的科研机构、项目、成果、人才等重大科技信息进行定期公布，减少重复研究、仪器重复购置造成的浪费。

（5）检测检验服务工程。有序开放检测检验市场准入制，鼓励和支持企业或中介机构开展各类技术、产品、服务的检验、检测、鉴定、计量、论证等工作，形成一个宏大、高效、快捷的全社会化检测服务体系。

（6）气象技术服务工程。大力加强气象探测、预报与公共服务，加强气候资源利用、气象灾害防御服务，针对交通运输、航空航天、农业、海洋等领域提供专门化、系统化的气象服务，提供中长期的气

象预报和气候变化预测服务。

（7）地震服务工程。加强地震监测预报、震灾预防、建筑物防震能力评估、地震救援设备与产品研制和供应、灾后重建服务等科技服务工作。

（8）海洋技术服务工程。针对中国海洋技术相对落后的现状，集成国外海洋产业的新技术、新产品、新理念、新业态，加强引进、消化、吸收再创新工作，为海洋产业快速发展提供强有力的技术支撑和服务。

（9）测绘技术服务工程。应用卫星、计算机、网络、全球定位技术等现代技术，进一步提升测绘技术服务的水平与规模，重点加强对城镇规划、道路、耕地、河流、生态保护区等重点区域的测绘服务工作。

（10）生态环境检测服务工程。综合应用卫星、网络、生物技术等现代科学技术，对环境各要素及生产、生活等排放的液体、气体、固体、辐射等污染物或污染因子开展监测服务工作，对土壤、水体、森林、湿地、荒漠、珍稀濒危生物、野生动物疫病防控、生态工程等进行监测，建立完善的生态环境监测服务网络。

（11）地质勘查服务工程。运用现代勘探技术，开展对矿产资源、工程地质的勘查、监测、评估活动，加强针对石油、天然气、煤炭、金属矿物、非金属矿物、水文等的地质勘查服务。

（12）工程技术服务工程。针对工程建设对工程管理服务、工程勘察、工程设计、工程规划的需求，提供工程测量、地质勘查、工程设计、投资造价、招标代理、工程监理等服务。

（13）规划设计服务工程。针对城乡建设设计、专业园区规划等对发展策略、技术、人才的重大需求，综合可持续、低碳、绿色、包容等新理念、新模式，大力支持一批从事城市规划、建筑建设、软件设计的研发机构或企业，进一步提升规划设计服务的能力与水平。

（四）实施技术推广应用行动，提升产业技术水平

在加大政府对推广应用工作支持力度的同时，充分发挥市场在资源配置中的决定性作用，建立一个机制市场化、服务社会化、队伍多元化的技术推广与转化体系。

（1）农业技术推广应用工程。在继续加强各级农业技术推广机构建设的基础上，鼓励企业、个人以多种形式从事农业技术推广、技术承包工作，政府以收购的方式给予支持与补贴。

（2）先进制造业技术推广工程。针对不同行业或企业对技术、人才、信息、发展策略的需求，集成国内外科技资源，形成技术库、人才库、新产品库，开展技术竞争力、企业竞争力、产业竞争力分析，给不同行业或企业提供专门化、系统化、国际化的技术服务。

（3）循环经济技术推广工程。集成并推广国内外在循环经济、低碳经济、绿色经济、节能减排、资源综合利用等方面的新理念、新技术、新产品、新业态，加强碳交易市场的建设。

（4）生态环境修复技术推广工程。针对植被退化、沙漠化、土地污染、水体污染、空气污染等对技术的需求，集成国内外先进实用的技术与产品，加速推广和应用。

（五）实施科学普及行动，支撑科学生产生活

（1）科学普及设施建设工程。进一步加强科技馆、博物馆、图书馆等科普设施的建设，提高科普工作的水平和质量；鼓励高校、科研机构将实验室和图书资料室向社会开放，开展科普活动；鼓励企业、社会组织和个人捐资或投资建设新型科普设施。

（2）科学普及产品开发工程。加强科普产品与器械的研发，开发不同类型的科普模型、教具、展品、图书资料等，鼓励科普机构利用现代信息技术拓宽科普的渠道，改进科普方式。

（六）实施科技咨询服务行动，支撑科学决策管理

（1）现代智库建设与完善工程。针对各级政府决策的需求，建立健全从事战略研究、政策研究、理论研究、人文历史研究的智库，形成管理、科技、经济、教育、军事、文化、人文等不同领域的专业化智库，大幅度提高中国科技咨询的质量与水平。

（2）现代管理咨询服务工程。针对不同机构与企业提供专门化的管理咨询服务，承接政府部门和企业委托的战略研究、咨询服务任务，集成国内外管理新思路、新理论、新方法、新策略，提供发展策略、产品遴选、人才聘用、服务销售、内部管理等方面的咨询服务。

（3）现代工程咨询服务工程。支持工程技术咨询机构、科技信息服务机构、生产力促进中心等机构创新服务模式，大力开展文献检索、专利评估分析、企业竞争力分析、产业竞争力分析、企业发展策略咨询等服务工作。

（七）实施服务人才培养行动，提升人才业务水平

坚持政府支持与市场机构结合，自主培养与引进相结合，迅速打造一支业务水平高、服务能力强的国际化科技服务队伍。

（1）技术评估认证类人才培育工程。针对技术评估、鉴定、论证、作价、转让等科技中介活动对人才的特殊要求，借鉴国际经验，尽快培养或引进一批技术评估师、技术经纪人、专利分析师、项目管理师等中高级专门人才。

（2）科技咨询战略型人才培养工程。培育一批懂科学、懂经济、善管理，熟悉历史、政治、外交、文化的综合型、战略型科学家，培养一批科技咨询师、市场分析师，形成一支高水平、国际化的战略型科学家队伍。

（3）科普人才培养工程。加强科普专门人才的培养，同时鼓励在校学生、科技人员、教师、公务员等公民从事科学普及与宣传工作，壮大科普队伍，提高人民整体科学素质。

第十六章 保障科技安全、建设科技强国的重点

（八）实施创新基地建设行动，优化科技发展环境

（1）国家自主创新示范区服务工程。针对国家自主创新示范区、高新技术开发区、经济开发区、自贸区、保税区、大学科技园等园区建设，在发展规划、发展策略、产业选择、人才引进、体制创新等方面的需求，提供定向、系统的科技支撑与服务，不断引进园区建设的新理念、新思路、新策略、新技术、新人才、新业态，促进各类园区的持续发展。

（2）创新型城市科技服务工程。针对创新型城市建设在建设规划、发展战略、产业选择、技术创新、体制创新、文化创新、商业模式创新等方面对知识、技术、人才、新产品的需求，开展专门化、系统化的科技服务，为创新型城市建设提供示范与支撑。

（3）创新型企业培育工程。按照创新型国家建设的总体要求，在不同行业培育一批技术国际一流、产品市场占有率居世界前列、创新能力强、国际竞争力强、发展潜力大、管理科学的创新型企业，促进现代企业建设，带动产业全面升级。

（4）区域科技创新服务工程。根据不同省区市或经济区的经济社会发展对发展策略、技术、人才、科技基地建设等的需求，建立健全区域科技服务体系，支撑区域科技、经济社会协同发展。

总之，第三产业科技安全事关未来经济发展、民生改善、生态建设，是保障科技安全、建设科技强国的重要支撑，但长期以来支持不够、重视不够，特别需要在未来科技工作中加强政府支持，引导社会力量，大力发展第三产业科技产业，特别是科技服务业、医疗服务业、养老产业等行业，都是市场潜力大、百姓急需的产业。

三、把握健康服务业十大趋势

2013年10月，《国务院关于促进健康服务业发展的若干意见》正式发布，之后我们对2014—2017年的健康产业投资做了初步统计，

发现民间资本投资健康产业超过了1万亿元，健康服务业发展呈现10个新趋势。只有准确把握健康服务业发展大趋势，才能持续推进健康服务业发展，保障人民健康，促进经济发展。绝大多数人的生活目标是"没病、有钱"，发展健康产业是实现这一目标的最佳选择。

（一）产业主体多元化，促进社会力量办医

长期以来，我国卫生事业基本上是政府主办，而借助社会力量发展健康产业是国际大趋势，也是我国健康产业发展的大趋势。《国务院关于促进健康服务业发展的若干意见》明确指出，放宽市场准入、保障健康用地、优化投资体制、完善财税价格政策、保障健康消费增长、完善法规标准，为社会力量兴办健康产业开了绿灯，我们需要准确把握健康产业主体多元化的大方向，即政府保基本、市场促高端。

（二）产业规模不断扩大，已成为朝阳产业

为了防控重大突发新发疫情、保障生命安全和生物安全，需要大量建设防护设施，开发防护设备与药物、疫苗。初步测算，未来健康产业的规模将达到20万亿元左右。新冠肺炎疫情让人们认识到健康的重要性，全民健康意识空前提高，健康产业已成为我国投资增长最快、潜力最大的朝阳产业之一。

（三）新业态不断涌现，医学模式悄然变化

健康科技促进产业新业态不断涌现，正在形成病前、病中、病后一体化的完整健康产业链。一是健康管理、治未病越来越受到重视，城市就业人员基本能够每年体检1次以上，部分省正在试行为农民免费体检；二是健康地产、养生养老地产成为地产行业、健康行业投资的新热点；三是疾病筛查与早期诊断正在成为新业态，基因组学、代谢组学、癌症因子等转化医学最新成果的应用，使疾病早期诊断、疾病预警预测、新生儿疾病筛查等疾病预防措施成为健康产业重要的组

成部分；四是细胞治疗、微创等新治疗技术丰富了疾病治疗手段；五是健康旅游、保健品、美容整容等正在成为新业态；六是营养科学与健康产业融合，膳食健康正在成为新业态；七是运动健康即将成为新业态，健康产业与体育产业融合，医院将增设"运动科"，开运动处方。

（四）持续提高服务能力，人活九十成常态

我国生命科学论文占全球生命科学论文总量的比重由2003年的3.11%上升到2021年的19.38%，20年增长了5.2倍，近年来持续增长。我国重大疾病治疗能力、重大传染病防治能力、慢病控制能力都在不断提升。与20多年前防治SARS相比，我国防治新冠肺炎疫情的能力实现了质的飞跃；我国生产的新冠疫苗占全球近一半，大量疫苗、诊断试剂、防护设备出口，为世界防控疫情做出了重要贡献。许多重视医疗保健的人预期寿命达到了90岁以上。

（五）药物创新跨越发展，已成为医药大国

2008年我国启动"重大新药创制"科技重大专项，用国外企业研发一个新药的经费，激发了整个民族从事新药创制的热情，药物创新能力实现了质的飞跃。2022年我国医药工业规模以上企业实现营业收入33 633.7亿元，成为世界第二医药大国，但还不是医药强国。

（六）加速医疗器械国产化，逐步抢回市场

我国三甲医院90%以上的高端医疗器械依赖进口，海关总署的数据显示，2021年医疗器械进口总额达502.14亿美元。医疗服务直接关系到人民生命健康，加速医疗器械国产化，是保障健康科技安全、人民生命安全，促进科技发展的大趋势。我们建议把医疗器械创制与产业化作为国家科技重大专项，到2035年培育5万亿元医疗器械市场，保障人民生命健康。

（七）加速健康产业与养生养老融合发展

国家统计局的数据显示，到2022年底60岁以上老人为2.67亿人，占总人口的比重已经达到18.9%。按每位老人年消费1.5万元估算，养老产业的规模将超过4万亿元。按照现有人口结构数据测算，到2035年，我国的老年人口将达4亿人，占总人口的30%左右。随着生活水平的提高，按每位老人年消费2万元估算，养老产业的规模将超过8万亿元。健康产业加养老产业能达到30万亿元左右，约占GDP的10%左右。

（八）促进健康产业与体育产业融合发展

2014年，《国务院关于加快发展体育产业促进体育消费的若干意见》明确提出"康体结合"，到2025年，"体育产业总规模超过5万亿元"，"经常参加体育锻炼的人数达到5亿"，"推广'运动处方'，发挥体育锻炼在疾病防治以及健康促进等方面的积极作用"。一些医院将增设"运动科"，开运动处方，一些健身、休闲场所将增设健康咨询，健康产业与体育产业融合发展趋势值得巩固与加强。

（九）加速药品与食品产业融合发展

国际经验表明，在人均GDP达到3 000美元以后，对保健品的需求会出现跳跃式增长。中国2022年人均GDP已达12 741美元，健康长寿正成为亿万人民的共同追求，保健品的消费正在由高收入人群向低收入人群扩展，由大城市向中小城市和农村扩展，由老人、病人、儿童向健康人群扩展，由补品走向日用消费品。

（十）加速推动中医药进入国际市场

中医药是中华民族对世界健康事业的巨大贡献，在西医进入中国之前的几千年里，中医药始终是中国人民生命健康的支柱，为民族繁衍与发展做出了巨大贡献。新中国成立以来，我国西药生产能力大幅度提升，新药上市数量持续增加，大批专利过期药品及时得到仿制，为人民生命健康与药品出口创汇做出了重大贡献，中国制造的药品正在迅速进入国际市场。制造的药品进入发达国家市场，是我国建成医药科技强国、产业强国的根本标志。

总之，我国健康服务业发展已进入快车道，不仅是人民生命安全的根本保障，还将成为国民经济的支柱产业，可见保障健康服务业科技安全事关人民生命健康、经济社会发展。

第六节
创新方法，突破制约原始创新的瓶颈

中国科技创新取得了超出预料的成就，科学论文、发明专利、高技术产品出口、世界500强企业等创新数量指标已经跃居世界前两位，反映科技质量的国家创新系数也达到11位。2013—2018年，平均而言，中国科学论文、发明专利、研发经费的增量分别占世界总增量的51.1%、83.8%和55.6%。但应当看到，中国信息技术、生物技术的根技术来自西方国家，90%以上的高端科研仪器依靠引进。可见，基础研究薄弱、原始创新不足是中国科技创新最短的短板，切实需要进一步对症下药。

一、找准瓶颈，原始创新不足不仅是因为缺钱

原始创新能力不强的根源是什么？我们对近5年来50篇有关论文的统计表明，原始创新能力不强的原因有5个：第一是缺钱，占论文的58%；第二是重视不够，占14%；第三是缺乏国际经验，占12%；第四是缺乏人才，占10%；第五是创新体系不完善，占6%。这些论

文很少提及研究方法、科研仪器设备。

我们研究认为，中国原始创新不足的主要原因过去是缺钱，但2015年以后基础研究经费已居世界第二位，缺钱不再是主要矛盾，主要限制因素是"三缺"：缺高端仪器，缺独创方法，缺顶尖人才。没有顶尖人才就没有方法的创新，没有新方法就没有先进仪器，没有世界独创的仪器，就很难做出世界独创的原始创新。因此，原始创新能力不高的最大瓶颈是缺乏顶尖人才，缺乏敢于想象、敢于独创的顶尖专家。

二、改革体制，把造就顶尖人才作为突破口

原始创新是"科技奥运会"，是顶尖人才的竞技场，不是群众运动会。我国要把造就顶尖人才作为加强基础研究的突破口，切实解决好顶尖人才"育不出、引不来、留不住、用不好"四大难题。

第一，解决好人才"育不出"的问题。尽快制订"诺贝尔奖培养计划"，遴选50位左右有望获得诺贝尔奖的顶尖人才，高标准、多给钱、少干预，加速培养一批诺贝尔奖级的人才。日本21世纪初制订诺贝尔奖培养计划，目标是50年培养30个诺贝尔奖获得者，20多年就已经培养了20个。

第二，解决好人才"引不来"的问题。一是在香港、澳门建立引进人才的基地，二是支持私人企业参与人才引进，尽快抢回一批顶尖人才。与此同时，把吸引外籍顶尖人才作为新时代人才工作的重中之重。

第三，解决好人才"留不住、用不好"的问题。尽量避免顶尖人才弃研从政从商，从而多了一个中等管理人才、毁了一个顶尖科技人才的现象发生，这有点得不偿失。

三、创新仪器方法，突破限制原始创新的瓶颈

缺乏高端仪器设备是原始创新成果少的根源，中国要成为世界科技强国，必然要有自己独创的科学方法、仪器设备。世界独创的科学方法、科学仪器做出的一定是原始创新成果。相反，用从别国引进的二流、三流仪器设备做出世界独创的成果确实很难，多年的实践已经证明了这一点。我国一定要把重大科技仪器与医疗器械创制作为突破限制原始创新瓶颈的关键措施来抓，不能视而不见，也不能顺其自然。

四、找准重点，瞄准科技革命，建设科技强国

中国已经几次与科技革命失之交臂，不能再错失下次科技革命。如果世界格局不发生颠覆性变化，中国将在10年内成为世界第一经济大国。《参考消息》2022年12月21日的报道称，日本经济研究中心的一份研究报告认为"预计到2050年美国GDP将再次反超中国"。

关于信息科技革命之后的新科技革命，说法很多，有人认为是信息、生物、新能源等多学科共同推动，有人认为是生物推动，有人认为是人工智能推动，还有人认为是新能源、区块链、ChatGPT共同推动。如果没有办法判断什么技术将引领信息科技革命之后的新科技革命，请看一看发达国家的研发经费花在哪个学科，科技人员集中在哪个学科，科技论文、发明专利出自哪个学科？我国应站在建设科技强国、实现民族伟大复兴的高度，集中力量力争引领或共同引领新科技革命。

五、改革评价导向，允许失败，不允许重复

调整基础研究的评价导向，基础研究必须以原始创新为目标，允

许失败，不允许重复；提高立项门槛，树立五新标准，即新思想、新理论、新方法、新模型和新发现。基础研究的目标是领跑，不是跟跑，更不是没有目标的"乱跑"，我国应下决心解决研究重复、方法模仿、方向飘移三大问题。

第七节

建设创新高地，引领新科技革命

只有建成科技强国，才能从根本上保障科技安全和国家长治久安。科技发展依赖顶尖人才，而顶尖人才要育得出、引得来、留得住、用得好，就需要打造一批国际化、多元化的创新高地，使之成为国际顶尖人才的聚集中心、学术交流中心、技术交易中心，成为新产品、新经济的发祥地，吸引全球顶尖人才到中国创新创业。

一、明确创新高地的历史使命

我们建议从保障国家科技安全、建设科技强国的高度，进一步做好创新高地的顶层设计，优化各类创新高地的目标及重点任务，既有国家使命的规定动作，又有地方特色的自选动作。根据中国科技安全面临的形势与任务，创新高地承载着巨大的历史使命。

第一，应对美国技术脱钩，防止创新"无根而衰"。中国90%以上的根技术、高端科技仪器来自美国，技术脱钩导致中国因缺乏仪器设备而无法进行高水平的科研。

第二，支撑经济高质量发展，防止中国现代化进程减缓甚至中断。"十四五"科技规划必须站在抢占新科技革命机遇、支撑民族振兴的高度，不能按部就班。

第三，顶住美国封锁，力争引领信息化后半程。"十四五"时期将是重要分水岭。

第四，抢占新科技革命制高点。生物技术已成为国际科技竞争的新焦点，美国拥有90%以上的根技术，但多数根技术掌握在华人手中，因此华人顶尖人才能否回国已成为谁能引领下次科技革命的要素。

第五，聚焦创新重点，打造新时代"两弹一星"。贯彻习近平总书记"面向世界科技前沿、面向经济主战场、面向国家重大需求、面向人民生命健康"的指示，针对保障国家安全、建设社会主义现代化强国、经济发展，以及民生、生态建设，遴选100个科学前沿问题、100个重大产品，采取新型举国体制，打造一批新时代的"两弹一星"。

二、加强创新基地的协同创新

中国已经建立了一批各种类型的创新基地，北京建设世界科技创新中心，上海建设具有国际影响力的全球创新中心，另外还有国家自主创新示范区23个（截至2022年7月）、国家高新技术开发区173个（截至2022年7月）、创新型城市等，省级高新区、开发区等各种创新创业基地多达数百个，在引资引智、孵化企业，推动科技创新，支撑、引领经济发展等方面做出重要贡献，但是也存在各类创新基地名称繁多、发展目标雷同、发展重点不突出等问题，创新基地之间争项目、抢人才，甚至相互引进项目与人才的情况屡见不鲜。我国需要切实做好各类创新基地的分工与协作，防止重复引入、项目雷同、产业雷同，造成有限科技资源和要素的浪费。

三、打造京沪新科技革命新领地

北京正在建设世界科技创新中心、上海正在建设具有国际影响力的全球创新中心，这对保障科技安全、建设科技强国具有极为重要的作用。北京、上海的创新工作要从引领或共同引领当前科技革命及未来科技革命的总目标出发，确定创新目标、原则、重点与对策，采取一系列重大措施防止中国再次失去新科技革命的机遇。我国应加强技术预测、人才预测、经济预测，找准新科技革命突破口，打造国际一流研发队伍，建成一批国际一流的研究型大学和科研院所，营造国内过去没有、国外也没有的创新体制与机制，打造世界顶尖人才的聚集中心、科学新思想新理论的发祥地、原始创新的发源地、高技术及产品的诞生地，力争成为世界创新的"第三极"。北京、上海两个创新高地的创新重点应更加突出以下5个方面：

第一，科学思想、科学理论创新取得突破。引领未来科技革命，首先需要科学思想、科学理论的创新。世界上真正的一流科学家是具有科学思想、科学理论创新能力的科学大师，而不是购买别国大设备、写高水平论文的"高水平"研究者。科学思想、科学理论的创新将带动整个学科、国家科技乃至世界科技的发展。工业革命之后，中国在科学思想、科学理论方面的创新相当薄弱，"钱学森之问"提出多年，至今还没有破题。

第二，必须在创新方法、创新仪器方面取得重大突破。原始创新需要建立在原创方法、独创仪器的基础上，国家重大基础研究项目、计划必须首先要求研究方法、科学仪器、技术路线的创新，从源头上避免陷入"买仪器、引方法、写论文、缺原创"的怪圈。

第三，强调科技选题创新。提出新的科技选题就等于解决了问题的一半。鼓励、引导科技人员在选题上下功夫，提出一些国际上没有、未来有望成为大科学的科技选题。国外提出区块链、元宇宙、ChatGPT等，我们盲目追捧，结果有的科研方向还没到两年就没有人再关心了。我们不断追捧，却从来不反思问题所在，既浪费了政府、企业许多宝贵的资源，也浪费了科研人员宝贵的时间，这种现象不能再持续下去。

第四，创造新产品，打造新业态。基础研究是人做的，但不是人人都能做的。只有聪明、勤奋、好运的顶尖人才才有机会在基础研究上取得突破。科技创新"根在基础、花在论文、果在产品",国家应引导科技大军进入经济主战场,将80%的科技力量引导到新产品、新业态的创新上,在数字经济、生物经济、航天航空等领域开发一批具有国际竞争力的新产品,加速产业化。

第五,科技体制改革出样板、出人才。北京建设世界科技创新中心、上海建设具有国际影响力的全球创新中心,能否取得成功在很大程度上取决于科技体制机制。国家应创新科技体制机制,采取"政府引领、社会参与、国际合作、引领未来"的原则,推广北京生命科学研究所等机构的管理模式,对基础研究高标准、严要求、保经费、不干预,允许失败,不允许重复。原始创新要有原创选题、原创方法、原创仪器设备,想不到就做不到,用别人的方法与仪器很难做出真正的原始创新。

四、把大湾区打造成世界经济新龙头

大湾区科技创新基地正在成为国际知名的高科技高地,我们建议进一步提升目标、突出重点,坚持"企业主体、政府扶持、社会参与、国际市场"的原则,把大湾区科技创新基地建成高水平、大规模、国际化的高新研发与产业化基地,使之成为中国高科技发展的支撑者、世界新经济发展的引领者。同时,进一步创新科技、经济体制机制,努力建设"人类创新共同体",吸引全球最优秀的人才来大湾区创新创业,力争把大湾区科技创新基地建成世界创新平台。根据国家网络安全、生物安全、科技安全、能源安全等重大需求,结合大湾区的创新优势,率先打造5个高质量、国际化创新平台。

第一,打造"信息化后半程技术创新平台"。根据发展数字经济、保障信息安全的迫切需求,政府支持以企业为主体建立信息化后半程技术创新平台,集成创新要素,使中国在高端芯片、5G、6G、第四代人工智能、量子科学等方面达到并保持领跑地位。

第二,打造"科技金融创新平台"。中国金融业正处在关键发展阶段,而香港在金融业方面积累了丰富经验,拥有大量金融人才,我国应以香港有关金融机构为依托,集成国内外创新要素,建立国际化科技金融创新平台,为"稳金融"提供技术与政策支撑。

第三,打造"生物技术与生物经济创新平台"。根据保障生物安全、生命安全的紧迫需求,以及迎接新科技革命的战略需要,我国应成立生物技术与生物经济创新平台,吸引国内外顶尖人才,集成国内外创新要素,共同攻克保障生命安全、生物安全面临的技术难题,按共商、共研、共享的原则,推进国际生物科技创新合作。

第四,打造"经济高质量发展创新平台"。我们对31个省区市的经济质量差距进行了定量分析,广东省经济质量指数居全国第一位,但仍有30多个指标有潜力可挖。我国应成立经济高质量发展创新平台,为大湾区乃至全国提高经济质量提供对策与建议。

第五,打造"新能源技术创新平台"。中国已探明石油资源仅可开采18年,要保障能源安全,必须大力发展新能源汽车。我国应以企业为主体,建立新能源技术创新平台,集成国内外创新要素,共同开发智能化新能源汽车等技术,缓解石油短缺压力,力争使智能电动汽车像高铁一样,成为又一个中国制造的品牌产品。

第十七章
保障科技安全、建设科技强国的对策

贯彻落实习近平总书记提出的总体国家安全观,针对政治安全、国土安全、军事安全、经济安全、文化安全、社会安全、科技安全、网络安全、生态安全、资源安全、核安全等对科技的需求,研究部署科技创新与技术供给工作,是当前及未来一段时间保障科技安全的核心任务。

第一节
开展科技安全普查,找准国家重大科技需求

根据党的二十大明确提出建设的强国目标和总体国家安全观涉及的领域,以及国民经济第一产业、第二产业、第三产业、战略性新兴

产业、未来产业发展对科技的重大需求，定期开展科技安全评估，始终把握国家科技安全形势与趋势。

一、准确研判美国遏制我国科技发展的走向与影响

美国不会容忍超越，不择手段遏制中国崛起的意图已经昭然若揭。美国发动的科技战将会越来越激烈，限制科技出口、推动科技脱钩、阻止留学人员回国、破坏创新体系等不同手段将会对中国造成不同程度的影响。中国迫切需要针对美国出台的实体清单、限制出口清单、被审查的留学人员清单等，逐一进行研判与分析，预测其对中国科技、经济、民生、生态乃至国防建设的不利影响，提出针对性的对策。

从美国公布的各种限制清单来看，美国对中国高科技企业与技术的研究十分深入，而我们对美国高科技企业与技术的研究相对薄弱。通常是美国将中国某个企业列入实体清单，中国有关部门才知道国内还有这样一个企业。另外，关于农业、畜牧业、林业等行业发展引进技术、技术引进费用的基本数据，中国没有一个权威部门或者研究机构掌握。在写本书时，我们请教了多个部门、研究机构，仍然没有得到官方权威的数据。这些基础性工作必须进一步加强。

二、研判保障国家安全的重大科技需求

国家安全是国家发展的前提，是一切经济活动、社会活动乃至人民生命安全的根本保障，因此，保障科技安全首先要研究国家安全对科技的重大需求。紧紧围绕总体国家安全观涉及的一系列重大安全问题，开展科技安全普查，明确重大科技需求，即需要什么、有什么、研什么、买什么，把科技安全工作做到实处，切实保障国家安全。

围绕每一个重大安全问题，建立一个或几个国家实验室或中央实验室，部署国家战略科技力量进行攻关，切实满足国家安全对科技的

重大需求，这是保障科技安全首先要完成的重大任务。比如，针对当前面临的生物安全、生命安全问题，要切实搞清楚病毒从哪里来、到哪里去、如何防控。

三、研判保障国民经济发展的重大科技需求

根据第一产业、第二产业、第三产业、战略性新兴产业、未来产业当前与长远的发展趋势，分行业、分领域开展科技安全普查，针对美国各种技术遏制、限制清单，定量与定性相结合，提出保障科技安全的对策与措施。例如，中国农作物种子自给率达95%以上，种子科技安全有保障，但人均耕地面积少，食物自给率仅为70%左右，因此加强农作物新品种的培育，仍然是一项十分重要的工作。又如，纺织业在许多发达国家已经不被重视，相关研究、论文、专利明显少于中国，但中国纺织业一些核心技术还需要进口，因此这类已经占主导地位的产业，仍然需要按照经济高质量发展的需要，依靠科技创新向产业链高端攀升，发展高端产品。

四、研判保障人民生命健康的重大科技需求

中国人均预期寿命已经从1949年的35岁增加到2021年的78.2岁，但是应当看到，中国医药科技水平、健康产业服务能力与人民不断提高的健康需求相比仍有较大差距，与发达国家的技术相比仍有很大差距。中国每年的药品、医疗器械进口额约为1 700亿美元，癌症患者5年生存率比美国、英国低20个百分点。日本公布了4 557个诊疗方案，中国不到其1/3。在这种背景下，大量国民赴国外求医，既给人民就医带来巨大不便，又造成巨大财富资源外流。面临防控传染病、人口老龄化、生育率下降等问题，中国亟待研判保障人民生命健康的重大科技需求。

五、制定建设科技强国的路线图，明确目标与重点

为了实现中华民族伟大复兴，党的二十大报告明确提出建成社会主义现代化强国、教育强国、科技强国、人才强国、文化强国、体育强国等，同时提出加快建设制造强国、质量强国、航天强国、交通强国、网络强国、农业强国、海洋强国、贸易强国等，还确立了建设法治中国、健康中国、数字中国等一系列宏伟目标。我国应组织专门力量，制订和修订各类强国建设战略规划、计划或实施方案，绘制路线图、施工图，明确对重大技术、专业人才的需求，各有关部门、机构要调动全社会力量乃至国际科技要素，确保各类强国目标的全面实现。

六、鼓励支持地方与企业开展科技安全普查

国家在开展科技安全普查的同时，要鼓励支持地方政府、大型企业根据本地区经济社会发展、企业发展开展科技安全普查，列出要什么、有什么、缺什么、攻什么、买什么5个清单，制订切实可行的保障科技安全的方案，真正把不同地区和大型企业的科技安全工作落到实处。只有各地区、各部门以及大型企业的科技安全得到保障，全国的科技安全才能有扎实的基础。

第二节
开展四大预测，始终把握国际科技前沿方向

凡事预则立，不预则废。保障科技安全，既要保障当前的科技安全，也要保障未来的科技安全。技术预测、人才预测、技术经济价值

预测、新科技革命预测就成为保障科技安全必须做好的基础性、战略性、关键性工作。

一、加强技术预测，正确把握世界科技前沿方向

技术预测是对一个地区乃至国家、世界在一定时期内科技发展的目标、技术路线、产业化前景等进行研判与测算。简单地讲，技术预测就是预测未来科学发明、技术创新将在哪个学科和专业发生，影响人类的核心技术、颠覆性技术、千亿技术是什么。比如，未来机器人会比人更聪明吗？

技术预测是国际上把握未来科技发展方向和重点最常用的方法之一。全球有80多个国家或地区都在开展技术预测，以支撑本国或本地区科技战略和科技规划的制定。美国政府、军方、智库长期开展技术预测工作。日本已经完成第11次技术预测工作。中国先后完成了6次技术预测工作，为制订国家科技计划、规划提供了重要的参考。国家有关部门、科研机构、企业、大学等也开展了不同形式的技术预测与预见工作，中国科学院等机构还发布技术前沿年度报告。为把握世界科技发展的方向与重点，中国需要从以下7个方面做好技术预测与预见工作。

第一，健全技术预测机构。成立网络式"国家技术预测联合研究院"，集成国内有关预测机构的力量共同开展技术预测。当前，有关科技部门、中国科学院、中国工程院、中国科协，以及许多大学、企业都在开展技术预测与预见工作，但目标和方法不同，缺乏系统的数据与方法支撑，有的甚至直接委托国外科技公司提供科技基础数据，这对技术预测的安全性、准确性都会产生影响。我国应该成立网络式"国家技术预测联合研究院"，培养专门技术人员，构建不同学科、专业的技术预测专家库，承担国家技术预测日常管理工作，跟踪国内外重大科技动态，负责技术预测方法创新、结果汇总、成果应用等

工作。

第二，创新技术预测方法。不断探索改进技术预测方法，在国际上常用的德尔菲法的基础上，增加文献分析、专利分析、情景分析、层次分析、SWOT分析等方法（见表17-1），将背靠背技术调查、面对面研讨会、技术论坛、实地调研等方法相结合，使技术预测更加切合实际、符合科学规律，进一步探索网络、人工智能等技术在技术预测中的应用。

表17-1 技术预测有关方法

方法	拟解决的问题
顶层设计法	组织体系、专家体系、方法体系、领域与子领域、技术与方向
文献分析	查阅各学科、领域科学论文
专利分析	查阅各学科、领域科学专利
情景分析	寻找发展规律，分析发展趋势
层次分析	对领域、子领域、交叉学科等进行分类
指标分析	明确评价、预测指标体系
经济分析	确定技术、经济指标
愿景分析	展望未来目标
德尔菲法（网络）	专家预测自己熟悉的技术
标杆法	技术评价标杆
SWOT分析	分析优劣势
实地调研	实地调研技术进展与趋势
研讨会、论坛或论证会	投票选择领域关键技术，分析技术潜力
专家访谈法	投票选择国家关键技术、颠覆性技术、非共识技术
技术路线图	绘制关键技术路线图

第三，扩大技术预测范围。前几次技术预测仅包括信息、生物、能源、交通等技术领域，要在前几次技术预测的基础上，进一步扩大

技术预测的领域与范围，紧紧围绕总体国家安全观以及强国建设涉及的重点技术，针对第一产业4个行业、第二产业40个行业、第三产业14个行业、9个战略性新兴产业，以及国防科技的需要开展技术预测，找准方向、找准重点、找准战略、找准战术，攻克核心技术难题，这是保障国家科技安全的根本。

第四，做好技术评估，摸清技术现状。明确"跟跑、并跑、领跑"，甚至"乱跑"（找不准方向与重点）的技术领域，摸清中国科技发展现状。技术评估是技术预测的第一步，核心任务是摸清技术现状，找准技术"现在在哪儿"。同时，对数学、物理、化学等基础学科的前沿技术、热点技术进行研究，对农业、制造业、服务业等不同产业的应用技术进行全面的科学评估，找准未来发展方向、目标，找出与技术先进国家相比存在的优势与差距。

第五，开展技术预测，找准发展方向。技术预测的任务就是研判不同技术"将来去哪儿"，最终目标是准确把握世界科技发展的方向、重点与进展，为国家科技、经济决策提供科学依据。技术预测要根据不同学科、行业、强国建设、安全类型开展工作，应该至少列出重大科技成果、重大经济效益技术、重大社会价值技术、颠覆性技术、非共识性技术5类技术清单，并预测出每项技术的技术指标、产业化时间等，供决策部门与企业参考。

技术预测要特别做好颠覆性技术、非共识性技术的预测。颠覆性技术是指未来能够改变或部分改变科技、经济、生态的现状与格局，并对民生事业具有重大影响的技术。颠覆性技术的标准有4个：一是前沿性，即国际竞争激烈的前沿或核心技术；二是颠覆性，即有望替代1~2个主导产品，甚至颠覆整个行业的技术，比如电动汽车颠覆燃油汽车，电子邮件颠覆纸质信件等；三是重大性，即具有1 000亿元以上的市场潜力，对社会、民生有重大影响的技术，比如抗旱基因有望形成1 000亿元的经济价值；四是可行性，即经过5~10年努力能够取得自主知识产权，并有望实现产业化的技术。非共识性技术是指尚未得到多数专家了解和认同，一旦突破就有可能对未来科技、经济、生态的格局产生重大影响的核心技术。

第六，做好技术遴选，明确发展重点。根据技术预测的结果，遴选需要研究又有可能完成的技术，确定未来创新的方向与重点技术，并绘制技术路线图。总之，只有做好技术评估、预测与遴选，才能知己知彼、百战不殆。中国的技术预测工作与美国、日本等国还有明显的差距，技术预测对地方政府、企业的指导作用还没有充分发挥出来，保障科技安全、建设科技强国要率先做好技术预测工作，不能迷失技术方向，错失发展机遇。

第七，构建世界主要国家技术预测数据库、在研科技计划项目库。准确、客观、系统地把握世界主要国家科技研发的现状与未来趋势，对未来科技竞争的前沿、重点与难点做出客观判断。

二、加强人才预测，找准引领未来科技的人才

技术是人创造的，科技强国首先是科技人才强国。中国是人才大国，但还不是人才强国。开展人才预测与技术预测同样重要，甚至更加重要，找对了技术，没有找对人才，就可能会前功尽弃。

人才预测是建立人才队伍的基础，许多国家、企业都在开展人才预测工作，但公开的方法与预测结果并不多。一些科学数据公司仅公开一些论文数量与质量排序的数据，比如全球10万名科学家名单等。

人才预测就是研判对未来科技发展、经济发展、民生改善、国防建设等具有重大作用的科学、技术、企业与管理人才。在人类社会实践中，一切科学成就、经济成就、社会成就都是人创造出来的，但顶尖人才、领军人才发挥的作用与普通人的作用是完全不同的。没有比尔·盖茨就可能没有今天的微软，没有袁隆平就可能没有二系法超级稻，没有任正非就可能没有今天的华为公司，等等。理论上讲，人才产生是有规律的，但对人才进行预测却是很困难的。人才预测最重要

的一项工作是，预测谁将创造出更大、更多的颠覆性技术，影响人类社会未来的发展，这是保障科技安全、建设科技强国的重要支撑。为此，建议：

第一，把人才预测作为一项长期性、基础性工作。科技、教育、人力资源等部门或机构要把开展人才预测作为一项基础性工作，要在技术预测的基础上，根据技术相关人才的现状与发展趋势，预测、研判未来的技术将掌握在哪个国家、哪个机构、哪个科学家手中，切实做好人才预测工作。

第二，在国家技术预测工作中增加人才预测的内容，跟踪研究顶尖科学人才、技术人才、企业人才、管理人才的动态变化与趋势，提供顶尖人才国家分布、学科分布、行业分布与竞争的现状与趋势，为国家制定人才、科技政策提供科学依据，为企业、事业单位引进人才提供精准支持。

三、加强技术经济价值预测，找准未来产业重点

目前，国内外有关技术经济价值预测的研究报告与论文并不多，但实际上，企业投资每个技术与项目时都进行了经济价值的估算。保障科技安全更需要对技术经济价值进行估算，比如美国对中国进行高端芯片封锁，但高端芯片相关产品在芯片所有相关产品的经济价值中仅占3%~5%，也就是说，虽然高端芯片的技术含量很高，但其对经济的影响是有限的。

国内外还没有统一、公认的技术经济价值预测方法与原则，我国应创新技术经济价值预测方法，制定100亿元技术、500亿元技术、1 000亿元技术清单，供政府决策与企业家投资时参考。目前可以借鉴的技术经济价值预测方法主要有趋势外推法、投入产出法、GDP构成法、国际比较法、发展阶段法等（见表17-2）。

表17-2 技术经济价值预测有关方法

方法	原理与拟解决的问题
趋势外推法	按过去增长率推算,如健康产业10%~15%
投入产出法	按行业投入估算产业,如产投比1.88/1
GDP构成法	按GDP构成估算,如健康产业10%、体育产业1.5%等
人均收入法	按人均收入的百分比估算,如收入的3%~5%用于体育
实际消费法	按实际消费估算,如人均体育消费1491元
国际比较法	按国际相同收入国家的消费结构分析
发展阶段法	按人均收入不同阶段的重点需要与消费结构估算
因素订正法	根据重点因素如收入、消费习惯等进行订正

四、加强新科技革命预测,避免上错"山头"

为了不打无准备之仗,必须做好新科技革命的预测工作。世界上主要国家的政府与智库都在预测未来的科技革命。但如何研判科技革命、产业革命,国内外还没有统一、公认的标准与方法。我们建议从科学积累、研发投入、科技论文、发明专利、市场需求、社会发展等多个角度预测新的科技革命。比如科学积累数十年、研发投入占比高、论文与专利产出多、市场需求大的技术有可能引领新的科技革命。我们研究认为,科技革命、产业革命需要有一个基本标准。

科技革命是指重大科学发现、重大技术发明使科技与技术产生了全面、系统的变革,科技发展的基本原理、基础材料都发生了根本性的变化。比如,机械化依赖物理学定律、金属材料,硅片上的0、1规则引发了信息科技革命,未来的生物技术革命则是碳基革命,遵循生命科学的规律。

什么是产业革命? 第一次产业革命发生后,人类告别打猎与采野果,催生了农业经济;机械化、电气化催生了工业经济,信息技术催生了数字经济。可见,产业革命是指科技革命催生新的产业,并对经济发展、生态环境、人类文明乃至人类自身带来前所未有的变化。通俗地讲，科技革命催生人人使用、天天使用的新产品，必将催生新的产业革命。

科技革命与产业革命的基本规律是，没有科技革命就没有产业革命，但科技革命不一定催生产业革命，因为许多重大科学发现、技术发明虽然使科学与技术产生了根本性、颠覆性的变化，但没有形成人人使用、天天使用的产品。比如天文望远镜的发明、天体运动规律的发现，并没有催生产业革命。

保障科技安全、建设科技强国，迫切需要准确把握科技革命、产业革命的方向与重点，占领科技制高点，不能上错"山头"。

第三节

深化经济体制改革，落实创新驱动发展战略

深化经济体制改革，就是要进一步完善经济体制，动员、组织全社会力量实施创新驱动发展战略，形成全社会协同创新、共同创新的氛围，打造国际一流产业体系，培育具有国际市场竞争力的龙头企业，坚决杜绝靠土地、矿产等资源迅速致富和靠投机取巧致富的体制机制问题，形成唯有创新才能致富的社会氛围，提高全社会科技创新能力。

一、创新经济体制，实施创新驱动发展战略

深化经济体制改革，把经济建设引导到依靠科技创新的高质量发展轨道上，减少甚至堵上靠房产、矿产等消耗公共资源的产业快速致富的通道，切实实施创新驱动发展战略。

第一，引导高端人才到企业，切实提高企业创新能力。中国企业的创新能力普遍偏弱，主要原因是企业缺乏高端人才。由于企业工资不稳定、退休待遇低等多种因素，硕士、博士毕业生普遍选择公务员与体制内机构。建议进一步细化职称、医疗、子女上学、退休待遇等政策，引导高端人才向企业流动，既能解决就业压力、减轻政府负担，又能提升企业创新能力。在加强实施企业创新加计扣除政策的同时，通过产业政策、创新政策、金融政策、税收政策、人才引进政策、消费政策等多种政策体系，引导、支持企业招聘高端人才。

第二，创造公平竞争环境，唯创新者进入致富快车道，有效抑制资源要素型产业的高收入、高回报。细化土地拍卖、房产、矿产等产业的相关政策，逐步减少土地、矿产、水资源等稀缺资源要素行业的高利润、高回报，把经济发展引导到依靠创新驱动的轨道上，促进科技创新、文化创新、品牌创新。

第三，加速品牌创新，引导消费者使用国产品牌。中国已建成世界上门类最全、集成创新能力强的宏大工业体系，功能多、质量好、性价比高、规模大，正在成为"中国智造"的新特征。一是把品牌创新作为经济高质量发展的重点内容，大力加强文化创新、品牌设计，促进消费多样化。二是引导消费者少用一些国外奢侈品，多消费国产产品，引导社会资金少一点"炒明星"，多一点"炒创新"。

第四，用好人才红利。2022年中国本科以上毕业生人数达到1 337万人，接受过高等教育的人口数量庞大。未来劳动生产率的提高，将为经济社会发展提供强有力的人力资源保障，也将为引进高端人才、吸收技术创新和先进管理经验，提供更多的智力支持。

二、制定"重大急需技术清单"

保障科技安全，首先要搞清楚经济社会发展、企业发展对技术的重大需求，这迫切需要制定国家、行业、企业的"重大急需技术清单"。

深化经济体制改革，打破"科学家出题、科学家解题、科学家验收、科技家评奖"的科技循环，形成"企业家出题、科学家解题、政府扶持、社会参与"的新型创新体制机制。国家经济部门在科技创新中的重要任务是列出国家发展、行业发展的重大技术需求。正确地出题等于解决了一半问题，而题目出错就会导致创新方向与重点错误。经济界、产业界给出的创新课题往往与科技界的不同，比如科技界认为笔记本电脑、手机产业发展的最大瓶颈是高端芯片，而企业家、消费者则大多认为计算、传输速度已不是主要问题，照相功能、电池、软件生态等才是影响市场销量的主要问题。

一是国家要制定"重大急需技术清单"，加强技术攻关，保障科技安全。针对国家安全对科技的重大需求，制定"重大急需技术清单"，比如14纳米高端通用芯片、时速600千米高速列车、亩产600千克大豆品种等。对于不保密的项目，面向全社会公开招标。不但要搞清楚中国企业的现状与需求，还要针对性研究其他国家企业的技术需求。

二是地方、行业、企业也要制定"重大急需技术清单"。明确地方、行业乃至企业的重大急需技术，加速完善地方、行业、企业的技术供给保障体系建设，保障科技安全。

三、打造"双一流"现代产业体系

打造一批"市场占有率世界第一、技术水平世界一流"的现代产业体系或大型企业集团。笔者在担任中国生物技术发展中心主任期间，建立了"国家抗生素产业联盟""国家维生素产业联盟"，通过市场第一、技术一流的"双一流"标准，遴选有国际竞争力的大企业牵头。实践证明，"围绕大产（企）业、集成大专家、开发大产品、占领大市场"的做法是十分有效的，2008年至今，中国抗生素、维生素始终占据着国际市场的技术与产业优势。

为此，我国应启动"产业链科技安全工程"，围绕关乎国计民生的重大产业的科技安全，采取市场经济条件下的新型举国体制，政府牵头、市场主体、统一规划、分别实施，调动全社会力量乃至全球科技要素，确保任何时候、任何情况下都能保障关键产业链的科技安全，尽快突破制约国家科技安全的瓶颈。比如，中国需要进口 1/3 的食物、2/3 的石油，亟待启动"食物科技安全保障工程""石油科技安全保障工程"。

第四节

改革科技体制，调动科技主力进入经济主战场

科技发展在一定程度上决定着经济社会发展的未来，而科技体制的未来则在一定程度上决定着科技发展的未来。改革开放 40 多年来，为加速科技体制改革，中国采取了一系列重大政策与措施，为科技事业的发展创造了良好的政策环境，极大地解放并发展了科学技术生产力。中国科技创新指数已跃居世界第 11 位，成为具有国际影响力的创新型大国。

在科技体制改革取得巨大成就的同时，中国仍然存在着一些阻碍科技发展、阻碍科技与经济有效结合的突出问题，不能适应建设科技强国的需要，包括：企业创新能力不强，很多核心技术仍然依赖进口，高端芯片严重依赖进口，计算机与通信制造产业发展"空心化"问题十分严重；原始创新能力弱，有可能失去新科技革命机遇；科技力量分散、项目重复、整体效率不高等问题仍然比较突出；顶尖人才缺乏的现状没有得到改善；等等。

一、重构国家创新体系，实施新型举国体制

深化科技体制改革的目标是大力促进科技进步，充分发挥科学技术第一生产力的作用，进一步加速科技与经济的融合，建设世界科技强国，支撑经济强国建设。

（一）完善新型举国体制

举国体制是中国成功研制"两弹一星"的经验结晶，核心是集中力量办大事。我们研究认为，新型举国体制与改革开放前的举国体制本质上都是举国体制，只是组织、动员科技力量的方式有区别，变"集中"为"集成"就能构建新型举国体制。新型举国体制就是"统一规划、集成力量"办大事：贯彻落实习近平总书记"四个面向"的重要指示，充分发挥新成立的中央科技委员会的作用，从国家发展的高度，抓战略、抓规划、抓方向、抓重点、抓协调，创新科学战略、科学思想、科学理论、科学方法；大幅度提高科技治理能力，构建符合科学规律、适合中国国情的国家创新体系，打造支撑科技强国的战略科技力量；加大实施新型举国体制的力度，切实改变科技与经济脱节，以及军民分割、部门分割、地区分割、政府与企业分割的状况；大幅度提高科技创新能力与创新效率，切实减少经费分散、课题重复、仪器闲置、设施重建、人员浪费等问题；大幅度提升国际科技合作能力，在美国疯狂遏制中国科技发展的情况下创出一条"人类科技共同体"的新路子。

一是推动科技管理创新，建立现代科技治理体系。在中央科技委员会的统一领导下，明确中央各部门的职责，科学划分中央和地方的科技管理事权。中央政府职能侧重全局性、基础性、共同性、长远性工作，地方政府职能侧重区域性、实用性技术的研究与开发。

二是加强部门之间、地方之间、部门与地方之间、军民之间的统筹协调，改变科技管理政出多门、课题重复、经费浪费的状况，建

立健全职责明确、高效协调、公正廉洁的科技管理体系。加强科技决策机制改革，完善决策咨询机制，充分发挥国家科技咨询委员会的作用，既要避免政府盲目决策的行为，也要防止以专家评审代替政府决策的现象，建立政府决策、专业化管理机构执行、社会力量监督相结合，决策、执行、评价相对独立的运行机制。

三是推进军民融合，竖立科技体制改革第三个里程碑。中国科技体制改革正在迎来第三个里程碑。第一个里程碑是"断粮断奶"，鼓励科技人员进入经济主战场。1985年发布的《中共中央关于科学技术体制改革的决定》，从基础研究、高科技产业化、经济主战场三个层次部署科技工作，改革拨款制度，开拓技术市场，改变科技与经济脱节、军民分割、部门分割、地区分割的状况。第二个里程碑是实施科技举国战略，加速企业成为创新主体。1995年发布的《中共中央、国务院关于加速科学技术进步的决定》明确提出"促进企业逐步成为技术开发的主体"，1997年企业的创新主体作用被进一步强化，企业成为研发投入的主体、成果转化的主体。第三个里程碑是建设科技强国，加强军民融合。2016年，《国家创新驱动发展战略纲要》明确提出"到2050年建成世界科技创新强国，成为世界主要科学中心和创新高地"，"深化军民融合，促进创新互动"。美国极力反对中国科技"军民融合"，这正说明中国科技体制改革找到了新的突破口，必将迎来科技发展新的突破、质的飞跃。

（二）建立新型国家创新体系

中国用世界第11位的创新体系支撑世界第二大经济体的持续发展，处于"小马拉大车"的被动局面，迫切需要按照建设科技强国的需求，建立能够支撑、引领世界第二大经济体发展的国家创新体系，迫切需要绘制科技强国路线图、施工图。新型国家创新体系需建好"八大支柱"。

一是知识创新体系。建立与世界科技强国地位相适应的知识创新体系，瞄准新科技革命的需求，重点办好一批国际一流的大学或研究所、学科，建立一批以国家实验室为引领的研发基地。

二是技术创新体系。针对不同行业发展对技术的需求，建立健全以企业为主体的技术创新体系，使企业在创新中成为6个主体：科技项目提出的主体、执行的主体、投入的主体、成果转化的主体、利益分享的主体、风险承担的主体。政府要创造公正、公平、公开的科技竞争环境，要"引导大专家、进入大企业、攻克大技术、开发大产品、占领大市场、发展大产业"。

三是成果转化推广体系。建立机构多元化、人员专业化、机制市场化、形式多样化的成果转化推广体系，使科技成果转化率达到60%以上，形成宏大的高科技产业孵化体系。

四是知识产权保护体系。完善保护与转化相结合的知识产权保护体系，提高知识产权的创造、运用、保护和管理能力，以知识产权利益分享机制为纽带，促进创新成果知识产权化。充分发挥知识产权司法保护的主导作用，增强全民知识产权保护意识，强化知识产权制度对创新的基本保障作用。健全防止知识产权滥用的反垄断审查制度，建立知识产权侵权国际调查和海外维权机制。

五是科技投入体系。建立多元化、国际化、高效率的科技投入体系，在鼓励、支持企业增加科技投入的同时，进一步加大政府科技投入的比重，使政府科技投入占全社会研发投入的25%左右。

六是区域创新体系。建立健全能够满足区域经济发展技术需求的区域创新体系，支撑区域经济协调、持续发展，加大对经济落后省区的科技支持与扶持。资源有限、创造无限，欠发达地区、经济效益低的行业要把创新作为跨越发展的战略措施和均衡发展的突破口，而政府则要对相对落后的区域、行业开展技术支持；

七是国防科技体系。建立健全满足建设世界一流军队技术需求的强大的、寓军于民的国防科技体系，发挥国防科技创新的带动作用，形成全要素、多领域、高效益的军民科技深度融合发展新格局。

八是国际科技合作体系。探索建立在美国及其盟友不断遏制下的新型国际科技合作体系。

二、深化人事制度改革，调动主力进主战场

2022年我国全时科技人员达508万人，加速科技人员分流改革，留20%科技人员从事基础研究，以原始创新为目标，仍然以高质量论文为考核指标，调动其余80%科技人员进入经济主战场，主要考核其对经济建设、生态建设、国防建设、民生改善的贡献。一是完善人才评价制度，破四唯树两唯，基础研究要"顶天"，应用研究要"立地"，即基础研究主要考核原始创新成果，其余研究一律考核实际贡献与作用。二是完善职称评审制度，增加用人单位评价自主权，深化岗位聘任制度，加大流动岗位比例，加快科研人员流动。三是加速顶尖人才向企业流动，支持高校、科研机构的科技人员赴企业兼职或创办企业，着力解决顶尖人才少、企业人才少、人才流动难等问题。四是改革工资制度，强化实际贡献与工资挂钩，加大绩效工资的比重。

三、改革科技立项制度，始终坚持四个面向

坚决贯彻习近平总书记提出的"面向世界科技前沿、面向经济主战场、面向国家重大需求、面向人民生命健康"，应用研究坚持课题从生产中来、成果到生产中去的基本原则。重大应用研究项目应一律面向经济主战场、面向国家重大需求选题。根据"四个面向"的不同内容，提出可量化的立项指标与标准，对达不到标准的项目坚决不予立项，彻底打破"专家出题、专家评审、专家解题、专家验收"的科技小循环，进入"企业出题、企业出钱、专家解题、政府引导"的经济大循环，彻底改变"会什么、做什么"，"科研课题100%完成目标"的旧模式，建立"要什么、做什么"，"鼓励创新、允许失败"的

新做法。

建立国家重大应急专项制度。建议每年从中央科技经费中拿出10%左右的经费，设立应急专项，专门研究各种紧急、重大、关键性的科技任务。对于应急科技项目，以"揭榜挂帅"的形式尽快立项，力争做到当月立项、当月启动、当年见效、长年奏效。打造一支科技应急队伍，形成国家战略科技力量，密切跟踪国内外科技、经济发展的最新动态，采取相应的对策与措施，切实改变科技人员对科技、经济事件不敏感、不关心的现状。

四、加速企业成为创新主体，坚决推倒一堵"墙"

一是推倒隔离科技与经济的"墙"，实现科技体制、经济体制同步改革、协同改革，让更多科技力量走出高校与科研院所进入经济主战场，让企业进入高校、科研院所提课题、谈合作，加速科技经济融合发展，把提高科技对经济增长的贡献率作为科技工作新导向。

二是加速企业成为创新主体。力争使企业在创新中成为6个主体：科研项目提出的主体、执行的主体、投入的主体、成果转化的主体、利益分享的主体、风险承担的主体。凡是企业不支持、不参与的应用研究项目，政府就应慎重立项或不立项；企业提出的项目，企业必须是投入的主体，政府进行适当补贴和资助。

三是围绕产业链技术需求，建立5条链。现代化产业体系必须具有持续发展能力和国际竞争力，建立5条链就是要紧紧围绕产业链构建技术链、价值链、人才链、利益链。围绕市场选产业、围绕产业选产品、围绕产品选技术、围绕技术选人才，认真遴选对国计民生具有战略性作用的产业及相关企业，构建大批现代化产业体系。当前，许多地区建立产业技术创新研究院或研究中心也是一种建立现代化产业体系的重要方式。

五、改革科研模式，支持学科交叉创产品

科研模式是指开展科研工作的方式，科研模式在一定程度上决定了科研成果。通常，单一学科只能写论文、报专利，而一个新产品的诞生需要多学科的共同创新。基础研究、原始创新可以支持单一学科写论文，而应用研究、试验开发要加速"从单个学科写论文、报专利向多学科交叉开发新产品的科技新模式转变"。原则上，政府经费不再支持单学科承担的项目，必须建立产学研结合、多学科交叉的联合攻关模式，以新产品为开发目标，以"军令状"形式确立各学科的任务、目标，并要求按期限完成任务。

六、调整科技评价导向，实施新产品战略

调整科技评价导向，破除"四唯"，树立"两唯"。坚决停止以论文作为一切科技工作评价导向的做法，要对不同科技工作采取不同的评价标准。基础研究仍以论文质量为评价导向，应用研究则应以新产品开发数量和销售额为评价导向，取消当前应用研究以论文、奖励为主要评价指标的传统做法。

实施新产品战略，建立健全以新产品开发数量、销售额为主要评价指标的新机制，调动全社会科技力量进入经济主战场。引导国内更多科技人员以开发新产品为研究目标，制定新产品转化优惠政策，吸引世界各地专家、企业带着有产权的新产品来中国进行产业化。力争通过10年左右的努力，使中国成为新产品开发强国、世界技术创新中心之一。

七、深化科技奖励制度改革，逐步试行提名制

严格执行《中华人民共和国科学技术进步奖励条例》，奖励对科学技术做出重大贡献的全体公民，而不仅仅是科学家。对于基础研究、应用研究和技术创新，要采取不同的奖励标准。国家科技奖励应由"申请制"改为"提名制"：科学类奖励以科学发现为导向，根据论文大数据，在不同学科遴选顶尖人才，提出拟奖励名单，经过公示无异议后直接奖励，以节约专家申报时间，防止评奖不正之风；技术发明与应用类奖励应以发明专利、专利转让收入，以及新产品所产生的效益作为奖励和考核指标，在不同行业选择贡献大、无争议的项目直接进行奖励，不再组织申报。

与此同时，进一步深化国家科技奖励制度改革，优化结构、减少数量、提高质量，鼓励社会力量办奖励，努力营造崇尚科学、尊重人才、鼓励创新、激励贡献、全民参与的良好氛围。调整奖励导向，加大对经济建设、民生改善、国防巩固做出重大贡献的公民与组织的奖励力度；扩大奖励范围，增设"创新型机构奖""创新型企业奖""创新型标兵奖"，奖励在专利、新产品开发、论文等方面走在全国前列的机构、企业与个人；增设"创新型产品奖"，重点奖励中国独创、市场潜力大的新产品；改进奖励方式，在政府奖励的基础上，允许企业按技术所创造的价值的一定比例，在一定时期内给予奖励补贴。

八、推进院士评选制度改革，逐步试行积分制

院士制度对我国科技发展、经济社会发展、国防建设、生态建设，特别是在造就顶尖人才、使用顶尖人才、吸引顶尖人才方面发挥了巨大的作用。但是，个别院士在学术活动中出现行政化、官僚化作风，成为"科研包工头"，导致研发经费过度集中。有的地方花几十亿元建科研机构，挂了20多位院士的名，却有一半以上的院士根本没有去过。有的院士申请人组建"竞选团队"到处拉票，浪费了大量精力与财力。种种问题，给院士制度、顶尖人才制度带来了许多诟病。建议改革院士评选的投票制度，逐步试行积分制或者投票与积分

相结合的方式。

第一，科学院院士评选按照科学发现、科学论文影响因子统计积分。按照学科统计近5年科学发现积分，每年向全社会公开一次下一年科学院院士候选人名单，接受全社会监督，科学发现积分高，且没有政治、道德、学术不当行为的学者，报请有关部门批准晋升为院士。积分统计办法由中国科学院在广泛征求意见的基础上确定，原则上5年不变，逐步完善。关于积分统计指标，建议重点考虑科学论文影响因子、国内外科技奖励、重大科学发现、发明专利质量与数量等。

第二，工程院院士评选主要依据技术创新及其对经济社会发展的贡献统计积分。按照学科或行业分别统计积分，每年公布下一年工程院院士候选人名单，接受全社会监督。行业主管部门或行业协会、学会每年公布过去5年对行业发展发挥重大作用的10项技术，而技术的发明人就是下一年工程院院士的候选人。建议工程院院士积分统计按照新产品开发数量、销售额、惠及人群数量等指标统计，引导专家围绕经济建设、民生改善、生态效益、国防建设等开展研究工作。统计指标与权重由中国工程院在广泛征求意见的基础上确定，相对固定，每5年完善一次。

九、改革科技经费管理，提高经费使用效率

据国家统计局初步测算，2022年，中国全社会研发经费达到3.09万亿元，是2012年的3倍，研发经费投入强度从2012年的1.91%提升至2022年的2.55%，已经超过欧盟国家平均水平。但我国科技经费使用效率有待进一步提高，需要改革科技经费管理办法。一是编制政府研发经费禁止支出清单或负面清单，列出政府研发经费不能支付的详细科目，除清单明确不能支付的科目外，由项目主持人自主决定经费使用。二是改变科技经费预算方法，算大账、不算小账，不要预算

买几台电脑、购几只实验小鼠，不要把科技人员逼成会计。三是改革科技评估体系，逐步实行"政府研发经费效率评估制度"，根据科技经费的投入与产出评估科研效率，并公布非保密项目的研发经费使用效率，接受全社会监督。根据不同学科、不同行业的实际情况，制定不同的评估指标，但同一学科、同一行业的评估指标要相对一致。四是建立国家科技信息平台，避免科技项目重复、仪器重复购置、设施重复建设等问题。五是优化科技金融服务模式，鼓励银行业、金融机构创新金融产品，积极发展天使投资，壮大创业投资规模，运用互联网金融支持创新。

十、加强科研仪器共用，解决"五大闲"问题

农村经济体制改革有效解决了农村"闲人、闲地"的问题，加速中国成为农业大国；国有企业体制改革有效解决了企业"闲人"的问题。科技体制改革同样需要有效解决"五大闲"问题。

中国科技资源浪费现象仍然十分突出，存在大量做重复研究和缺乏创新价值研究甚至无事可做的"闲人"，大量没有被利用的"闲设备"，一些重复建设的"闲设施或闲机构"，许多没有实用价值的"闲成果"。唯有解决"五大闲"问题，才能大幅度提高创新效率，但这是科技体制改革必须解决却始终没有解决好的"老大难"问题。解决"五大闲"问题，就是要果断终止一些重复研究且难以取得有效成果的"闲项目"，分流从事"闲项目"研究的"闲人"，实现闲置科研仪器、科技设施的共享共用，提高"闲设备"的利用率，杜绝重复建设的"闲设施或闲机构"，改造、推广一些没有被产业化的"闲成果"。

第五节

深化教育体制改革,加速培养顶尖人才

保障科技安全、建设世界科技强国,首先要成为世界人才强国,成为世界人才中心之一。没有顶尖人才就没有方法的创新,没有新方法就没有先进仪器。因此,原始创新能力弱的根源是缺乏顶尖人才。

保障科技安全必须拥有能够发明核心技术的顶尖人才,能够提出科学问题的战略人才,也需要具有科技思想、科学理论、科学方法创新能力的科学大师,更需要能够开辟科学新领域,推进新科技革命、产业革命的诺贝尔奖级科学家,以及大批技能达到世界一流水平的大国工匠。美国拜登政府虽然停止了"中国行动计划",但并没有放松对留美高端人才的各种打压与限制,高端人才不能靠引进,只有依靠自己培养。

一、深化教育体制改革

改革开放以来,中国教育事业发生了翻天覆地的变化,截至2023年7月,受过高等教育的人口已经达到2.4亿人,超过了许多国家的人口总数。但是,中国仍然只是教育大国,而不是教育强国。人才只靠引进是没有出路的。保障科技安全,实施人才强国战略,迫切需要建成教育强国,加速高端人才国产化、高产化。

深化教育体制改革,就是要从娃娃抓起,着手培养未来30年国家发展急需的人才,切实做到"三个转变",强化"五项改革",培育"四类人才"。

"三个转变"是指切实加速知识教育向能力教育的根本性转变,加强学位教育向学位教育与终身教育相结合的根本性转变,促进做事教育向做事教育与做人教育相结合的战略性转变,培育有国际眼光、

有家国情怀、有创新能力、有文化教养的"四有人才"。

"五项改革"是指：改革课程设计，实行因材施教，强基础、育个性、强能力；改革教学方法，少灌输、多讨论；优化教师队伍，打开"旋转门"，聘用做过管理的人讲管理，让办成企业的人讲经营；强化教育目标，培养未来人才；从娃娃抓起，瞄准未来30年的人才需求造就人才。

"四类人才"包括：一是科学人才，指专门从事科学研究，有望取得重大科学发现和突破的人才，包括创新科学思想、理论的科学大师，发明科学方法、仪器的领军人才，论文影响因子进入全球同类学科前千分之一的顶尖人才，以及论文影响因子进入国内同类学科前百分之一的一流人才；二是技术人才，指专门从事技术发明，发明专利、新产品开发数量进入全球行业前列的顶尖人才，以及进入国内行业前列的一流人才；三是企业人才，主要包括成功创办或管理世界500强企业和大中型企业的世界知名企业家；四是管理人才，主要指创新发展战略、管理理念与管理方法，或在管理中取得重大经济效益、社会效益的人才。

二、实施诺贝尔奖培育计划

美国长期占据世界科技中心的地位，根本原因是美国拥有大量诺贝尔奖级的顶尖人才，创造了全球信息技术、生物技术90%以上的根技术。中美科技最大的差距是顶尖人才数量的差距，中国要建设世界科技强国，必然要培养一批诺贝尔奖级的顶尖人才。截至2022年，按照获奖时的国籍计算，美国拥有诺贝尔奖得主384位，英国132位、德国111位、法国70位、瑞典31位、瑞士26位、俄罗斯26位、荷兰21位。而中国获得诺贝尔奖的科学家只有个位数，这与中国科研人员总量第一、科学论文第一、国际专利第一、高技术产品出口第一的地位极不相称，远远不能满足建设世界科技强国的需要。我国迫切需要把大力培养诺贝尔奖级的科学家作为实施人才强国战略、建设科技强国的首要任务。

中国已经到了必须制订"诺贝尔奖培育计划"的时候了，需要"四管齐下"，打造一支诺贝尔奖级的科学家队伍。

一是从国外聘用一批诺贝尔奖得主。对于国家急需发展的科学领域与技术方向，聘用一批海外诺贝尔奖得主在中国实验室兼职或短期工作，制订科研规划、制定技术路线、指导研究工作等。

二是吸引有获得诺贝尔奖潜质的顶尖人才回国工作。十年树木，百年树人，当前打造中国诺贝尔奖团队的最有效方式仍然是引进。建议对顶尖华人科学家采取"一人一策"的方式，邀请其回国工作或兼职工作。同时，对已经回国的顶尖人才要留得住、用得好。

三是大力培养诺贝尔奖级科学家。从不同学科遴选一批具有获得诺贝尔奖潜质的科学家，给予重点培养，即建设国家一流实验室，配备国际顶尖队伍，保持科研经费长期稳定，开拓国际科技合作渠道，改革考核与验收方式，减少过多考核与检查，并在生活待遇与医疗方面给予稳定支持。

四是鼓励、支持民间力量创办中国自己的诺贝尔奖级科技奖项，奖励全球对科学发展、人类进步做出重大贡献的科学家。目前民间已经有"未来科学奖"等科技奖项，这是个很好的开端，但奖励的科技人员水平、奖励范围、评奖专家队伍等还需要进一步改进。

三、造就大批战略科学家

什么是战略科学家？世界上究竟有没有战略科学家？科技界有不同看法，有的科技部门甚至认为根本不存在战略科学家，也不需要战略科学家。我们研究认为，中国科技发展急需一批战略科学家。

我们研究认为，战略科学家是指对科学思想、科学理论、世界科技前沿方向、国家重大科技需求等重大科技战略问题有深厚造诣，并为科技创新、提升国家综合国力做出重大贡献的杰出科学家。可见，战略科学家是科学指路人，是处于人才金字塔顶尖的科学帅才。美国能够成为当今世界人才中心、科技中心，其中一个重要原因是美国拥有一批战略科学家，不断创新科学思想、科学理论，创造科学方法、仪器，创造一个又一个"根技术"，引领世界科技的发展。

中国战略科学家数量明显不足，缺乏原创性科技思维，缺乏对科学前沿问题的判断，缺乏研制先进仪器设备、创新研究方法的能力，这些问题严重制约了科技发展。打赢科技战，建设世界科技强国，亟待一批战略科学家为科技发展指路、带路。

我们研究发现，战略科学家通常有4个基本素质，即科学家的科技素养、公务员的政策水平、企业家的市场意识、战略家的敏锐眼光。中国已经成为有影响力的创新大国，已经不缺跟踪国外技术方向、做重复研究的科学家，也不缺购买国外大型高端仪器、做高水平重复研究、发表高水平论文的科学家，但十分缺乏能够创新科学思想、理论，能够创造科学方法、制定科学标准、研制科学仪器，能够提出原创科学课题、开展原始创新的科学家。

我们认为，在中国当前国情、科情下，以下3类科学家属于战略科学家。一是在科学思想、理论、标准、方法，以及世界科技前沿、国家重大科技需求方面做出重大贡献的科学家；二是设计、领导过国家重大科学工程的科学家；三是提出重大建议并得到政府采纳，为提升国家科技创新能力做出了重大贡献的科学家。

可见，战略科学家是科学帅才、通才，与单一学科的专才有明显区别。要打破美国科技封锁，打赢科技战，建设科技强国，我国亟待大力培养一批能够把握科技发展态势、驾驭科技发展全局的战略科学家。

第一，实施战略科学家行动，造就新时代的战略科学家。制订"国家战略科学家中长期发展规划"，明确国家对战略科学家的需求，确定培养方针、目标、原则与任务。一是结合国家实验室、科技重大专项、智库建设等重大任务，在实践中培养战略科学家；二是启动一批涉及全局性、长期性、战略性、关键性重大问题的研究课题，通过"揭榜挂帅"发现人才，培养战略科学家梯队；三是鼓励战略科学家以多种方式参政议政，吸引战略科学家进入相关政府咨询机构，直接参与参政议政工作。技术性强的政府部门原则上要建立健全"专家咨询委员会"，重大规划、工程、项目实施前要组织专家咨询会议。

第二，进一步强化战略科学家的三大能力。一是通过技术预测、人才预测、经济预测等方法，提高战略科学家把握全球科技发展趋势的能力。二是提高战略科学家把握全局性、战略性、关键性问题的能力，通过强化历史观、国际观、国情观、辩证观等，进一步提升战略科学家把握科技、经济、教育、社会、文化格局的能力。三是强化战略科学家解决实际问题的能力，进一步提升战略科学家的政策水平、市场意识。

第三，打造战略科学家辈出的体制机制。按照战略科学家成长规律，营造战略科学家成长的环境，完善战略科学家梯队建设。百家争鸣寻战略，不拘一格降人才，学术问题研讨无禁区。一是要把战略科学家纳入国家人才管理体系。培育与使用战略科学家是中国人才史上的里程碑，建议从攻克过重大难题、领导过重大科学工程、提出过重大建议的科学家中遴选战略科学家，授予"战略科学家"称号，并纳入国家人才管理体系。二是要开大"旋转门"，加速战略科学家、公务员、企业家之间的岗位交流。三是建立战略科学家建议"直报通道"，完善建议采纳反馈机制。四是制定与战略科学家相关的工作、医疗、退休等特殊支持政策。五是支持战略科学家走上国际科学舞台，鼓励战略科学家到国际机构、学术团体任职，讲好中国故事，传播中华文化。六是加强对战略科学家的管理，战略科学家要治学严谨、严格自律，所在单位要保障其必要的工作条件。

第四，进一步深化科技体制改革，分类改革、区分导向。调整基础研究评价导向，宽容失败，不许重复，考核指标突出"五新"，即新思想、新理论、新方法、新模型和新发现，对低水平重复和高水平重复的研究项目、机构、人员，坚决"断粮断奶"，大幅度提升原始创新能力。北京生命科学研究所的3个评价标准值得借鉴：是不是原创？能不能成为新学科方向？研究者会不会被国外顶尖研发机构聘用？基础研究要下决心解决研究重复、方法模仿、方向飘移三大问题。

四、补上顶尖人才短板

科技界对顶尖人才有明确的定义，顶尖人才是指论文影响因子进入全球同一学科前千分之一的人才。通俗地说，顶尖人才就是千里挑一的人才。

中国顶尖人才存在数量不足、分布不均、质量不高、人才赤字等问题。一是数量不足。2021年，在全球6602名顶尖人才中，美国顶尖人才数量是中国的2.8倍。二是分布不均。中国工程学、化学、材料领域的顶尖人才数量分别是美国的3倍、1.5倍和1.3倍，而美国临床医学、免疫学领域的顶尖人才数量分别是中国的71倍和81倍。三是质量不高。在2008—2018年全球不同学科前20%的论文中，美国主导或参与的占50%~85%，而中国均在10%以下。四是人才赤字明显。1978—2019年，我国出国留学人员为656万人，回国人员为423万人，各省高考状元绝大多数出国留学。

针对上述问题，中国要引领或参与新的科技革命，建设世界科技强国，必须把造就国际顶尖人才作为突破口。

第一，启动"顶尖人才计划"。建立顶尖人才档案，根据不同学科、不同行业顶尖人才的现状，引进与培养结合，重点支持没有顶尖人才的学科、行业造就顶尖人才，尽快打造一支数量足、质量高、布局合理的顶尖人才队伍。

第二，创新人才引进方式。在政府引进人才受阻的情况下，支持民营企业引进顶尖人才,培育一批猎头公司争夺顶尖人才,在海外建立顶尖人才"蓄水池",如与国外合作办大学、研究机构等。

第三,启动"国际大科学工程"。启动一批由中国科学家牵头的"国际大科学工程",吸引全球顶尖人才参与,提升中国顶尖人才的国际地位。

第十八章
坚决打赢科技战

自美国成为世界第一经济大国以来,第二经济大国无一例外全部衰退,美国会千方百计制造新的第二经济大国陷阱,遏制中国崛起,阻止中国超越美国。中国能不能打赢科技战,成为130多年来世界上第一个不衰退的第二经济大国,直接影响中华民族的前途与命运,影响世界的和平与发展。

第一节
把规律:找准新科技革命重点

打赢中美科技战、贸易战、综合国力战,首先要把握人类发展规律、大国兴衰规律、国家治理规律、经济发展规律、科技发展规律、军事变革规律六大规律，本书重点探索科技发展规律与经济发展规律，探索科技与经济发展的基本方向、内在规律。

一、第一经济大国都引领过科技革命

回顾人类的发展历史，世界经济中心、政治中心、外交中心、文化中心乃至军事中心，总是随着科技中心的转移而转移，而科技中心则随着人才中心的转移而转移，农业经济时代的中国、工业经济时代的欧洲、数字经济时代的美国都是如此。中国要成为并保住世界第一大经济体的地位，必然要引领信息科技革命之后的新科技革命，这是大国兴衰的基本规律，是民族振兴、实现中国梦的必然需求，必须及早部署。引领或共同引领新科技革命，已经成为建设科技强国的根本要求，成为民族伟大复兴的根本保障。

二、引领科技革命要先成为世界人才中心

世界一流的技术离不开一流的人才，没有一流的人才就不可能有一流的成果。2005年以来，美国每年吸引各国留学生高达100万人，2018年高达110万人。受新冠肺炎疫情影响，近几年留学人数有所下降，但长期以来巨大的人才红利不断强化美国作为世界人才中心的地位，进而使美国始终保持世界科技中心、经济中心的地位。中国要成为并保住第一大经济体的地位，必然要先成为世界人才中心之一，把引进顶尖人才作为改变科技格局、经济格局、军事格局，乃至综合国力格局的突破口，希望在人才，出路在人才，命运在人才。

当前，美国引发的贸易战、科技战、人才战已经使不少留学人员，特别是顶尖人才失去了安全感，看清了美国所谓"自由、民主、法治"的真正面目。中国吸引人才、改变人才格局迎来难得机遇，在缩小贸易顺差的同时，更要缩小人才逆差，这要成为新时期中国人才

工作的基本策略。

三、中国需要引领或共同引领新科技革命

世界上多数国家政府和科学家都认为，信息技术之后生物技术将引领新科技革命，数字经济之后生物经济将开辟一个新的时代。美国在生物技术、人才、产业、法规、投入等方面具有明显优势，不出意外，美国仍将是新科技革命的引领者。

中国与前两次科技革命失之交臂，信息科技革命也只赶上后半程，中国经济总量占世界经济总量的比重由最高时的32.8%下降到2%，2020年恢复到17%。我们没有任何资本和理由再次失去科技革命机遇，能否引领或共同引领生物技术新科技革命，完全取决于未来10~15年的科技政策与导向。如果世界格局不出现颠覆性变化，中国将在10年内成为第一经济大国，但日本经济研究中心预测，中国经济将在2050年再次被美国超过，因为中国引领不了新科技革命。为此，中国要把引领或共同引领新科技革命作为保障科技安全的一号工程。

引领生物技术新科技革命的总体目标是建设生物技术强国、生物经济强国。把建设生物经济强国列为国家战略，像当年抓"两弹一星"一样，集成全社会力量，抢占未来经济的增长点，力争引领或共同引领生物技术新科技革命、产业革命，在生物经济时代重返先进民族之林。完成上述目标，一是制订"国家生物经济中长期发展规划"，把生物经济作为新科技革命的主攻方向；二是组建国际一流的"国家生物经济研究院"，抢占生物技术新科技革命制高点；三是启动"生物人才行动计划"，召回生物技术海外"兵团"，大幅度缩小中美生物技术人才差距；四是建设好一批生物经济园区；五是大幅度增加全社会对生物技术与生物经济的投入；六是完善支持生物经济发展的政策与法规体系。

第二节

造优势：打造新时代的"两弹一星"

分析未来15~30年世界科技、经济发展趋势，以及世界格局变化的大趋势，围绕市场找产品，围绕产品找技术，围绕技术找人才，围绕人才建基地，围绕基地要产业，精准遴选新时代"两弹一星"。针对高端芯片、高端科研器械、高端医疗器械严重依赖进口，缺1/3的食物、缺2/3的石油的现状，针对国土安全、经济安全等重大安全问题，遴选一批重大科技需求，针对每一个安全问题，启动一个"国家重大科技工程"，如国家粮食安全科技工程、国家能源安全科技工程、国家网络安全科技工程等，针对每个工程配套一个国家实验室，以问题为导向，以人才为突破口，以体制机制为保障，统一策划、分别实施，用新型举国体制调动全国乃至全球科技要素开展攻关，切实打造一批新时代的"两弹一星"。

一、实施芯片与软件自主工程，保障经济安全

数字经济是中国当前经济发展的增长点，是中美当前科技竞争的焦点。《中国数字经济发展研究报告（2023年）》显示，2022年中国数字经济规模达到50.2万亿元，高端芯片、系统软件、工业软件对科技创新、经济发展、国防建设都具有十分重要的支撑与引领作用。国家、地方政府、企业已经投入大量资金，成立大量研发机构、企业开发高端芯片与系统软件，2021年国产芯片自给率达到36%，软件业务收入达94 994亿元。但是，应当看到，全球没有任何一个国家拥有完整的高端芯片研发与生产线。美国拥有世界顶尖的硅片开发能力、芯片设计能力，但高端芯片的制造仍然依赖荷兰阿斯麦公司的技术，依赖中国台湾和韩国的生产能力。中国要拥有高端芯片完整的产业链，

任务十分艰巨，需要采取新型举国体制。

中国数字经济发展仍然面临高端芯片被卡、高端5G手机等产品停产，以及网络不断遭受攻击甚至中断、瘫痪，引发社会混乱等重大问题，研发拥有自主知识产权的高端芯片、系统软件、工业软件已是十分迫切的任务。建议启动"芯片与软件自主工程"，进一步集成中央、地方、企业、海外的力量，加速高端芯片、系统软件、工业软件的开发。"芯片与软件自主工程"的总体目标是：力争用10年左右的时间，大幅度提升信息技术创新能力，形成中国式网络化、智能化技术体系与标准体系，基本形成高端芯片、系统软件、工业软件的国产化替代能力，加速实现高端芯片、系统软件、工业软件的国产化，力争引领或参与引领信息科技革命、数字经济的后半程。

中国在网络2G、3G阶段是使用者，4G阶段是参与者，5G阶段成为引领者之一。经过美国的打压，我国失去了优势，未来6G、7G阶段，我国将以什么角色出现，亟待一个更加明确的导向与路线图，更需要一个施工图，把任务承包给研发机构、企业。这是一场科技战、经济战，也是一场综合国力战，只能打赢，不能失误。

二、实施生物霸权反击工程，保障生物安全

中国在应对芯片"卡脖子"的同时，还要应对美国生物"卡喉咙"。生物霸权将像二战以后的核霸权一样，影响当前，危及长远，将改变世界安全格局、经济格局。世界安全格局正由"核主导"转向"生物主导"，世界经济格局将由数字经济引领逐步转向生物经济引领。美国已形成了比核霸权更有优势的生物霸权，将引领信息科技革命之后的新科技革命，继续掌握未来世界安全的主动权，长期称霸世界。中国要填平第二经济大国陷阱，保障国家安全与经济发展，亟待像应对核霸权一样应对生物霸权。

（一）生物霸权已经形成

西方多数国家认为核安全、网络安全、生物安全是当今世界最重要的安全问题，新冠肺炎疫情已敲响生物安全警钟，各国更加重视生物安全。美国依靠先进的技术、庞大的设施、巨大的投入，已形成明显的生物霸权，体现在6个方面。

第一，美国拥有生物领域90%以上的根技术。自20世纪70年代以来，美国联邦政府将一半左右的民用科技经费用来支持生物医药领域的研究，使美国生物医药技术、人才储备、高端仪器设备、实验试剂等远远超过其他国家。DNA双螺旋结构、基因测序、基因编辑、合成生物等根技术的90%以上都是美国人发明创造的。

第二，美国高等级生物实验室占全球50%。美国拥有1 495家P3实验室、15家P4实验室，在海外部署300多家P3实验室，其高等级生物实验室数量占全球总量的50%。

第三，美国拥有世界上最大的生物资源库。美国收集了中国大豆、八眉猪等大量动植物种质资源，培育的大豆品种产量、品质都高于中国；同时收集了包括西班牙流感病毒在内的病原生物资源、全球新发现生物的最新数据，比如2550多万份新冠病毒完整测序数据都保存在美国，一旦网络关闭，其他国家的相关研究工作就无法继续。

第四，美国生物安全研发经费20年累计达1 855亿美元。我们利用网上公开的数据统计发现，2000年以来，美国生物安全相关研究费用高达1 855亿美元。

第五，美国是世界上唯一能够合成冠状病毒而不留痕迹的国家。新冠病毒是不是人为合成的引起全球关注，我们在2021年3月就提出"如果是高水平人员合成的病毒，目前的科技水平是看不出来的"。果然，号称"合成冠状病毒第一人"的美国北卡罗来纳大学教授拉尔夫·巴里克公开讲"合成的冠状病毒不留痕迹"。

第六，美国是世界上唯一反对《禁止生物武器公约》核查机制的国家。美国一方面高喊要检查中国生物实验室，鼓动印度、埃及等国家的一些个人或机构先后向中国提出赔偿新冠肺炎疫情损失，累计金额高达100多万亿美元，另一方面却从来不允许任何组织或机构核查美国的疫情与生物实验室，这是美国生物霸权的突出表现。

（二）生物霸权的危险可能超过核威胁

当今世界并不太平，未来形势会更加复杂，生物安全问题将长期困扰人类的生存与发展。无论是从当前还是从长远分析，生物霸权都具有巨大的影响力、破坏力，不仅危及生命安全、生态安全、国家安全，更可能改变世界安全格局、军事格局、经济格局，乃至综合国力格局。

第一，引发重大、特大疫情，危及人民生命安全。从当前技术来看，针对一个国家或种族研发生物武器的技术还不成熟，但并不代表未来不行。病原生物一旦落到恐怖分子手中，或者被战争犯用来发动生物战，必然会导致比西班牙流感、新冠肺炎疫情更可怕的特大疫情。如果战争犯发动生物战，那么发起方肯定事先准备了疫苗、药物等防控手段，而受害方的人民生命安全将会面临巨大威胁。

第二，导致经济衰退，改变世界经济格局。危险生物易放难控，人类还不能像检测核、化学等危险品一样，在边境口岸检测危险生物。恐怖分子可以通过人工投放、冷链、"温链"、飞禽走兽（人禽流感）、无人机等各种手段传播病原生物，引发重大或特大传染病，导致经济活动停止、经济衰退。据我们测算，新冠肺炎疫情仅2020年就造成世界经济损失5万亿美元，中国损失4万亿元人民币。

第三，改变军事格局，生物战剂成为决定未来战争的重要因素。化学武器容易被检测，不具备扩散能力，生物战剂则具有易投放、难防控、自扩散、成本低等特点。生物战在前两次世界大战中都没有缺席，在未来战争中不但不会缺席，而且可能成为主角。

第四，利用生物霸权长期称霸世界。机械化、电气化增强了人类的体力，信息化、智能化增强了人类的脑力，而生物化则可能直接延长人类寿命,其作用远远超过前几次科技革命。毫无疑问,谁引领生物科技革命,谁就引领未来世界。

(三)反击生物霸权要多管齐下

中国需要积极采取措施,应对生物霸权。

一是要像抓核安全一样抓生物安全。当前全球生物安全的基本态势是:新冠病毒可能长期存在,自然病原仍会不断出现(通常每2~3年会发现一个新病原生物),人为生物威胁陡然升级(合成生物技术将被普遍掌握),生物霸权活动日益猖狂。"战后"中国要不受别人欺负就必须有"两弹一星","疫后"中国要不受别人欺负就必须保障生物安全,没有生物安全就难保人民生命安全、经济安全,乃至国家安全。抓好生物安全、反击生物霸权需要底线思维、高线防备,防天灾、御人祸、反霸权、保平安,既要防控自然病原,防御有害生物入侵,又要防御生物恐怖,打赢可能爆发的生物战。

二是把生物安全作为国家安全的重点。像修防空洞一样建防疫站,建成能够防御500万人感染的生命安全保障体系;保障转基因生物安全;建设国门生物安全的"新长城",防御有害生物入侵;保障生物实验室安全,做到零滥用误用、零泄漏;让丰富的人类遗传资源转化成生物经济的巨大财富;切实加强国防生物安全,针对150多种可能改造成生物武器的病原生物研发疫苗与药物,消除生物霸权,打击生物恐怖,打赢生物战。同时,尽快突破"60天疫苗"、通用疫苗、特效药物、广谱药物等核心技术,研制负压车、船、飞机等运载工具,以及呼吸机、高端防护服、负压病床(病房)等防疫设备,改建一批体育场、教学楼、办公楼、展览馆等基础设施,使其具有综合防疫功能。

三是建设人类健康共同体。抓住新冠肺炎疫情对世界造成巨大危害的时机,联合国际社会的力量,促使美国同意《禁止生物武器公约》核查机制。

三、实施重大科技仪器创制工程，保障科技安全

仪器是科技创新的工具，是科技战的"枪"。中国科技的现状是"扛着从别人手中买来的枪与对手作战"，而且买到的"枪"都是三流的"枪"，因为一流的仪器设备是专家自制的，市场上买不到，二流的仪器设备被《瓦森纳协定》限制不卖给中国，三流的仪器设备通常还要经过审核才能卖给中国，而被美国列入"实体清单"的科研机构与企业甚至连三流的仪器设备都买不到。

世界上独一无二的仪器设备做出的研究结果一定是原始创新，缺乏自主研发的高端仪器设备是中国原始创新不足的根源之一。中国要建成世界科技强国，必然要有自己独创的科学方法、仪器设备。为此，一是要启动"重大科技仪器创制工程"，开发拥有自主知识产权的仪器设备，创新科学标准与方法体系，切实摆脱高端仪器设备依赖于人、原始创新严重不足的问题；二是国家重大科技项目、基础研究项目要把方法创新、仪器创制作为必要条件，没有技术路线、研究方法、仪器设备创新的项目申请，原则上不予立项支持。

四、实施进口大豆替代工程，确保粮食安全

全球粮食总体上不安全，人均粮食359千克，低于400千克安全线，40个国家缺粮，8.28亿人口没有吃饱。中国2021年进口粮食1.65亿吨，其中大豆是1亿吨，而大豆进口量的84%来自美国与巴西。美国发动的中美贸易战已演变成综合国力战，粮食战可能成为美国遏制中国崛起的又一手段，必须防御粮食战，打赢可能发生的粮食战，把"进口大豆替代工程"作为防御粮食战的重中之重。

国家已经确立了把饭碗牢牢端在自己手中的粮食安全目标。2021年，国际市场粮食贸易量达4亿吨，中国进口了1.65亿吨，超过了1/3，未来中国增加进口粮食的空间有限，提高粮食产量是保障粮食

安全的必然选择。

第一，推动"人类粮食安全共同体"建设。成立相应的领导小组与专家组，联合有关国际力量，共同推进粮食安全技术的研发与推广。中国推动"杂交水稻外交"已10多年，进一步推进粮食外交，有利于保障中国粮食安全、促进世界粮食安全。

第二，成立"国际粮食安全联合研究院"，落实"人类粮食安全共同体"建设具体工作。由中国牵头，联合世界银行农业研究机构及有关国家、地区的组织，特别是"一带一路"国家和地区的农业研究机构，组建"国际粮食安全联合研究院"，联合、集成国内外一流专家，共同研究粮食安全重大技术、政策问题。

第三，推进第四次农业经济体制改革，提高农民种粮积极性。推进继土地改革、合作社、包产到户之后的第四次农业经济体制改革，推动农业规模化、标准化、高效化、生态化"新四化"。切实提高农业比较效益，解决种粮规模小、效益低，以及年轻人不愿意种地等问题，提高复种指数5个百分点，恢复粮食播种面积1亿亩。

第四，启动"进口大豆替代工程"。采取改良大豆品种、恢复大豆种植面积，以及利用非粮用地种植1亿亩藜麦、10亿亩草皮草坡和30亿亩豆科牧草等综合措施，力争使大豆进口量减少1/3左右。

第五，推进科学用粮节粮行动。在全社会推进以"五个一点"为主的科学用粮节粮行动，"收获多一点、储藏省一点、加工省一点、饲料省一点、餐桌省一点"，完善不同人群的膳食标准，减少肥胖、促进健康。

五、实施石油倍增工程，促进能源安全

中国石油集团经济技术研究院的统计数据显示，2021年，中国石油表观消费量约为71 500万吨，比2012年的47 797万吨增长了49.59%。中国石油、天然气进口量占消费量的比重分别为74%、

40%。中国煤炭、水电资源丰富，风电装机量居世界第一，电动汽车产销均居世界第一，核电增长速度居世界第一。中国石油产量保持2亿吨的难度不断加大，但对外依存度仍然高达74%。尽管世界许多国家都提出大力发展新能源汽车，但燃油汽车仍然是未来30年的主体。中国石油对外依存度过高，不仅影响经济社会发展与人民生活，而且危及国防安全，石油安全已经成为中国能源安全的核心。

保障能源安全的重点是保障石油、天然气的安全，其根本途径有三个：一是实施"石油倍增工程"，增加石油、天然气等能源供给量；二是稳定海外能源进口基地与渠道；三是开发电动汽车等新能源产品，减少对石油、天然气的依赖。我们重点讨论"石油倍增工程"。

首先，石油倍增有资源保障。中国页岩油储量达900多亿吨，技术可采量达400亿吨，经济可采量达200多亿吨。美国页岩油革命实现了能源由进口转向出口的重大转折，推动页岩油革命，中国有望实现石油倍增目标，大幅度提高能源安全水平。页岩油将是中国石油倍增的主力。我们对有关石油储量报告进行了系统研究，结果表明，截至2020年底已探明石油地质储量423亿吨，等同于探明技术可采量109.4亿吨。中国页岩油储量超过900亿吨，按照成熟度，分为中高熟和中低熟两大类。中高熟页岩油地质资源蕴藏量达200亿～283亿吨，主要分布在松辽、渤海湾、准噶尔和鄂尔多斯等盆地，目前国内几大石油公司已启动了试采和开发部署。中低熟页岩油地质资源蕴藏量约为700亿～800亿吨，主要分布在鄂尔多斯、松辽和准噶尔等盆地，目前尚未开发利用，技术可采量在400亿～450亿吨，是中国常规石油技术可采量的近2倍。可见，石油倍增在资源储量上完全有保障。

其次，石油倍增技术基本成熟。石油倍增的关键是中低熟页岩油的开发，开发技术主要有两类：一是改进的压力法；二是地下加热法，也称原位转化技术。壳牌公司经过50多年的研发，形成了以电加热为核心的原位转化配套技术，包括磁定位钻井、井下加热器、温控系统、实验室模拟系统与生产工艺实时优化技术等。

要实施"石油倍增工程",我国需抓好以下重点工作。一是组建石油倍增工程领导小组,国家有关部门、地方、军队、大型石油企业负责人共同参与,领导小组下设办公室、专家组、工程组等。二是尽快制订石油倍增工程实施方案。由国家发展改革委或国家能源局牵头,对石油倍增的不同技术进行前期试验与论证,确定"石油倍增工程"的原则、目标、重点任务、关键技术、保障条件与进度安排等。三是将"石油倍增工程"纳入国家重大专项。"石油倍增工程"坚持三个"两条腿走路",即传统石油与页岩油结合,中高熟页岩油与中低熟页岩油结合,中低熟页岩油开采加热与加压法结合。四是采取政府主导、社会参与的行动方式。鉴于中国并没有掌握一些核心技术,引进海外技术也面临美国、欧盟的各种限制,因此中国应采取开放合作的方式,吸引国内外公司、研发机构以技术或资金入股,共同推进"石油倍增工程"。五是对中低熟页岩油开采给予政策扶持。中低熟页岩油原位转化生产全成本达50~60美元/桶,政府应适当给予扶持,建议每桶补贴5~10美元,加速石油倍增目标的实现。

第三节

保发展:三箭齐发打赢科技战

美国发动贸易战,争的是当前,而科技战谋的则是长远。遏制中国崛起,阻止中国超越,长期保持绝对领先地位,才是美国发动科技战的最终目标。发展是硬道理,是解决一切问题的金钥匙。当前,中美贸易战已经演变成科技战、综合国力竞争,涉及经济规模之大、波及范围之广、采取措施之猛、关注人数之多,在世界贸易史、科技史上都是空前的。中美科技战、综合国力竞争将是一个长期、复杂的过程，中国要打赢科技战，需要迈出关键三步。

一、调动民营企业积极性，办好国内的事

2023年3月6日，习近平总书记在看望参加全国政协十四届一次会议的民建、工商联界委员时强调，"要引导民营企业和民营企业家正确理解党中央方针政策，增强信心、轻装上阵、大胆发展"[①]。同时，地方各级政府部门要进一步落实习近平总书记的指示。民营经济是中国特色社会主义市场经济的重要组成部分，是推动经济高质量发展、建设现代化经济体系的重要主体，是推动中国式现代化的重要力量。我们认为，民营经济是国民经济的重要组成部分，民营企业是参与国际经济战的野战军、生力军，也是自带干粮的志愿军。打赢中美科技战，出路在发展，核心在发展，目标更是在发展。只要国民经济社会持续发展，我们就能顶住一切遏制与打压。因此，调动民营企业积极性，给民营经济装上加速器，推进经济重回中高轨道，把自己的事办好，是打赢科技战的基础。

新冠肺炎疫情蔓延，俄乌冲突升级，美国银行倒闭，欧洲银行动荡，中美贸易摩擦加剧，民间投资增速下降，中国经济发展虽然出现回升势头，但经济下行压力没有根本解除，重要原因之一就是一些民营企业家对未来经济增长潜力信心不足。国家必须采取切实有力的措施扭转民营企业家信心下降、民间投资增速下滑的趋势，从生产关系的高度解决问题，不仅要给民营企业吃定心丸，还要给其装加速器、换变速箱。

如何保持、促进民营经济发展，是中国改革开放以来面临的重要问题，也是困扰未来中国经济发展的重大问题，需要从生产关系的高

[①] 资料来源：中国政府网，https://www.gov.cn/xinwen/2023-03/06/content_5745092.htm?eqid=84a6c0f700076c620000000364587bdb。

度进一步明确民营经济的法律地位与作用,把"同样受法律保护"落到实处,从生产力的角度去解决民营企业关注的安全感、公平感,解决政随人变、旧账新算、贷款难、乱收费、乱罚款、乱摊派等一系列问题。

各级部门需要从实际行动上给民营企业吃定心丸、装加速器,破除制约民营企业公平竞争的制度障碍,依法维护民营企业产权和企业家权益,扶持中小微企业和个体工商户发展,支持平台企业在创造就业、拓展消费、国际竞争中大显身手,打破各种各样的"卷帘门""玻璃门""旋转门",在市场准入、审批许可、经营运行、招投标等方面,为民营企业打造公平竞争环境,把构建"亲""清"新型政商关系落到实处。只有广大民营企业发展起来了,中国经济"政府、市场两只手"运行,"国有、民营两条腿"走路,才能切实保障经济社会持续发展,才能为打赢科技战奠定坚实的经济基础。

二、构建人类命运共同体,搞好国际关系

自2013年习近平总书记提出以来,"构建人类命运共同体"的倡议已经得到许多国家以及联合国有关组织的广泛认同和赞许。人类发展正在由各国各自为政的救生圈,转向人类命运共同体的航空母舰。

习近平总书记在二十国集团领导人第十三次峰会上提出"坚持开放合作、坚持伙伴精神、坚持创新引领、坚持普惠共赢"[1]4点主张,为促进世界经济的开放、包容、健康发展,把准了航向。共建"一带一路",实现与世界多国人民的共同富裕和繁荣,不仅有助于中国经济发展,也必将改善世界人民生活,促进世界经济发展。

中国具有社会主义制度的优越性,具有市场"有形之手"和政府

---

[1] 资料来源:新华网,https://baijiahao.baidu.com/s?id=1618651213030923470&wfr=spider&for=pc。

"无形之手"高效协调的特色经济体制，具有14亿人的巨大创造性和消费市场，拥有世界创新大国的创新能力，拥有和谐包容的传统文化，拥有改革开放40多年的宝贵经验，一定能够促进人类命运共同体的建设，为世界经济繁荣做出中华民族新的贡献。

三、填平第二经济大国陷阱，做好长远部署

自从美国成为世界第一经济大国以来，世界第二经济大国无一例外地相继衰退。第二经济大国先后更替8次，平均16年更替一次，1960年以来已更替6次，平均不到10年更替一次。2010年中国成为世界第二大经济体，成功应对贸易摩擦，有望成为一百多年来第一个不衰退的第二经济大国。

（一）强化六大优势，营造一流发展环境

坚持道路自信、理论自信、制度自信、文化自信，强化社会制度优越、经济体制独特、产业体系完善、市场潜力巨大、优质劳动量大、外汇储备丰富六大优势。营造国际一流的营商环境，要坚持金融半接轨，金融要放开，但不能放任，要放得开、管得住、走得稳，必须防御金融危机，建立稳固强大、坚不可摧的现代金融体系，补上国家金融安全的短板，为填平第二经济大国陷阱建立良好的经济环境。

（二）采取三项措施，建成并永保大国地位

三项措施就是：补上第三产业短板，成为世界第一；发展新兴产业，巩固世界第一；建设科技强国，永保世界第一。2020年，中国第一产业增加值是美国的6.3倍，第二产业增加值是美国的2.2倍，第三产业增加值仅仅是美国的46%，如果大力发展第三产业，中国有望跃居世界经济第一位。发展信息、生物、新能源、先进制造等战略性

新兴产业，巩固世界第一地位；建设世界科技强国，支撑经济大国向经济强国的战略性转变，长期保持世界第一地位。

世界之大，容得下不同的发展道路与模式。中美两国一定能够求同存异，寻求到共同利益，共同发展，实现双赢。

后　记

　　不同国家、不同专业的人对科技安全往往有完全不同的看法，所以撰写《中国科技安全》一书充满了挑战，不但会面临来自国内不同学科、不同行业的专家和学者的质疑甚至批评，更严峻的挑战可能是来自国外的质疑与反对，比如美国人认为他们的高技术不卖给我们天经地义，而我们认为他们破坏世界科技秩序。

　　为什么我们知难而进？作为公民，我们始终愿为国家发展贡献绵薄之力。作为学者，我们研究得出了一些与主流观点不一致的看法，有责任提供给政府、企业家和公众参考。

　　在多数学者、公众甚至主管部门认为粮食安全没有问题的时候，我们完成了《中国粮食安全》一书，提出中国粮食自给率仅达70%，必须再次重视粮食安全。在多数国内外学者认为核安全、网络安全、金融安全是当今世界安全面临的三大难题的时候，我们在《中国生物安全》一书中提出"生物安全是人类面临的最大安全问题"。在多数专家都认为高端芯片被卡脖子是中国最大的科技安全问题的时候，《中国科技安全》一书提出"错失下次科技革命机遇才是中国最大的科技安全问题"。

　　研究期间，我们得到了第十一届全国人大常委会副委员长、中国工程院院士桑国卫的悉心指导。中央政策研究室原副主任方立、科学技术部原副部长程津培院士提出了十分宝贵的修改意见。原国家科学技术委员会秘书长、国家海洋局原局长张登义对全书进行了审改，提出18条指导性意见，特别是从政策、科技方面进行把关，大幅度提升了本书的高度、力度与准度。在此，我们一并对各位领导多年的指导与支持表示由衷的感谢。

清华大学生物医学交叉研究院院长、美国科学院院士王晓东，四川大学华西医院院长李为民为本书的相关研究提供了很好的条件保障。北京大学中国战略研究中心主任叶自成教授也提出了很多好的修改意见。

张俊祥研究员、武德安教授、由雷博士、赵清华公使、张永恩研究员、朱姝副研究员、葛晓月博士、陈靖林工程师、尹志欣副研究员做了大量的研究工作，主笔或参与了有关章节的撰写工作。

王宏广，负责全书总体设计，确定各章主要观点，审定全书各章节。撰写第三章、第四章、第十章、第十五章、第十七章、第十八章，参与撰写第一章、第八章、第九章、第十一章、第十二章、第十三章、第十四章、第十六章。

张俊祥（北大未名生物工程集团战略总监、研究员），撰写第二章、第五章，参与撰写第八章、第十三章、第十四章。

武德安（电子科技大学教授），参与撰写第一章。

由雷（辽宁大学经济学院讲师），撰写第九章，参与撰写第七章。

赵清华（中国驻苏黎世兼驻列支敦士登公国总领事），撰写第六章。

张永恩（中国农业科学院研究员），参与撰写第十二章。

朱姝（中国科学技术发展战略研究院副研究员），参与撰写第七章，参与全书校对工作。

葛晓月（四川大学华西医院中国人民生命安全研究院博士），参与撰写第十一章。

陈靖林（四川大学华西医院中国人民生命安全研究院工程师），

参与撰写第十六章。

尹志欣（中国科学技术发展战略研究院副研究员），在全书统稿、校对中做了大量工作。

此外，天津大学图书馆李文兰研究馆员团队为本书相关研究提供了大量文献与数据资料。四川大学华西医院中国人民生命安全研究院陈莹、庞凌烟参加了部分编写工作，苏川、吴宇航翻译了部分文献，王慧、卢凤英、何萌杉、陈超雯、张璧程、施鑫明、李鹏、陈沁阳、张宪瑶等都做了大量数据核对、文字校对工作，在此一并表示感谢。

本书涉及学科多、数据来源多，加上时间紧、知识水平有限，错误与遗漏之处在所难免，敬请各位领导、专家及广大读者悉心赐教。

2023年4月20日